高等职业教育系列教材

计算机应用基础

信息素养+Windows 11+Office 2021

第 2 版

主编　刘瑞新　　井荣枝

参编　莫丽娟　　蔡军英　　高巍巍　　骆秋容

机械工业出版社

本书依据教育部《高等职业教育专科信息技术课程标准（2021 年版）》的基础模块要求，采用"任务驱动，案例教学"作为主导的教学方式。教学内容以"任务描述+技术分析+任务实现+相关知识+课后练习"的结构呈现，基于当前广泛使用的 Windows 11 和 Office 2021 平台，全面介绍计算机基础知识、Windows 11 操作系统的使用、Word 2021 文档处理、Excel 2021 表格处理、PowerPoint 2021 演示文稿制作、计算机网络与 Internet 基础、新一代信息技术概述、信息素养与社会责任等知识和技能。此外，本书还覆盖了全国计算机等级考试一级计算机基础及 MS Office 应用考试大纲的相关内容。

本书是新形态一体化教材，紧跟信息社会的发展，融入课程思政，理论与实践相结合，内容新颖实用、结构合理、图文并茂、讲解清晰、系统全面。为配合教学，提供授课计划、教学课件、案例素材、习题答案等丰富的数字学习资源，需要的教师可以在 www.cmpedu.com 网站上免费注册后下载，或者通过联系编辑获取（微信：13261377872，电话：010-88379739）。

本书适用于高等职业教育信息技术或计算机应用基础公共基础课程的教学，也可作为全国计算机等级考试一级计算机基础及 MS Office 应用考试培训的参考用书。

图书在版编目（CIP）数据

计算机应用基础：信息素养+Windows 11+Office 2021 / 刘瑞新，井荣枝主编. —2 版. —北京：机械工业出版社，2024.1
高等职业教育系列教材
ISBN 978-7-111-75150-2

Ⅰ. ①计⋯ Ⅱ. ①刘⋯ ②井⋯ Ⅲ. ①Windows 操作系统-高等职业教育-教材 ②办公自动化-应用软件-高等职业教育-教材 Ⅳ. ①TP316.7 ②TP317.1

中国国家版本馆 CIP 数据核字（2024）第 036297 号

机械工业出版社（北京市百万庄大街 22 号　邮政编码 100037）
策划编辑：赵小花　　　　　责任编辑：赵小花　孙　业
责任校对：李可意　张　薇　责任印制：常天培
北京机工印刷厂有限公司印刷
2024 年 6 月第 2 版第 1 次印刷
184mm×260mm・17 印张・463 千字
标准书号：ISBN 978-7-111-75150-2
定价：69.00 元

电话服务　　　　　　　　　网络服务
客服电话：010-88361066　　机 工 官 网：www.cmpbook.com
　　　　　010-88379833　　机 工 官 博：weibo.com/cmp1952
　　　　　010-68326294　　金 书 网：www.golden-book.com
封底无防伪标均为盗版　　　机工教育服务网：www.cmpedu.com

前　言

　　自 2016 年 4 月《计算机应用基础》首次出版以来，被大量高职院校采用，并已数十次重印。然而，随着教育部新纲领性标准《高等职业教育专科信息技术课程标准（2021 年版）》的发布，本书也需要进一步改进以适应新的教学要求。本书秉承新课标理念，紧密围绕信息意识、计算思维、数字化创新与发展、信息社会责任四项学科核心素养，进行内容改编。同时，强调了职业教育的特色，挑选了适应我国经济发展需求、技术先进、应用广泛、自主可控的软硬件平台、工具和项目案例作为教材内容。本书有以下特色：

　　（1）融入课程思政的教学内容。党的二十大报告指出，"教育是国之大计、党之大计。培养什么人、怎样培养人、为谁培养人是教育的根本问题。育人的根本在于立德。全面贯彻党的教育方针，落实立德树人根本任务，培养德智体美劳全面发展的社会主义建设者和接班人。"本书一方面介绍国内外先进的计算机硬件、软件专业知识，另一方面融入思政内容，培养学生的爱国主义信念、正确的价值观和职业观。

　　（2）本书的编写与《高等职业教育专科信息技术课程标准（2021 年版）》的教学组织形式及教学方法相适应，突出理论与实践一体、项目导向、任务驱动等教学模式，帮助学生提升综合能力。我们以当今流行的 Windows 11 和 Office 2021 为平台，强调能力培养，将学习路径分为主要办公软件应用能力的培养、信息意识和计算思维的培养、数字化创新与发展能力的培养、信息社会价值观和责任感的培养四个阶段。

　　（3）本书采用"任务描述+技术分析+任务实现+相关知识+课后练习"的结构，以实际工作中的任务案例为载体，将知识点完全融入其中。这样的设计使学生在实践、学习、思考、总结和构建的过程中，增强处理同类问题的能力，积累工作经验，养成良好的工作习惯。在拓展内容中，以信息技术基础知识为主线，选择了与计算机应用、信息技术密切相关和必要的基础性知识，特别侧重于最近出现的大数据、人工智能、云计算、现代通信技术、物联网、数字媒体、虚拟现实以及区块链等新兴技术的介绍。这样的设计能让学生了解现代信息技术发展的重要内容，理解利用信息技术解决各类自然与社会问题的基本思想和方法，获得当代信息技术前沿的相关知识，拓宽专业视野，同时培养他们借助信息技术对信息进行管理、加工、利用的意识。每个单元都配有习题，方便学生进一步学习和巩固所学知识。

　　（4）本书从学生认知规律的角度将教学内容分成了 8 个教学单元，以案例和任务为驱动，强化应用，注重实践，引导创新，全面培养和提高学生应用计算机处理信息、解决实际问题的能力。充分考虑当前计算机技术的发展，学生应用计算机水平的现状和其他专业对学生计算机知识和应用能力的要求，合理安排理论和实践的内容，力求做到内容新、深浅适中、实用性强。本书是对在校计算机专业和非计算机专业共同开设的计算机基础课程的公共教材，主要内容包括：计算机基础知识、Windows 11 操作系统的使用、Word 2021 文档编排的使用、Excel 2021 表格处理的使用、PowerPoint 2021 演示文稿的使用、计算机网络与 Internet 基础、新一代信息技术概述、信息素养与社会责任。教学内容覆盖了全国计算机等级考试一级计算机基础及 MS Office 应用考试大纲。本书在编写的主导思想上着重突出"用"，因此在介绍操作方法时，都是通过具体实例来讲解的，这样就实现了边学习边使用的效果。

（5）本书配有授课计划、教学课件、案例素材、习题答案等丰富的数字学习资源。需要的教师可登录 www.cmpedu.com 免费注册后下载，或联系编辑获取（微信：13261377872，电话：010-88379739）。并配有微课视频，书中扫码即可观看。

查看

下载

本书将一些基础操作及拓展知识放在了电子文档中，可在书中相应位置扫码学习，或扫此处二维码查看或下载汇总文档。

本书由刘瑞新、井荣枝主编，具体分工如下：刘瑞新编写第 1 章，蔡军英编写第 2、6 章，井荣枝编写第 3、7 章，莫丽娟编写第 4 章，高巍巍编写第 5 章，骆秋容编写第 8 章，全书由刘瑞新教授统编定稿。本书在编写过程中得到了许多教师的帮助和支持，提出了许多宝贵意见和建议，同时参考了大量参考书和相关资料，特向各位老师和作者表示诚挚的感谢。

由于计算机信息技术发展迅速，加之编者水平有限，书中难免有错漏之处，另外，由于 Windows、Office 等软件在不断升级和更新，实际的显示和操作可能会与书中介绍的有一些差异，恳请广大师生批评指正，以便我们能够进行改进和完善。

编　者

目 录 Contents

前言

第 1 章 计算机基础知识 1

第 2 章 Windows 11 操作系统的使用 31

第 3 章　Word 2021 文档编排的使用 ………… 60

第 4 章 Excel 2021 表格处理的使用 121

第 5 章 PowerPoint 2021 演示文稿的使用 ··· 178

第1章　计算机基础知识

本章介绍计算机的发展、计算机系统的组成、计算机中的数与信息编码、微型计算机等内容。

学习目标：了解计算机的发展，掌握计算机系统的组成，掌握计算机中的数与信息编码，了解微型计算机。

重点难点：重点理解计算机系统的组成，重点掌握计算机中的数与信息编码；难点是计算机中的数与信息编码。

1.1　计算机的发展

电子计算机的发明是 20 世纪最重大的事件之一，它使得人类文明的进步达到了一个全新的高度，大大推动了科学技术的迅猛发展。随着微型计算机的出现以及计算机网络的发展，计算机的应用已渗透到社会的各个方面，对人类社会的生产和生活产生了极大影响。

1.1.1　电子计算机的初期发展历史

下面简单介绍 1936—1946 年期间，电子计算机发展初期的历史。

1. 图灵机

英国数学家艾伦·图灵（Alan Turing）在 1936 年发表了著名的《论可计算数及其在判定问题上的应用》论文。图灵在论文中把证明数学题的推导过程转变为一台自动计算机的理论模型（被称作图灵机），从理论上证明了制造通用计算机的可能性，为现代计算机硬件和软件做了理论上的准备。

1966 年，为纪念图灵的论文发表 30 周年，美国计算机协会（ACM）设立"图灵奖"，以纪念这位计算机科学理论的奠基人，专门奖励在计算机科学研究中做出创造性贡献、推动计算机技术发展的杰出科学家。

2. 世界上第一台电子计算机——Atanasoff-Berry Computer，简称 ABC

世界上第一台电子计算机是由美国爱荷华州立大学（Iowa State University）的约翰·文森特·阿塔纳索夫（John Vincent Atanasoff）教授和他的研究生克利福特·贝瑞（Clifford Berry）在 1939 年研制出来的，人们把这台样机称为 Atanasoff-Berry Computer（简称 ABC），即包含他们两人名字的计算机。阿塔纳索夫的设计目标是能够解含有 29 个未知数的线性方程组的一台机器。这台计算机的电路系统中装有 300 个电子真空管以执行数值计算与逻辑运算。机器上装有两个记忆鼓，使用电容器来进行数值存储，以电量表示数值。数据输入采用打孔读卡，采用二进制。ABC 的基本体系结构与现代计算机一致。

"ABC"在时间上要早于其他任何我们现在所知道的有关电子计算机的设计方案。事实上，除 ENIAC 外，其他电子计算机应该说都是独立发明的，因为 ENIAC 的建造者是从阿塔纳索夫那里继承了电子数字计算机的主要设计构型。尽管 ABC 不是通用的，而仅仅是用于求解线性方程组，但目前仍被公认为世界上第一台电子计算机，其外观如图 1-1 所示。

图 1-1　Atanasoff-Berry Computer

3. 英国的 Collossus 计算机

Collossus（巨人）计算机是 1943 年 3 月开始研制的，当时研制它的主要目的是破译经德国"洛伦茨"加密机加密过的密码。1944 年 1 月 10 日，巨人计算机开始运行。

巨人计算机呈长方体状，长 4.9m，宽 1.8m，高 2.3m，重约 4t。它的主体结构是两排机架，上面安装了 2500 个电子管。它利用打孔纸带输入信息，由自动打字机输出运算结果，每秒可处理 5000 个字符。它的功率为 4500W。

巨人计算机知名度不高，其主要原因是它原先属于高级军事机密。在第二次世界大战期间研制的 10 台同类计算机战后均被秘密销毁，直到 20 世纪 70 年代有关材料才逐渐解密。

英国布莱切利园目前展有巨人计算机的重建机，如图 1-2 所示。

图 1-2　Collossus 计算机

4. 第一台通用电子计算机——ENIAC

第二次世界大战期间，当时为了给美国军方计算弹道轨迹，迫切需要一种高速的计算工具。因此在美国军方的支持下，ENIAC（Electronic Numerical Integrator And Computer，电子数字积分计算机）于 1943 年开始研制。参加研制工作的是以宾夕法尼亚大学约翰·莫奇利（John Mauchley）教授和他的研究生普雷斯波·艾克特（John Presper Eckert）为首的研制小组，利用 ABC 计算机的成果和思路，历时两年多，建造完成的机器在 1946 年 2 月 14 日公布。ENIAC 是世界上第一台通用电子计算机，是功能完全的电子计算机，能够重新编程，解决各种计算问题。

ENIAC 长 30.48m，宽 1m，安装在一排 2.75m 高的金属柜里，占地面积为 170m²，重达 30t，功率为 150kW。安装了 17468 只电子管，7200 个二极管，70000 多个电阻器，10000 多只电容器，1500 只继电器，6000 多个开关，每秒执行 5000 次加法或 400 次乘法。ENIAC 是按照十进制而不是按照二进制来计算。当年运行中的 ENIAC 如图 1-3 所示。

图 1-3　当年运行中的 ENIAC

5. 第一台冯·诺依曼结构的计算机——EDVAC

EDVAC 的建造者还是宾夕法尼亚大学的电气工程师约翰·莫奇利和普雷斯波·艾克特。1944 年 8 月，EDVAC 的建造计划就被提出，在 ENIAC 正式运行之前，其设计工作便已经开始了。和 ENIAC 一样，EDVAC 也是为美国陆军阿伯丁试验场的弹道研究实验室研制。

冯·诺依曼以技术顾问身份加入，总结和详细说明了 EDVAC 的逻辑设计，1945 年 6 月发表了一份长达 101 页的报告，这就是著名的关于 EDVAC 的报告草案，报告提出的体系结构（即冯·诺依曼结构）一直延续至今。

与 ENIAC 不同，EDVAC 采用二进制编码，而且是一台冯·诺依曼结构的计算机。EDVAC 使用了大约 6000 个真空管和 12000 个二极管，占地 45.5m²，重达 7850kg，功率 56kW，如图 1-4 所示。EDVAC 是二进制串行计算机，具有加减乘和软件除的功能。物理上包括：一个磁带记录仪；一个连接示波器的控制单元；一个分发单元，用于从控制器和内存接受指令，并分发到其他单元；一个运算单元；一个定时器；使用汞延迟线的存储器单元。

EDVAC 于 1949 年 8 月交付给弹道研究实验室，但被发现存在许多问题，直到 1951 年 EDVAC 才开始运行，而且局限于基本功能。

图 1-4　冯·诺依曼与 EDVAC

1.1.2　电子计算机的时代划分

现代电子计算机的发展，主要根据其所采用的电子器件的发展而划分，从 1946 年到现在的 70 多年的发展过程一般分成四个阶段，通常称为四代。每代之间不是截然分开的，在时间上有重叠。

1.　第一代——电子管计算机时代（1946—1957 年）

第一代是电子管计算机，它的基本电子元器件是电子管，内存储器采用水银延迟线，外存储器主要采用磁鼓、纸带、卡片、磁带等。由于当时电子技术的限制，运算速度是每秒几千次至几万次基本运算，内存容量仅几千个字。因此，第一代计算机体积大、耗电多、速度低、造价高、使用不便，用户主要局限于一些军事和科研部门。软件上采用机器语言，后期采用汇编语言。

代表机型为美国 IBM 公司自 1952 年起研制开发的 IBM700 系列计算机，从 1953 年起，IBM 公司开始批量生产应用于科研的大型计算机系列，从此电子计算机进入了工业生产阶段。图 1-5 所示是 IBM 在 1954 年推出 IBM704 型电子计算机。

图 1-5　IBM704 型电子计算机

2.　第二代——晶体管计算机时代（1958—1970 年）

1948 年，美国贝尔实验室发明了晶体管，10 年后，晶体管取代了计算机中的电子管，诞生了晶体管计算机。晶体管计算机的基本电子元器件是晶体管，内存储器大量使用磁性材料制成的磁芯存储器。与第一代电子管计算机相比，晶体管计算机体积小、耗电少、成本低、逻辑功能强，使用方便、可靠性高。软件上广泛采用高级语言，并出现了早期的操作系统。

1959 年，IBM 公司生产出全部晶体管化的电子计算机 IBM7090，如图 1-6 所示。IBM7000 系列计算机是这一代计算机的主流产品。

图 1-6　IBM7090 型电子计算机

3.　第三代——中、小规模集成电路计算机时代（1963—1970 年）

1958 年夏，美国德州仪器公司（Texas Instruments）制成了第一个半导体集成电路。第三代计算机的基本电子元器件是小规模集成电路和中规模集成电路，磁芯存储器进一步发展，并开始采用性能更好的半导体存储器，运算速度提高到每秒几十万次基本运算。由于采用了集成电路，第三代计算机各方面性能都有了极大提高，体积缩小，价格降低，功能增强，可靠性大幅提高。软件上广泛使用操作系统，产生了分时、实时等操作系统和计算机网络。

1965 年 4 月问世的 IBM360 系列是最早采用集成电路的通用计算机，也是影响最大的第三代计算机，是这一代的代表产品，如图 1-7 所示。

图 1-7　IBM360 型电子计算机

4.　第四代——大规模和超大规模集成电路计算机时代（1971—现在）

在 1967 年和 1977 年，分别出现了大规模集成电路和超大规模集成电路，并立即在电子计算机上得到了应用。第四代计算机的基本元器件是大规模集成电路或超大规模集成电路，集成度很高的半导体存储器替代了磁芯存储器。第四代计算机的跨度很大，随着计算机芯片集成度的迅速提高，高性能计算机层出不穷，运算速度飞速增加，达到每秒数千万次至数十万亿次基本运算。在软件开发方法上产生了结构化程序设计和面向对象程序设计的思想。另外，网络操作系统、数据库管理系统得到广泛应用。

1965年，Intel公司创始人摩尔提出了著名的"摩尔定律"——18个月至24个月内每单位面积芯片上的晶体管数量会翻番。在过去50多年里，摩尔定律一直代表的是信息技术进步的速度，也带来了一场个人计算机的革命。

随着集成电路集成度的提高，计算机一方面向巨型机发展，另一方面向小型化、微型化发展。微处理器和微型计算机也在这一阶段诞生并获得飞速发展。20世纪70年代，微型计算机问世，电子计算机开始进入普通人的生活。微型计算机是第四代计算机的产物。

目前，尚无法确定第四代的结束时间和第五代的开始时间。人们期待着非冯·诺依曼结构计算机的问世和能够取代大规模集成电路的新材料出现。

1.1.3 计算机的分类

随着计算机技术的发展和应用范围的扩大，可以按照不同的方法对计算机进行分类。

1. 计算机的分类方法

（1）按计算机处理数据的类型分类

按计算机处理数据的类型可以分为数字计算机、模拟计算机和数字模拟混合计算机。

（2）按计算机的用途分类

按计算机的用途可分为专用计算机和通用计算机。

专用计算机功能单一，配备有解决特定问题的硬件和软件，能够高速、可靠、经济地解决特定问题，如在导弹、汽车、工业控制等设备中使用的计算机大部分是专用计算机。

通用计算机功能多样，适应性很强，应用面很广，但其运行效率、速度和经济性依据不同的应用对象会受到不同程度的影响。

2. 通用数字计算机的分类

通用数字计算机如果不加特别说明，均称为计算机。按照计算机的性能、规模和处理能力，如运算速度、字长、存储容量、体积、外部设备和软件配置等多方面的综合性能指标，将计算机分为巨型机、大型机、微型机、工作站、服务器等几类。

（1）巨型机

巨型机也称超级计算机（Super Computer），是计算机家族中运行速度最快、存储容量最大、功能最强、体积最大的一类，主要应用于核武器、空间技术、大范围天气预报、石油勘探、人工智能等领域。

在2023年全球十大超级计算机排行榜上，美国橡树岭国家实验室的Frontier（前沿）排名第一，这台超级计算机的浮点计算达到了每秒执行百亿亿次浮点运算（即1.102Exaflop/s）。Frontier占地372m^2，由74个专用机柜组成，拥有9408个节点，每个节点配备一个AMD的第三代EPYC处理器和四个AMD Instinct MI250X GPU，每个节点的CPU配有512GB DDR4内存，每个GPU配备128GB，通过千兆位以太网完成数据传输。整个Frontier系统聚合了8730112个计算核心，9.2PB的内存（包括4.6PB的DDR4和4.6PB的显存），37PB的节点本地存储，并可访问716PB的中心范围存储。Frontier在AI方面的性能非常强大。Frontier的外观如图1-8所示。

在2023年全球十大超级计算机排行榜上，部署于中国国家超级计算无锡中心的神威·太湖之光超级计算机排名第七。神威·太湖之光总计算能力为93.01Pflops/s（千万亿次浮点运算/s），搭载了由江南计算技术研究所开发的国产申威SW26010处理器，基础架构、操作系统、数据传输全部为项目自研，全机总计10649600核心。其外观如图1-9所示。

（2）大型主机（Mainframe）

包括过去所说的大型机和中型机，具有大型、通用、内外存储容量大、多类型I/O通道等特点，支持批处理和分时处理等多种工作方式。近年来，新型机采用了多处理、并行处理等技术，具有很强的管理和处理数据的能力，如IBM AS/400、RS/6000等，广泛应用于金融业、天气预报、石油、地震勘探等领域。

图 1-8　Frontier 超级计算机

图 1-9　神威·太湖之光超级计算机

（3）微型机（Microcomputer）

微型机在美国称为个人计算机（Personal Computer，PC），主要指办公和家庭用的台式微型计算机和笔记本计算机。

（4）工作站（Workstation）

工作站包括工程工作站、图形工作站等，是一种主要面向特殊专业领域的高档微型机。例如图像处理、计算机辅助设计（CAD）和网络服务器等方面的应用。

（5）服务器（Server）

服务器一词很恰当地描述了计算机在应用中的角色，而不是刻画计算机的档次。服务器作为网络节点，存储、处理网络上的数据。服务器具有强大的处理功能，容量很大的存储器，以及快速的输入输出通道和联网能力。通常它的处理器采用高端微处理器芯片，例如用 64 位的 Alpha 芯片组成的 UNIX 服务器，用 Intel、AMD 公司的多个微处理器芯片组成的 NT 服务器。现在的云计算、云存储，其功能仍然是服务器。

1.1.4　计算机的特点和应用

计算机的特点和应用，其详细介绍，请扫二维码进行学习。

计算机的特点和应用

1.1.5　计算机的发展趋势

计算机发展的趋势是巨型化、微型化、多媒体化、网络化、智能化和量子化，其详细解释请扫二维码。

计算机的发展趋势

1.1.6　计算机的指标

计算机的技术指标影响着它的功能和性能，一般用计算机配置的高低来衡量计算机性能的优劣。与配置有关的技术指标有位数、速度、容量、带宽、版本、可靠性等。其详细解释请扫二维码学习。

计算机的指标

1.2　计算机系统的组成

计算机（Computer）是电子计算机的简称，它是一种按照事先储存的程序，自动、高速、精确地对数据进行输入、处理、输出和存储的电子设备。计算机在诞生初期主要用于科学计算，因此被称为计算机。现在电子计算机可以对数值、文字、声音以及图像等各种形式的数据进行处理。

一个计算机系统包括硬件和软件两大部分。硬件是由电子的、磁性的、机械的部件组成的实体，包括运算器、存储器、控制器、输入设备和输出设备 5 个基本组成部分；软件则是程序和相关文档的总称，包括系统软件和应用软件两类。系统软件是为了对计算机的软硬件资源进行管理、提高计算机的使用效率和方便用户而编制的各种通用软件，一般由软件公司设计。常用的系统软件有操作系统、程序设计语言编译系统、诊断程序等。应用软件是专门为某一应用目的而编制的软件，常用的应用软件有字处理软件、表处理软件、统计处理软件、计算机辅助软件、过程控制与实时处理软件以及其他应用于社会各行各业的应用程序。

1.2.1　冯·诺依曼体系结构和特点

1. 冯·诺依曼体系结构

电子计算机的问世，最重要的奠基人是艾伦·图灵（Alan Turing）和冯·诺依曼（John von Neumann）。图灵的贡献是建立了图灵机的理论模型，奠定了人工智能的基础。而冯·诺依曼则是首先提出了计算机体系结构的设想。

冯·诺依曼结构是一种将程序指令存储器和数据存储器合并在一起的计算机设计概念结构。冯·诺依曼结构这个词出自冯·诺依曼的论文 "First Draft of a Report on the EDVAC"，在 EDVAC 建造期间，于 1945 年 6 月 30 日发表。冯·诺依曼提出存储程序原理，把程序本身当作数据来对待，程序和该程序处理的数据用同样的方式存储。冯·诺依曼理论的要点是：数字计算机的数制采用二进制；计算机应该按照顺序执行程序。冯·诺依曼定义了计算机的三大组成部件。

1）输入设备、输出设备（I/O 设备）：负责数据和程序的输入、输出。

2）存储器：存储程序和数据。

3）处理器：包括运算器和控制器，运算器负责数据的加工处理，控制器控制程序的执行逻辑。

注意：传统的教科书上又把冯·诺依曼体系结构分成五部分，即输入设备、输出设备、存储器、运算器和控制器。

从 ENIAC 到现在最先进的计算机，计算机制造技术发生了巨大变化，但都采用的是冯·诺依曼体系结构。

计算机科学的历史就是一直围绕着这三大部件，从硬件革命到软件革命的发展史都是如此。从软件革命的历史来看，计算机科学一直围绕着数据、逻辑和界面三大部分演变，数据对应着存储器，逻辑对应着处理器，界面对应着 I/O 设备。

2. 冯·诺依曼型计算机的特点

1945 年，数学家冯·诺依曼等人在研究 EDVAC 时，提出了"存储程序"的概念，以此概念为基础的各类计算机统称为冯·诺依曼型计算机。它的特点可归结为以下几个方面。

1）计算机由处理器、存储器和 I/O 设备三大部件组成。

2）计算机内部采用二进制表示指令和数据。指令由操作码和地址码组成，操作码用来表示操作的性质，地址码用来表示操作数所在存储器中的位置。由一串指令组成程序。

3）把编好的程序和原始数据送入主存储器中，启动计算机工作，计算机应在不需要操作人员干预的情况下，自动完成逐条取出指令和执行指令的任务。

到目前为止，大多数计算机仍属于冯·诺依曼型计算机。

1.2.2　计算机的硬件系统

计算机硬件（Computer Hardware）是指计算机系统中由电子、机械和光电元器件等组成的各种物理装置的总称。这些物理装置按系统结构的要求构成一个有机整体，为计算机软件运行提供物质基础。现代的计算机以存储器为中心，如图 1-10 所示（图中实线为控制线，虚线为反馈线，双线为数据线）。运算器和控制器常合在一起称为中央处理器（Central Processing Unit，CPU），而中央处理器和主存储器（内存）一起构成计算机主机，简称主机。

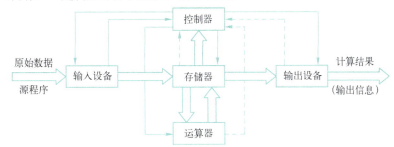

图 1-10　以存储器为中心的计算机结构框图

外部设备简称"外设"，它是计算机系统中输入、输出设备（包括外存储器）的统称，是除了 CPU 和内存以外的其他设备，对数据和信息起着传输、转送和存储的作用。外部设备能扩充计算机系统。

1. 运算器（Arithmetic Logic Unit）

运算器又称为算术逻辑单元（简称 ALU），是执行算术运算和逻辑运算的功能部件，包括加、减、乘、除算术运算及与、或、非逻辑运算等。运算器的组成包括两部分，一部分是算术逻辑部件，是运算器的核心，主要由加法器和有关数据通路组成；另一部分是寄存器部件，用来暂时存放指令、将要处理的数据以及处理后的结果。

运算器的性能是影响整个计算机性能的重要因素。运算器并行处理的二进制代码的位数（字长）多少决定了计算机精度的高低，同时运算器进行基本运算的速度也将直接影响系统的速度，因此，精度和速度就成了运算器的重要性能参数。

2. 控制器（Control Unit）

控制器是计算机的指挥中心，它的主要功能是按照人们预先确定的操作步骤，控制整机各部件协调一致地自动工作。控制器要从内存中按顺序取出各条指令，每取出一条指令，就进行分析，基本功能是将指令翻译并转换成控制信号（电脉冲），并按时间顺序和节拍发往其他各部件，指挥各部件有条不紊地协同工作。当一条指令执行完毕后，它会自动顺序地去取下一条要执行的指令，重复上述工作过程，直到整个程序执行完毕。

3. 存储器（Memory）

存储器是计算机用来存储数据的重要功能部件，它不仅能保存大量二进制信息，而且能读出信息，交给处理器处理，或者把新的信息写入存储器。

一般来说，存储系统分为两级：一级为内存储器（主存储器），其存储速度较快，但容量相对较小，可由 CPU 直接访问；另一级为外存储器（辅助存储器），它的存储速度慢，但容量很大，不能被 CPU 直接访问，必须把其中的信息送到主存储器后才能被 CPU 处理。

内存储器由许多存储单元组成，每个存储单元可以存放若干个二进制代码，该代码可以是指令，也可以是数据。为区分不同的存储单元，通常把内存中全部存储单元统一编号，此号码称为存储单元的地址码，当计算机要把一个代码存入其存储单元中或者从其存储器取出时，首先要把该存储单元的地址码通知存储器，然后由存储器找到该地址对应的存储单元，并存取信息。

4. 输入设备（Input Device）

输入设备用来接收用户输入的原始数据和程序，并将它们转变为计算机能识别的形式（二进制数）存放到内存中。常用的输入设备有键盘、鼠标、扫描仪等。

5. 输出设备（Output Device）

输出设备用于将存放在内存中由计算机处理的结果转变为人们所能接受的形式。常用的输出设备有显示器、打印机、音箱、绘图仪等。

硬盘、U 盘是计算机中的常用设备，既能从中读取数据（输入），也能把数据保存到其中（输出）。因此，硬盘、U 盘既是输入设备，也是输出设备，同时又是存储设备。

6. 总线（Bus）

将上述计算机硬件按某种方法用一组"导线"连接起来，构成一个完整的计算机硬件系统。这一组"导线"通常称为总线，它构成了各大部件之间信息传送的一组公共通路。采用总线结构后，计算机系统的连接就显得十分清晰，部件间联系比较规整，既减少了连线，又使部件的增减变得容易，给计算机的生产、维修和应用带来很大的方便。

1.2.3 计算机的软件系统

软件是和硬件相对应的概念，计算机软件（Computer Software）也称软件，是指计算机系统中的程序及其文档，程序是计算任务的处理对象和处理规则的描述；文档是为了便于了解程序所需的阐明性资料。程序必须装入机器内部才能工作，文档一般是给人看的，不一定装入机器。计算机软件具有重复使用和多用户使用的特性。裸机是指没有配置操作系统和其他软件的计算机，在裸机上只能运行机器语言源程序。

1. 系统软件

系统软件是管理、监督和维护计算机资源的软件。系统软件的作用是缩短用户准备程序的时间，扩大计算机处理程序的能力，提高其使用效率，充分发挥计算机各种设备的作用等。它包括操作系统、程序设计语言、语言处理程序、数据库管理系统、网络软件、系统服务程序等。

（1）操作系统

操作系统（Operating System，OS）用于管理计算机的硬件资源和软件资源，以及控制程序的运行。操作系统是配置在计算机硬件上的第一层软件，其他所有的软件都必须运行在操作系统之中。操作系统是所有计算机都必须配置的软件，是系统软件的核心，通常具有 5 大功能，即作业管理、文件管理、存储管理、设备管理、进程管理。操作系统的主要作用是资源管理、程序控制和人机交互等。

操作系统的类型有批处理操作系统、分时操作系统、实时操作系统、嵌入式操作系统、个人计算机操作系统、网络操作系统、分布式操作系统。

著名的操作系统有 UNIX、DOS、OS/2、Mac OS X、Windows、Linux、Chrome OS 等，其中最有名的操作系统是 Microsoft 公司的 Windows（7/10/11）、Apple 公司的 Mac OS X、源代码完全开放的 Linux 和 Google 公司的 Chrome OS。

（2）程序设计语言

语言处理程序是用于处理程序设计语言的软件，如编译程序等。程序设计语言从历史发展的角度来看，包括以下几种：

1）机器语言（Machine Language）。机器语言也称作二进制代码语言，是用直接与计算机打交道的二进制代码指令组成的计算机程序设计语言。一条指令就是机器语言中的一个语句，每一条指令都由操作码和操作数组成，无须编译和解释。这是第一代语言。

2）汇编语言（Assembly Language）。汇编语言是第二代语言，是一种符号化了的机器语言，也称符号语言，于 20 世纪 50 年代开始使用。它更接近于机器语言而不是人的自然语言，所以仍然是一种面向机器的语言。汇编语言执行速度快、占用内存小。它保留了机器语言中每一条指令都由操作码和操作数组成的形式。使用汇编语言不需要直接使用二进制数"0"和"1"来编写，不必熟悉计算机的机器指令代码，但是还要一条指令一条指令地编写。

计算机必须将汇编语言程序翻译成由机器代码组成的目标程序才能执行。这个翻译过程称为汇编。自动完成汇编过程的软件叫汇编程序。

汇编工作由机器自动完成，最后得到以机器码表示的目标程序。将二进制机器语言程序翻译成汇编语言程序的过程称为反汇编。

3）高级语言（High-level Programming Language）。高级语言与低级语言相对。它是以人类的日常语言为基础的一种编程语言，使用一般人易于接受的文字来表示，使程序员编写更容易，亦有较高的可读性。由于早期计算机业的发展主要在美国，因此一般的高级语言都是以英语为蓝本。高级语言是第三代语言，它是一种算法语言，可读性强，从根本上摆脱了语言对机器的依附，由面向机器转为面向过程，进而面向用户。现在微机的高级语言均运行在 Windows 下，例如 C#、Java、Python 等。

目前，第四代非过程语言、第五代智能语言相继出现，可视化编程就像处理文档一样简单，使程序的设计更简捷，而功能更强大。

（3）语言处理程序

用汇编语言或各种高级语言编写的程序称为源程序。把计算机本身不能直接执行的源程序翻译成相应的机器语言程序，这种翻译后的程序称为目标程序。这个翻译过程有两种方式：解释和编译，如图 1-11 所示。

图 1-11　高级语言翻译过程

a) 编译过程　b) 解释过程

（4）数据库管理系统

数据库管理系统（DataBase Management System，DBMS）是专门用于管理数据库的计算机系统软件，介于应用程序与操作系统之间，是一种数据管理软件。数据库管理系统能够为数据库提供数据的定义、建立、维护、查询和统计等操作功能，并完成对数据完整性、安全性进行控制的功能。

现今广泛使用的数据库管理系统有微软公司的 SQL Server，甲骨文公司的 Oracle、MySQL，IBM 公司的 DB2、Informix 等。

（5）网络软件

主要指网络操作系统，如 UNIX、Windows Server、Linux 等。

（6）系统服务程序

又称为软件研制开发工具、支持软件、支撑软件、工具软件，常用的服务程序主要有编辑程序、调试程序、装配和连接程序、测试程序等。

2. 应用软件

应用软件是用户为了解决某些具体问题而开发研制或外购的各种程序，它往往涉及应用领域的知识，并在系统软件的支持下运行。例如，字处理、电子表格、绘图、课件制作、网络通信（如 WPS Office、Word、Excel、PowerPoint、AutoCAD、Protel DXP 等），以及用户程序（如工资管理程序、财务管理程序等）。

1.2.4　程序的自动执行

程序是按照一定顺序执行的能够完成某一任务的指令集合。人们把事先编好的程序调入内存，并通过输入设备将待处理的数据输入内存中；一旦程序运行，控制器便会自动地从内存逐条取出指令，对指令进行译码，按指令的要求来控制硬件各部分工作；运算器在控制器的指挥下从内存读出数据，对数据进行处理，然后把处理的结果数据再存入内存；输出设备在控制器的指挥下将结果数据从内存读出，以人们要求的形式输出信息，让人们看到或听到，这样就完成了人所规定的一项任务。

计算机就是这样周而复始地读取指令和执行指令，自动、连续地处理信息，或者暂时停下来向用户提出问题，待用户回答后再继续工作，直至完成全部任务。这种按程序自动工作的特点使计算机成为唯一能延伸人脑功能的工具，因此也被人们称为"电脑"。

1.3　计算机中的数与信息编码

计算机内部采用二进制形式的数字表示数据。计算机通过对二进制形式的数字进行运算加工，实现对各种信息的加工处理。

1.3.1　计算机中的数制

数制，也称计数制或计数法，是指用一组基本符号（即数码）和一定的使用规则表示数的方法，它以累计和进位的方式进行计数，实现了以很少的符号表示大范围数字的目的。在日常生活中经常用到数制，除了最常用的十进制计数外，还常用非十进制的计数法，例如，1 年有 12 个月，是 12 进制计数法；1 天有 24 个小时，是 24 进制计数法；1 小时 60 分钟，是 60 进制计数法。筷子、袜子、手套，两只是一双，是二进制计数法。

1．十进制数（Decimal）

十进制数用 0，1，2，…，9 十个数码表示，并按"逢十进一""借一当十"的规则计数。十进制的基数是 10，不同位置具有不同的位权。对于任意一个十进制数，可用小数点把数分成整数和小数两部分。在数的表示中，每个数字都要乘以基数 10 的幂次。十进制数中小数点向右移一位，数就扩大为原来的 10 倍；反之，小数点向左移一位，数就缩小为原来的 1/10。

【例 1-1】　十进制数"12345.67"按位权展开式为：

$$(12345.67)_{10}=1\times10^4+2\times10^3+3\times10^2+4\times10^1+5\times10^0+6\times10^{-1}+7\times10^{-2}$$

十进制是人们最习惯使用的数制，在计算机中一般把十进制作为输入、输出的数据形式。为了把不同进制的数区分开，将十进制数表示为 $(N)_{10}$，有时也在数字后加上"D"或"d"来表示十进制数，如 $(123)_{10}=123D=123d$。

2．二进制数（Binary）

二进制数用 0，1 两个数码表示，二进制数的运算很简单，遵循"逢二进一""借一当二"的规则。二进制的基数是 2，不同位置具有不同的位权。在二进制数的表示中，每个数字都要乘以基数 2 的幂次。

【例 1-2】　二进制数"1010.101"按位权展开式为：

$$(1010.101)_2=1\times2^3+0\times2^2+1\times2^1+0\times2^0+1\times2^{-1}+0\times2^{-2}+1\times2^{-3}$$

二进制数常用 $(N)_2$ 来表示，有时也在二进制数后加上"B"或"b"来表示二进制数，例如 $(11001)_2=11001B=11001b$。

3．八进制数（Octal）

八进制数用 0，1，2，3，4，5，6，7 八个数码表示。计数时"逢八进一""借一当八"，基数为 8。

【例 1-3】　八进制数"543.21"按位权展开式为：

$$(543.21)_8=5\times8^2+4\times8^1+3\times8^0+2\times8^{-1}+1\times8^{-2}$$

八进制数常用 $(N)_8$ 来表示，也可以在数字后加上"O"或"o"来表示，例如 $(456)_8=456O=456o$。

4．十六进制数（Hexadecimal）

十六进制数用 0，1，2，…，9，A，B，C，D，E，F 十六个数码表示，A 表示 10，B 表示

11，…，F 表示 15。基数是 16。十六进制数的运算，遵循"逢十六进一""借一当十六"的规则。不同位置具有不同的位权，各位上的权值是基数 16 的若干次幂。

【例 1-4】 "1CB.D8"按位权展开式为：

$$(1CB.D8)_{16}=1\times16^2+12\times16^1+11\times16^0+13\times16^{-1}+8\times16^{-2}$$

十六进制数常用 $(N)_{16}$ 来表示，也可以在数字后加上"H"或"h"来表示，例如 $(4FD)_{16}$=4FDH=4FDh。

5. 常用数制的基数对照表

常用的十进制、二进制、八进制、十六进制数的基数对照表，见表 1-1。

表 1-1 十进制、二进制、八进制、十六进制数的基数对照表

十 进 制	二 进 制	八 进 制	十 六 进 制
0	0000	0	0
1	0001	1	1
2	0010	2	2
3	0011	3	3
4	0100	4	4
5	0101	5	5
6	0110	6	6
7	0111	7	7
8	1000	10	8
9	1001	11	9
10	1010	12	A
11	1011	13	B
12	1100	14	C
13	1101	15	D
14	1110	16	E
15	1111	17	F
16	10000	20	10

1.3.2 二进制数的算术运算和逻辑运算

1. 二进制数的算术运算

二进制数的算术运算包括加、减、乘、除运算，它们的运算规则如下：

加法运算	减法运算	乘法运算	除法运算
0+0=0	0-0=0	0×1=0	0/0 无意义
0+1=1	1-0=1	1×0=0	0/1=0
1+0=1	1-1=0	0×1=0	1/1=1
1+1=0（向上位进 1）	0-1=1（向上位借 1）	1×1=1	1/0 无意义

【例 1-5】 计算 10101011＋00100110 的值。

```
      1 0 1 0 1 0 1 1
  ＋   0 0 1 0 0 1 1 0
  ─────────────────────
      1 1 0 1 0 0 0 1
```

10101011＋00100110=11010001

2．二进制的逻辑运算

二进制的两个数码 0 和 1，可以表示"真"与"假"、"是"与"否"、"成立"与"不成立"。计算机中的逻辑运算通常是二值运算。它包括三种基本的逻辑运算：与运算（又称逻辑乘法）、或运算（又称逻辑加法）、非运算（又称逻辑否定）。

（1）逻辑与

当两个条件同为真时，结果才为真。其中有一个条件不为真，结果必为假，这是"与"逻辑。通常使用符号 $\wedge$、·、×、$\cap$ 或 AND 来表示"与"，与运算的规则如下：

$$0\wedge 0=0 \qquad 0\wedge 1=0 \qquad 1\wedge 0=0 \qquad 1\wedge 1=1$$

设两个逻辑变量 X 和 Y 进行逻辑与运算，结果为 Z。记作 $Z=X\cdot Y$，由以上的运算法则可知：当且仅当 X=1，Y=1 时，Z=1，否则 Z=0。

【例 1-6】 设 X=10101011，Y=00100110，求 $X\wedge Y$ 的值。

$$\begin{array}{r} 1\,0\,1\,0\,1\,0\,1\,1 \\ \wedge \quad 0\,0\,1\,0\,0\,1\,1\,0 \\ \hline 0\,0\,1\,0\,0\,0\,1\,0 \end{array}$$

$X\wedge Y=10101011\wedge 00100110=00100010$

（2）逻辑或

当两个条件中任意一个为真时，结果为真；两个条件同时为假时，结果为假，这是"或"逻辑。通常使用 $\vee$、+、$\cup$、OR 来表示"或"，或运算的法则如下：

$$0\vee 0=0 \qquad 0\vee 1=1 \qquad 1\vee 0=1 \qquad 1\vee 1=1$$

设两个逻辑变量 X 和 Y 进行逻辑或运算，结果为 Z。记作 $Z=X+Y$，由以上运算法则可知：当且仅当 X=0，Y=0 时，Z=0，否则 Z=1。

【例 1-7】 设 X=10101011，Y=00100110，求 $X\vee Y$ 的值。

$$\begin{array}{r} 1\,0\,1\,0\,1\,0\,1\,1 \\ \vee \quad 0\,0\,1\,0\,0\,1\,1\,0 \\ \hline 1\,0\,1\,0\,1\,1\,1\,1 \end{array}$$

$X\vee Y=10101011\vee 00100110=10101111$

（3）逻辑非

逻辑非运算也就是"求反"运算，在逻辑变量上加上一条横线表示对该变量求反，例如 $\overline{A}$，则是对 A 的非运算，也可用 NOT 来表示非运算。非运算的法则如下：

$$\overline{0}=1 \qquad \overline{1}=0$$

【例 1-8】 设 X=10101011，求 $\overline{X}$ 的值。

$\overline{X}=01010100$

1.3.3 不同数制间的转换

数制间的转换就是将数从一种数制转换成另一种数制。由于计算机采用二进制，但用计算机解决实际问题时，对数值的输入输出通常使用十进制数，这就有一个十进制数向二进制数转换或由二进制数向十进制数转换的过程。

1．十进制数转换成二进制数

将十进制数转换成二进制数，要将十进制数的整数部分和小数部分分开进行。将十进制的整数转换成二进制整数，遵循"除 2 取余、逆序排列"的规则；将十进制小数转换成二进制小数，遵循"乘 2 取整、顺序排列"的规则；然后再将二进制整数和小数拼接起来，形成最终转换结果。

【例 1-9】　将 $(69.6875)_{10}$ 转换成二进制数。

1）十进制数整数 69 转换成二进制数的过程。

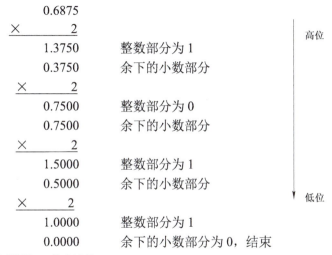

```
2|69
2|34        余数为1
2|17        余数为0
2|8         余数为1
2|4         余数为0
2|2         余数为0
2|1         余数为0
  0         余数为1，商为0，结束
```
低位
高位

转换结果：$(69)_{10}=(1000101)_2$

2）十进制小数 0.6875 转换成二进制小数的过程。

```
        0.6875
    ×       2
        1.3750      整数部分为1
        0.3750      余下的小数部分
    ×       2
        0.7500      整数部分为0
        0.7500      余下的小数部分
    ×       2
        1.5000      整数部分为1
        0.5000      余下的小数部分
    ×       2
        1.0000      整数部分为1
        0.0000      余下的小数部分为0，结束
```
高位
低位

转换结果：$(0.6875)_{10}=(0.1011)_2$

必须指出，一个十进制小数不一定能完全准确地转换成二进制小数。可以根据精度要求转换到小数点后某一位为止。

最后结果：$(69.6875)_{10}=(1000101.1011)_2$

2. 十进制数转换成十六进制数

将十进制数转换成十六进制数与转换成二进制数的方法相同，也要将十进制数的整数部分和小数部分分开进行。将十进制的整数转换成十六进制整数，遵循"除 16 取余、逆序排列"的规则；将十进制小数转换成十六进制小数，遵循"乘 16 取整、顺序排列"的规则；然后再将十六进制整数和小数拼接起来，形成最终转换结果。

【例 1-10】　将十进制数 58.75 转换成十六进制数。

1）先转换整数部分 58。

```
16|  58
16|   3        余数为10，即A
      0        余数为3，商为0，结束
```

转换结果：$(58)_{10}=(3A)_{16}$。

2）再转换小数部分 0.75。

$$
\begin{array}{r}
0.75 \\
\times \quad 16 \\
\hline
12.00 \\
0.00
\end{array}
$$
　　整数部分为 12，即 C

　　余下的小数部分为 0，结束

转换结果：$(0.75)_{10}=(0.C)_{16}$。

最后结果：$(58.75)_{10}=(3A.C)_{16}$

需要指出的是，一个十进制小数也不一定能完全准确地转换成十六进制小数。

3. 十进制数转换成八进制数

将十进制数转换成八进制数与转换成二进制数的方法相同，也要将十进制数的整数部分和小数部分分开进行。将十进制的整数转换成八进制整数，遵循"除 8 取余、逆序排列"的规则；将十进制小数转换成八进制小数，遵循"乘 8 取整、顺序排列"的规则；然后再将八进制整数和小数拼接起来，形成最终转换结果。

4. 二进制数与十六进制数之间的相互转换

（1）十六进制数转换成二进制数

由于一位十六进制数正好对应四位二进制数（见表 1-1），因此将十六进制数转换成二进制数，每一位十六进制数分别展开转换为二进制数即可。

【例 1-11】 将十六进制数$(1ABC.EF1)_{16}$转换为二进制数。

(　1　 A　 B　 C　.　E　 F　 1　)$_{16}$

0001　1010　1011　1100　.1110　1111　0001

转换结果：$(1ABC.EF1)_{16}=(1101010111100.111011110001)_2$

（2）二进制数转换成十六进制数

将二进制数转换成十六进制数的方法可以表述为：以二进制数小数点为中心，向两端每四位组成一组（若高位端和低位端不够四位一组，则用 0 补足），然后每一组对应一个十六进制数码，小数点位置对应不变。

【例 1-12】 将二进制数$(101111111010101.10111)_2$转换为十六进制数。

(　0101　 1111　 1101　 0101　.1011　 1000)$_2$

　　5　　 F　　 D　　 5　.B　　 8

转换结果：$(101111111010101.10111)_2=(5FD5.B8)_{16}$

5. 二进制数与八进制数之间的相互转换

（1）八进制数转换成二进制数

由于一位八进制数正好对应三位二进制数，对应关系见表 1-1，因此将八进制数转换成二进制数，每一位八进制数分别展开转换为二进制数即可。

【例 1-13】 将八进制数$(7421.046)_8$转换成二进制数。

把八进制数转换为二进制数，用"一位拆三位"的办法，把每一位八进制数写成对应的三位二进制数，然后连接起来。

(　7　 4　 2　 1　.　0　 4　 6　)$_8$

111　100　010　001　.000　100　110

转换结果：$(7421.046)_8=(111100010001.00010011)_2$

（2）二进制数转换成八进制数

将二进制数转换成八进制数的方法可以表述为：以二进制数小数点为中心，向两端每三位组成一组（若高位端和低位端不够三位一组，则用 0 补足），然后每一组对应一个八进制数码，小数点位置对应不变。

【例 1-14】 将$(1010111011.0010111)_2$转换为八进制数。

从小数点分别向左、右三位一组，写出对应的八进制数。

  001 010 111 011 .001 011 100
   1   2   7   3   .1   3   4

转换结果：$(1010111011.0010111)_2=(1273.134)_8$

6. 二、八、十六进制数转换为十进制数

把二进制数、八进制数、十六进制数转换为十进制数，通常采用按权展开相加的方法，即把二进制数（或八进制数、十六进制数）写成 2（或 8、16）的各次幂之和的形式，然后按十进制计算结果。

【例 1-15】 把二进制数$(1011.101)_2$转换成十进制数。

$(1011.101)_2=1\times2^3+0\times2^2+1\times2^1+1\times2^0+1\times2^{-1}+0\times2^{-2}+1\times2^{-3}$

$=8+0+2+1+0.5+0+0.125$

$=(11.625)_{10}$

【例 1-16】 把八进制数$(123.45)_8$转换成十进制数。

$(123.45)_8=1\times8^2+2\times8^1+3\times8^0+4\times8^{-1}+5\times8^{-2}$

$=(83.578125)_{10}$

【例 1-17】 把十六进制数$(3AF.4C)_{16}$转换成十进制数。

$(3AF.4C)_{16}=3\times16^2+10\times16^1+15\times16^0+4\times16^{-1}+12\times16^{-2}$

$=(943.296875)_{10}$

1.3.4 计算机中数值型数据的表示

1. 机器数与真值

在计算机中只能用数字化信息来表示数据，非二进制整数输入到计算机中都必须以二进制格式来存放，同时数值的正、负也必须用二进制数来表示。规定用二进制数"0"表示正数，用二进制数"1"表示负数，且用最高位作为数值的符号位，每个数据占用一个或多个字节。这种连同符号与数字组合在一起的二进制数称为机器数，机器数所表示的实际值称为真值。

【例 1-18】 分别求十进制数"+38"和"-38"的真值和机器数。

由于$(38)_{10}=(100110)_2$，所以

$(+38)_{10}$的真值为+100110，机器数为 0 0100110。

$(-38)_{10}$的真值为-100110，机器数为 1 0100110。

【例 1-19】 分别求十进制数"+158"和"-158"的机器数。

由于十进制数"158"的二进制数为"10011110"，二进制数本身已经占满 8 位，即真值占用了符号位，因此，要用两个字节来表示该二进制数。

由于$(158)_{10}=(10011110)_2$，所以

$(+158)_{10}$的机器数为 0 000000010011110。

$(-158)_{10}$的机器数为 1 000000010011110。

2. 原码、反码与补码

在机器数中，数值和符号全部数字化。计算机在进行数值运算时，把各种符号位和数值位一起编码，通常用原码、反码和补码三种方式表示。其主要目的是解决减法运算。任何正数的原码、反码和补码完全相同，负数则各不相同。

（1）原码

原码是机器数的一种简单表示法。其符号位用 0 表示正号，用 1 表示各种负号，数值一般用二进制形式表示。设有一数为 X，则原码可记作$(X)_原$。

用原码表示数简单、直观，与真值之间的转换方便。但不能用它直接对两个同号数相减或两个异号数相加。

【例 1-20】　求十进制数"+38"与"-38"的原码。

由于 $(38)_{10}=(100110)_2$

所以，$(+38)_原=00100110$

$(-38)_原=10100110$

（2）反码

机器数的反码可由原码得到。如果机器数是正数，则该机器数的反码与原码一样；如果机器数是负数，则该机器数的反码是对它的原码（符号位除外）各位取反，即"0"变为"1"，"1"变为"0"。任何一个数的反码的反码就是原码本身。

设有一数 X，则 X 的反码可记作 $(X)_反$。

【例 1-21】　求十进制数"+38"与"-38"的反码。

由于正数的反码和原码相同，

所以，$(+38)_反=(+38)_原=00100110$

$(-38)_原=10100110$

$(-38)_反=11011001$

（3）补码

如果机器数是正数，则该机器数的补码与原码一样；如果机器数是负数，则该机器数的补码是其反码加 1（即对该数的原码除符号位外各位取反，然后加 1）。任何一个数的补码的补码就是原码本身。设有一数 X，则 X 的补码可记作 $(X)_补$。

【例 1-22】　求十进制数"+38"与"-38"的补码。

由于正数的补码和原码相同，

所以，$(+38)_补=(+38)_原=00100110$

$(-38)_原=10100110$

$(-38)_反=11011001$

$(-38)_补=11011010$

运用补码，则加减法运算都可以用加法来实现，并且两数的补码之"和"等于两数"和"的补码。目前，在计算机中加减法基本上都是采用补码进行运算的。

补码表示数的范围与二进制位数有关。

1）当采用 8 位二进制表示时，小数补码的表示范围：

最大为 0.1111111，其真值为 $(+0.99)_{10}$；最小为 1.0000000，其真值为 $(-1)_{10}$。

2）当采用 8 位二进制表示时，整数补码的表示范围：

最大为 01111111，其真值为 $(+127)_{10}$；最小为 10000000，其真值为 $(-128)_{10}$。

在补码表示法中，0 只有一种表示形式：

$(+0)_补=00000000$

$(-0)_补=11111111+1=00000000$（由于受设备字长的限制，最后的进位丢失）

所以有 $(+0)_补=(-0)_补=00000000$。

3. 整数的取值范围

机器数所表示的数的范围受设备限制。在计算机中，一般用若干个二进制位表示一个数或一条指令，把它们作为一个整体来处理、存储和传送。这种作为一个整体来处理的二进制位串，称为计算机字。

计算机是以字为单位进行数据处理、存储和传送的，所以运算器中的加法器、累加器以及其他一些寄存器都选择与字长相同的位数。字长一定，则计算机数据字所能表示的数的范围也就确定了。例如，一个数若不考虑它的符号，即无符号数，若用 8 位字长的计算机（简称 8 位机，即一个字节）表示无符号整数，可以表示的最大值为$(255)_{10}=(11111111)_2$，则数的范围是 0～255。运算时，若数值超出机器数所能表示的范围，就会停止运算和处理，这种现象称为溢出。

正整数原码的符号位用 0 表示，负整数原码的符号位用 1 表示，对 8 位机来讲，当数用原码表示时，表示的范围为 -127～+127。

正整数的反码是其本身，负整数的反码为符号位取 1，数值部分取反，对 8 位机来讲，当数用反码表示时，表示的范围为 -127～+127。

正整数的补码是其本身，负整数的补码等于反码加 1，对 8 位机来讲，当数用补码表示时，表示的范围为 -128～+127。

4. 定点数和浮点数

计算机中运算的数，有整数，也有小数。通常有两种规定：一种是规定小数点的位置固定不变，这时的机器数称为定点数；另一种是小数点的位置可以浮动，这时的机器数称为浮点数。微型机多使用定点数。

（1）定点数

定点数是指机器数中的小数点位置固定不变。

如果小数点隐含固定在整个数值的最右端，符号位右边所有的位数表示的是一个整数，即为定点整数。例如，对于 16 位机，如果符号位占 1 位，数值部分占 15 位，于是机器数为 0111111111111111 的等效十进制数为 +32767，其符号位、数值部分、小数点的位置示意如图 1-12 所示。

如果小数点隐含固定在数值的某一个位置上，即为定点小数。

如果小数点固定在符号位之后，即为纯小数。假设机器字长为 16 位，符号位占 1 位，数值部分占 15 位，于是机器数 1.000000000000001 的等效十进制数为 -2^{15}。其符号位、数值部分、小数点的位置示意如图 1-13 所示。

图 1-12　定点整数的符号位、数值部分　　图 1-13　纯小数的符号位、数值部分
　　　　和小数点位置示意图　　　　　　　　和小数点位置示意图

（2）浮点数

采用浮点数最大的特点是比定点数表示的数值范围大。

浮点数是指小数位置不固定的数，它既有整数部分又有小数部分。在计算机中通常把浮点数分成阶码和尾数两部分来表示，其中阶码一般用补码定点整数表示，尾数一般用补码或原码定点小数表示。为保证不损失有效数字，对尾数进行规格化处理，也就是平时所说的科学记数法，即保证尾数的最高位为 1，实际数值通过阶码进行调整。

浮点数的格式多种多样，例如，某计算机用 4 个字节表示浮点数，阶码部分为 8 位补码定点整数，尾数部分为 24 位补码定点小数，如图 1-14 所示。

图 1-14　浮点数的格式

其中，阶符表示指数的符号位；阶码表示幂次；数符表示尾数的符号位；尾数表示规格化后的小数值。

【例 1-23】　描述用 4 个字符存放十进制浮点数 "136.5" 的浮点格式。

由于$(136.5)_{10}=(10001000.1)_2$

将二进制数"10001000.1"进行规格化，即

$10001000.1=0.100010001\times 2^8$

阶码 2^8 表示阶符为"+"，阶码"8"的二进制数为"0001000"；尾数中的数符为"+"，小数值为"100010001"。

十进制小数"136.5"在计算机中的表示如图 1-15 所示。

图 1-15　规格化后的浮点数

1.3.5　西文信息在计算机内的表示

计算机中，对非数值做文字和其他符号处理时，要对文字和符号进行数字化处理，即用二进制编码来表示文字和符号。字符编码就是规定用怎样的二进制编码来表示文字和符号。由于字符编码是一个涉及世界范围内有关信息的表示、交换、处理、存储的基本问题，因此，都是以国家标准或国际标准的形式颁布施行的，如位数不等的二进制码、BCD 码、ASCII 码、汉字编码等。

在输入过程中，系统自动将用户输入的各种数据按编码的类型转换成相应的二进制形式存入计算机存储单元中；在输出过程中，再由系统自动将二进制编码数据转换成用户可以识别的数据格式输出给用户。

1. BCD 码（二—十进制编码）

通常人们习惯于使用十进制数，而计算机内部多采用二进制表示和处理数值数据，因此在计算机输入和输出数据时，就要进行由十进制到二进制和从二进制到十进制的转换处理，这是多数应用环境的实际情况。显然，如果这项事务性工作由人工完成，势必会造成大量时间的浪费。因此，必须用一种编码的方法，由计算机自己来承担这种识别和转换。

采用把十进制数的每一位分别写成二进制数形式的编码，称为二进制编码的十进制数，即二—十进制编码或 BCD（Binary Coded Decimal）编码。

BCD 编码方法很多，通常采用 8421 编码。这种编码最自然简单。其方法是用四位二进制数表示一位十进制数，自左到右每一位对应的权分别是 2^3、2^2、2^1、2^0，即 8、4、2、1。值得注意的是，四位二进制数有 0000～1111 共 16 种状态，这里只取了 0000～1001 这 10 种状态，而 1010～1111 这 6 种状态在这里没有意义。

十进制数与 8421 码的对照表见表 1-2。其中十进制的 0～9 对应于 0000～1001；对于十进制的 10，则要用两个 8421 码来表示。

表 1-2　十进制数与 8421 码的对照表

十 进 制 数	8421 码	十 进 制 数	8421 码
0	0000	6	0110
1	0001	7	0111
2	0010	8	1000
3	0011	9	1001
4	0100	10	0001 0000
5	0101		

BCD 码与二进制之间的转换不是直接进行的。当需要将 BCD 码转换成二进制时，要先将 BCD 码转换成十进制，然后再转换成二进制；当需要将二进制转换成 BCD 码时，要先将二进制转换成十进制，然后再转换成 BCD 码。

【例 1-24】　写出十进制数 864 的 8421 码。

先写出十进制数 864 每一位的二进制码。

十进制数 864 的各位：　　8　　　　　　　6　　　　　　　4

对应的二进制数：　　　1000　　　　　0110　　　　　0100

然后拼接在一起，即十进制数 864 的 8421 码为 100001100100。

2. 西文字符的编码

20 世纪 60 年代中期，计算机开始用于非数值处理。计算机中常用的基本字符包括十进制数字符号 0～9，大小写英文字母 A～Z、a～z，各种运算符号、标点符号，以及一些控制符，总数不超过 128 个，只需要 7 位二进制就能组合出 128（2^7）种不同的状态。在计算机中它们都被转换成能被计算机识别的二进制编码形式，这样计算机就可以用不同的二进制数来存储英文文字以及常用符号了，这个方案叫作 ASCII 编码（American Standard Code for Information Interchange，美国信息互换标准代码），于 1967 年制定。它最初是美国国家标准，供不同计算机在相互通信时用作共同遵守的西文字符编码标准，后被国际标准化组织（International Organization for Standardization, ISO）定为国际标准，称为 ISO 646 标准。

ASCII 码用 7 位二进制数可以表示 2^7=128 种状态，所以 7 位 ASCII 码是用七位二进制数进行编码的，可以表示 128 个字符。7 位 ASCII 码，也称为标准 ASCII 码，如图 1-16 所示。

ASCII 码表的 128 个符号中，第 0～32 号及第 127 号（共 34 个）为控制字符，主要分配给打印机等设备，作为控制符，如换行等；第 33～126 号（共 94 个）为字符，其中第 48～57 号为 0～9 十个数字符号，第 65～90 号为 26 个英文大写字母，第 97～122 号为 26 个英文小写字母，其余为一些标点符号、运算符号等。

```
000  (nul)    016 ▶(dle)    032 sp    048 0    064 @    080 P    096 `    112 p
001 ⊡(soh)    017 ◀(dc1)    033 !     049 1    065 A    081 Q    097 a    113 q
002  (stx)    018 ↕(dc2)    034 "     050 2    066 B    082 R    098 b    114 r
003 ♥(etx)    019 ‼(dc3)    035 #     051 3    067 C    083 S    099 c    115 s
004 ♦(eot)    020 ¶(dc4)    036 $     052 4    068 D    084 T    100 d    116 t
005 ♣(enq)    021 §(nak)    037 %     053 5    069 E    085 U    101 e    117 u
006 ♠(ack)    022 ▬(syn)    038 &     054 6    070 F    086 V    102 f    118 v
007  (bel)    023 ↨(etb)    039 '     055 7    071 G    087 W    103 g    119 w
008 ⯀(bs)     024 ↑(can)    040 (     056 8    072 H    088 X    104 h    120 x
009  (tab)    025 ↓(em)     041 )     057 9    073 I    089 Y    105 i    121 y
010  (lf)     026 →(eof)    042 *     058 :    074 J    090 Z    106 j    122 z
011 δ(vt)     027 ←(esc)    043 +     059 ;    075 K    091 [    107 k    123 {
012 ♀(np)     028 ∟(fs)     044 ,     060 <    076 L    092 \    108 l    124 |
013  (cr)     029 ↔(gs)     045 -     061 =    077 M    093 ]    109 m    125 }
014 ♫(so)     030 ▲(rs)     046 .     062 >    078 N    094 ^    110 n    126 ~
015 ☼(si)     031 ▼(us)     047 /     063 ?    079 O    095 _    111 o    127 ⌂
```

图 1-16　标准 ASCII 码表（字符代码 0～127）

例如，大写字母 A 的 ASCII 码值为 1000001，即十进制数 65；小写字母 a 的 ASCII 码值为 1100001，即十进制数 97。

为了使用方便，在计算机的存储单元中，一个 ASCII 码值占一个字节（8 个二进制位），其最高位（b_7）用作奇偶校验位。所谓奇偶校验，是指在代码传送过程中用来检验是否出现错误的一种方法，一般分奇校验和偶校验。

1）奇校验：正确代码的一个字节中 1 的个数必须是奇数，若非奇数，则在最高位 b_7 添 1 来满足。

2）偶校验：正确代码的一个字节中 1 的个数必须是偶数，若非偶数，则在最高位 b_7 添 1 来满足。

【例 1-25】　将 "COPY" 四个字符的 ASCII 码查出，存放在存储单元中，且最高位 b_7 用作奇校验。

由于一个字节只能存放一个 ASCII 码，所以 "COPY" 要用四个字节表示。根据 ASCII 码规定和题目要求，将最高位 b_7 用作奇校验，其余各位由 ASCII 码值得到。

C 的 ASCII 码值=$(67)_{10}$=$(1000011)_2$，该字节存储为$(01000011)_2$

O 的 ASCII 码值=$(79)_{10}$=$(1001111)_2$，该字节存储为$(01001111)_2$

P 的 ASCII 码值＝$(80)_{10}$=$(1010000)_2$，该字节存储为$(11010000)_2$

Y 的 ASCII 码值=$(89)_{10}$=$(1011001)_2$，该字节存储为$(11011001)_2$

例如，当 ASCII 码值为"1001001"时，它是什么字符？当采用偶校验时，b_7 等于什么？

通过查 ASCII 码表得知，$(1001001)_2$=$(73)_{10}$ 代表大写字母"I"，若将 b_7 作为奇偶校验位且采用偶校验，根据偶校验规则传送时必须保证一个字节中 1 的个数是偶数，所以 b_7 应等于 1，即 b_7=1。

当时，世界上所有的计算机都使用同样的 ASCII 编码方案来保存英文文字和各种常用符号，标志着计算机字符处理的开始。但从计算机实现和以后扩展考虑，则使用了 8 位（1 个字节）存储。

1.3.6 中文信息在计算机内的表示

中文的基本组成单位是汉字，汉字也是字符。汉字处理技术必须要解决的是汉字输入、输出及汉字存储等一系列问题，其关键问题是要解决汉字编码的问题。在汉字处理的各个环节中，由于要求不同，采用的编码也不同，如图 1-17 所示为汉字在不同阶段的编码。

图 1-17　汉字在不同阶段的编码

1. 汉字交换码

汉字交换码是指在汉字信息处理系统之间或者信息处理系统与通信系统之间进行汉字信息交换时所使用的编码。

为适应东方文字信息的处理，国际标准化组织制定了 ISO 2022《七位与八位编码字符集的扩充方法》。我国根据 ISO 2022 制定了国家标准 GB 2311—1980《信息处理交换用七位编码字符集的扩充方法》，它以七位编码字符集为基础进行代码扩充，并根据该标准制定了国家标准 GB/T 2312—1980《信息交换用汉字编码字符集 基本集》，其他东方国家或地区也制定了各自的字符编码标准，如日本的 JIS 0208，韩国的 KSC 5601 等。

为了提高计算机的信息处理和交换功能，使得世界各国的文字都能在计算机中处理，从 1984 年起，国际标准化组织就开始研究制定满足多文种信息处理要求的国际通用编码字符集（Universal Coded Character Set, UCS），该标准取名为 ISO 10646。标准中重要的一个部分是统一的中日韩汉字编码字符集。国际标准化组织通过了以"统一的中日韩汉字字汇与字序 2.0 版"（Unified Ideographic CJK Characters Repertoire and Ordering V2.0）为重要组成部分的 ISO 10646 UCS，其中共收集汉字 20902 个。我国根据 ISO 10646 制定了相应的国家标准 GB 13000—1993，该标准与 ISO 10646 完全兼容。标准详情见二维码内容。

汉字交换码详情

2. 汉字的机内码

汉字机内码（或称汉字内码）是汉字在信息处理系统内部最基本的表达形式，是在设备和信息处理系统内部存储、处理、传输汉字用的代码。汉字机内码与汉字交换码有一定的对应关系，它借助某种特定标识信息来表明与单字节字符的区别。

正是由于机内码的存在，输入汉字时才允许用户根据自己的习惯使用不同的汉字输入码，例如拼音法、自然码、五笔字型、区位码等，进入系统后再统一转换成机内码存储。国标码也属于一种机器内部编码，其主要用途是将不同的系统使用的不同编码统一转换成国标码，使不同系统之间的汉字信息进行相互交换。

汉字内码扩展规范（GBK）是国家技术监督局 1995 年为中文 Windows 95 所制定的新的汉字内码规范（其中 GB 表示国标，K 表示扩展）。该规范在字汇一级上支持 ISO 10646 和 GB 13000 中的全部中日韩（CJK）汉字，并与国家标准 GB/T 2312—1980 信息处理交换码相兼容。

3. 汉字的输入码（外码）

汉字的输入码是为用户能够利用英文键盘输入汉字而设计的编码。人们从不同的角度总结出了多种汉字的构字规律，设计出的输入码方案，主要有以下四类。

1）数字编码，以国标 GB/T 2312—1980、GBK 为基准的国标码，如区位码。

2）字音编码，以汉字拼音为基础的拼音类输入法，如各种全拼、双拼输入方案。

3）字形编码，以汉字拼形为基础的拼形类输入法，如五笔字型。

4）音形编码，以汉字拼音和拼形结合为基础的音形类输入法。

4. 汉字的字形码（输出码）

字形码提供在显示器或打印机中输出汉字时所需要的汉字字形。字形码与机内码对应，字形码集合在一起，形成字库。字库分点阵字库和矢量字库两种。

由于汉字是由笔画组成的方字，所以对于汉字来讲，不论其笔画多少，都可以放在相同大小的方框里。如果我们用 m 行 n 列的小圆点组成这个方块（称为汉字的字模点阵），那么每个汉字都可以用点阵中的一些点组成。图 1-18 所示为汉字"中"的 16×16 像素点阵字形和编码表示。

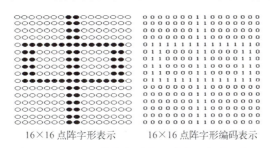

16×16 点阵字形表示　　　16×16 点阵字形编码表示

图 1-18　16×16 像素字符的点阵字形和编码表示

如果将每一个点用一位二进制数表示，有笔形的位为 1，否则为 0，就可以得到该汉字的字形码。由此可见，汉字字形码是一种汉字字模点阵的二进制码，是汉字的输出码。

汉字的字形点阵有 16×16 点阵、24×24 点阵、32×32 点阵等。点阵分解越细，字形质量越好，但所需存储量也越大。

1.3.7　图形信息在计算机内的表示

图画在计算机中有两种表示方法：图像（Image）表示法和图形表示法（Graphics）。

图形信息表示

1.3.8　计算机中数据的存储单位

在计算机中，通常用 B（字节）、KB（千字节）、MB（兆字节）或 GB（吉字节）为单位来表示存储器（内存、硬盘、闪存盘等）的存储容量或文件的大小。所谓存储容量是指存储器中能够包含的字节数。

数据存储单位

1.4　微型计算机概述

PC（Personal Computer，个人计算机）国内称微型计算机，简称微机，俗称电脑，是电子计算机技术发展到第四代的产物，是 20 世纪最伟大的发明之一。PC 的出现，使计算机成为人们日常生活中的工具，现在微机已应用到生活和工作的诸多方面。

1.4.1　微型计算机的发展阶段

微型计算机是 20 世纪 70 年代初才发展起来的，是人类重要的创新之一，从微型机问世到现在不过五十多年。微型计算机的发展主要表现在其核心部件——微处理器的发展上，每当一款新型的微处理器出现时，就会带动微机系统其他部件的相应发展。根据微处理器的字长和功能，可将微型计算机划分为以下几个发展阶段。

发展阶段

1.4.2　微型计算机的分类

在选购和使用微机时，有以下几种分类方法。

1．按微机的结构形式分类

微机主要有两种结构形式，即台式微机和便携式微机。

2．按微机的流派分类

微机从诞生到现在有两大流派：PC 系列和苹果系列。

- PC 系列：采用 IBM 公司开放技术，由众多公司一起组成的 PC 系列。
- 苹果系列：由苹果公司独家设计的苹果系列。

按结构分类

苹果机与 PC 的最大区别是计算机的灵魂——操作系统不同，PC 一般采用微软的 Windows 操作系统，苹果机采用苹果公司的 Mac OS 操作系统。Mac OS 具有较优秀的用户界面，操作简单且人性化，性能稳定，功能强大。苹果微机也分为台式机和笔记本电脑。苹果微机只有原装机，没有组装机。

1.4.3　微机的硬件结构

对于用户来说，最重要的是微机的实际物理结构，即组成微机的各个部件。微机的结构并不复杂，只要了解它是由哪些部件组成的，各部件的功能是什么，就能对板卡和部件进行组装、维护和升级，构成新的微机，这就是微机的组装。如图 1-19 所示是从外部看到的典型的微机系统，它由主机、显示器、键盘、鼠标等部分组成。

图 1-19　从外部看到的典型的微机系统

PC 系列微机是根据开放式体系结构设计的。系统的组成部件大都遵循一定的标准，可以根据需要自由选择、灵活配置。通常一个能实际使用的微机系统至少需要主机、键盘和显示器 3 个组成部分，因此这三者是微机系统的基本配置，而打印机和其他外部设备可根据需要选配。主机是安装在一个主机箱内所有部件的统一体，其中除了功能意义上的主机以外，还包括电源和若干构成系统所必不可少的外部设备和接口部件，其结构如图 1-20 所示。

图 1-20　主机箱和主机结构图

目前微机配件基本上是标准产品，全部配件也只有 10 件左右，如机箱、电源、主板、CPU、内存条、显示卡、硬盘、显示器、键盘、鼠标等部件，使用者只需选配所需的部分，然后把它们组装起来即可。微机一般由下列部分组成。

（1）CPU

CPU 是决定一台微机性能的核心部件，如图 1-21 所示，人们常以它来判定微机的档次。

（2）内存条

内存条的性能与容量也是衡量微机整体性能的一个决定性因素。内存条如图 1-22 所示。

图 1-21　CPU

图 1-22　内存条

（3）主板

主板是一块多层印制电路板。主板上有 CPU、内存条、扩展槽、键盘、鼠标以及一些外部设备的接口和控制开关等。不插 CPU、内存条、显示卡的主板称为裸板。主板是微机系统中最重要的部件之一，其外观如图 1-23 所示。

图 1-23　主板

（4）硬盘驱动器（简称硬盘）

硬盘可以容纳大量信息，通常用作计算机上的主要存储器，保存几乎全部程序和文件。硬盘驱动器通常位于主机内，通过主板上的适配器与主板相连接。按存储技术分类，硬盘分为机械硬盘和固态硬盘（SSD），硬盘的外观如图 1-24 所示。

图 1-24　硬盘

（5）光盘驱动器

有些微机装有 DVD 光盘驱动器，通常安装在主机箱的前面。DVD 光盘驱动器的外观如图 1-25 所示。随着大容量半导体存储器和网络的应用，光盘驱动器正在退出市场。

（6）各种接口适配器

各种接口适配器是主板与各种外部设备之间的联系渠道，目前可安装的适配器只有显示卡、声卡等。由于适配器都具有标准的电气接口和外观尺寸，因此用户可以根据需要进行选配和扩充。显示卡的外观如图 1-26 所示，声卡的外观如图 1-27 所示。

图 1-25　DVD 光盘驱动器　　　　图 1-26　显示卡　　　　图 1-27　声卡

（7）机箱和电源

机箱由金属箱体和塑料面板组成，分立式和卧式两种，如图 1-28 所示。上述所有系统装置的部件均安装在机箱内部，面板上一般配有各种工作状态指示灯和控制开关，光盘驱动器总是安装在机箱前面，以便放置或取出光盘，机箱后面预留有电源插口、键盘、鼠标插口以及连接显示器、打印机、USB、IEEE 1394 等通信设备的插口。

电源是安装在一个金属壳体内的独立部件，如图 1-29 所示，它的作用是为主机中的各种部件提供工作所需的电源。

图 1-28　机箱　　　　　　　　　　　　图 1-29　电源

（8）显示器（也称监视器）

显示器中显示信息的部分称为"屏幕"，可以显示文本和图形，显示器是微机中最重要的输出设备，目前都使用 LCD（液晶显示器），其外观如图 1-30 所示。

（9）键盘

键盘主要用于向计算机输入字符、符号、英文、汉字等文本，键盘的外观如图 1-31 所示。

图 1-30　LCD　　　　　　　　　　　图 1-31　键盘

（10）鼠标

鼠标是一个指向并选择计算机屏幕上项目的小型设备，鼠标的外观如图 1-32 所示。键盘和鼠标是微机中最主要的输入设备。

（11）打印机

打印机是微机系统中常用的输出设备之一，打印机在微机系统中是可选件，利用打印机可以打印出各种资料、文书、图形及图像等。根据打印机的工作原理，可以将打印机分为三类：针式打印机、喷墨打印机和激光打印机，最常用的打印机是激光打印机，如图 1-33 所示。

图 1-32　鼠标　　　　　　　　　　　图 1-33　激光打印机

1.4.4　键盘的使用

键盘是向计算机中输入文字、数字的主要工具。通过键盘还可以输入键盘命令，控制计算机的执行，键盘是必备的标准输入设备。下面介绍键盘操作的基本常识和键盘命令入门。

1. 键的组织方式

Windows 操作系统普遍使用 104 键的通用扩展键盘，其形式如图 1-34 所示。

图 1-34　标准 104 键键盘

键盘上键的排列有一定规律，可以根据功能划分为几个组。

- 键入（字母、数字）键。这些键包括与传统打字机上相同的字母、数字、标点符号和符号键。
- 控制键。这些键可单独使用或者与其他键组合使用来执行某些操作。最常用的控制键是〈Ctrl〉、〈Alt〉、〈⊞〉和〈Esc〉，还有三个特殊键〈PrtScn〉、〈Scroll Lock〉和〈Pause/Break〉。
- 功能键。功能键用于执行特定任务。功能键标记为〈F1〉～〈F12〉。这些键的功能因程序不同而有所不同。
- 导航键。这些键用于在文档或网页中移动以及编辑文本。这些键包括箭头键〈←〉、〈→〉、〈↑〉、〈↓〉和〈Home〉、〈End〉、〈Page Up〉、〈Page Down〉、〈Delete〉、〈Insert〉键。
- 数字键盘。数字键盘便于快速输入数字。这些键位于一个方块中，分组放置，有些像常规计算器或加法器。

图 1-34 显示了这些键在键盘上的排列方式，有些键盘布局可能会有所不同。

2. 键入键

键入键也称字母、数字键，除了字母、数字、标点符号和符号以外，键入键还包括〈Shift〉、〈Caps Lock〉、〈Tab〉、〈Enter〉、空格键和〈Backspace〉。各种字母、数字、标点符号以及汉字等信息都是通过键入键的操作输入计算机的。

（1）〈A〉～〈Z〉键

默认状态下，按下〈A〉、〈B〉、〈C〉等字母键，将输入小写字母。按下〈∶ ;〉、〈? /〉等标点符号键，将输入该键的下部分显示的符号。

（2）〈Shift〉（上档）键

〈Shift〉键主要用于输入上档字符。在输入上档字符时，需先按下〈Shift〉键不放，然后再敲击字符键。同时按〈Shift〉与某个字母将输入该字母的大写。同时按〈Shift〉与其他键将输入在该键的上部分显示的符号。

（3）〈Caps Lock〉（大写字母锁定）键

按一次〈Caps Lock〉键（按后放开），键盘右上角的指示灯"Caps Lock"亮，表示目前是在大写状态，随后的字母输入均为大写。再按一次〈Caps Lock〉键将关闭此功能，右上角相应的指示灯灭，随后的输入又还原为小写字母。

（4）〈Tab〉（制表定位）键

按〈Tab〉键会使光标向右移动几个空格，还可以按〈Tab〉键移动到对话框中的下一个对象上。此键又分为上、下两档。上档键为左移，下档键为右移（键面上已明确标出）。根据应用程序的不同，制表位的值可能不同。该键常用于需要按制表位置上下纵向对齐的输入。实际操作时，按一次〈Tab〉键，光标向右移到下一个制表位置；按一次〈Shift+Tab〉键，光标向左移到前一个制表位置。

（5）〈Enter〉键

在编辑文本时，按〈Enter〉键可将光标移动到下一行开始的位置。在对话框中，按〈Enter〉键将选择突出显示的按钮。

（6）空格键

空格键位于键盘的最下方，是一个空白长条键。每按一下空格键，就产生一个空白字符，光标向后移动一个空格。

（7）〈Backspace〉（退格）键

按〈Backspace〉键将删除光标前面的字符或选择的文本。单击该键一次，屏幕上的光标在现有位置退回一格（一格为一个字符位置），并抹去退回的那一格内容（一个字符）。该键常用于清除输入过程中刚输错的内容。

3. 控制键

控制键主要用于键盘快捷方式，代替鼠标操作，加快工作速度。使用鼠标执行的几乎所有操作或命令都可以使用键盘上的一个或多个键更快地执行。在帮助中，两个或多个键之间的加号（+）表示应该一起按这些键。例如，〈Ctrl+A〉表示按下〈Ctrl〉键不松开，然后再按〈A〉键。〈Ctrl+Shift+A〉表示按下〈Ctrl〉和〈Shift〉键，然后再按〈A〉键。

（1）〈█〉（Windows）键

按〈█〉键将打开 Windows 的开始菜单，与用鼠标单击"开始"菜单按钮相同。按组合键〈█+F1〉键可显示 Windows "帮助和支持"。

（2）〈Ctrl〉（控制）键

单独使用没有任何意义，主要用于与其他键组合在一起操作，起到某种控制作用。这种组合键称为组合控制键。〈Ctrl〉键的操作方法与〈Shift〉键相同，必须按下不放再敲击其他键。操作中经常使用的组合键有很多，常用的组合控制键有：

- 〈Ctrl+S〉：保存当前文件或文档（在大多数程序中有效）。
- 〈Ctrl+C〉：将选定内容复制到剪贴板。
- 〈Ctrl+V〉：将剪贴板中的内容粘贴到当前位置。
- 〈Ctrl+X〉：将选定内容剪切到剪贴板。

- 〈Ctrl+Z〉：撤销上一次的操作。
- 〈Ctrl+A〉：选择文档或窗口中的所有项目。

（3）〈Alt〉（转换）键

〈Alt〉键主要用于组合转换键的定义与操作。该键的操作与〈Shift〉、〈Ctrl〉键类似，必须先按下不放，再敲击其他键，单独使用没有意义。常用的组合控制键有：

- 〈Alt+Tab〉：在打开的程序或窗口之间切换。
- 〈Alt+F4〉：关闭活动项目或者退出活动程序。

（4）〈Esc〉键

〈Esc〉键单独使用，功能是取消当前任务。

（5）〈▤〉（应用程序）键

〈▤〉键相当于用鼠标右键单击对象，将依据当时光标所处对象的位置，打开不同的快捷菜单。

4．功能键

功能键有〈F1〉～〈F12〉。功能键中的每一个键具体表示什么功能都是由相应程序来定义的，不同的程序可以对它们有不同的操作功能定义。例如，〈F1〉键的功能通常为程序或 Windows 的帮助。

5．三个特殊的键

（1）〈PrtScn〉（Print Screen）键

以前在 DOS 操作系统下，该键用于将当前屏幕的文本发送到打印机。现在，按〈PrtScn〉键将捕获整个屏幕的图像（屏幕快照），并将其复制到内存中的剪贴板。可以从剪贴板将其粘贴〈Ctrl+V〉到画图或其他程序中。按〈Alt+ PrtScn〉键将只捕获活动窗口的图像。

〈SysRq〉键在一些键盘上与〈PrtScn〉键共享一个键。以前，〈SysRq〉设计成一个系统请求，但在 Windows 中未启用该命令。

（2）〈ScrLk〉（Scroll Lock）键

在大多数程序中按〈ScrLk〉键都不起作用。在少数程序中，按〈ScrLk〉键将更改箭头键、〈Page Up〉和〈Page Down〉键的行为，按这些键将滚动文档，而不会更改光标或选择的位置。键盘可能有一个指示〈Scroll Lock〉是否处于打开状态的指示灯。

（3）〈Pause/Break〉

一般不使用该键。在一些旧程序中，按该键将暂停程序，或者同时按〈Ctrl〉键停止程序运行。

6．导航键

使用导航键可以移动光标、在文档和网页中移动以及编辑文本。光标移动键只有在运行具有全屏幕编辑功能的程序中才起作用。表 1-3 列出了这些键的部分常用功能。

表 1-3　导航键及其功能

按 键 名 称	功　　　能
←、→、↑、↓	将光标或选择内容沿箭头方向移动一个空格或一行，或者沿箭头方向滚动网页
Home	将光标移动到行首，或者移动到网页顶端
End	将光标移动到行末，或者移动到网页底端
Ctrl+Home	移动到文档的顶端
Ctrl+End	移动到文档的底端
Page Up	将光标或页面向上移动一个屏幕
Page Down	将光标或页面向下移动一个屏幕
Delete	删除光标后面的字符或选择的文本；在 Windows 中，删除选择的项目，并将其移动到"回收站"
Insert	关闭或打开"插入"模式。当"插入"模式处于打开状态时，在光标处插入输入的文本。当"插入"模式处于关闭状态时，输入的文本将替换现有字符

7．数字键盘

数字键盘中的字符与其他键盘上的字符有重复，其设置目的是提高数字 0～9、算术运算符"+"（加）、"–"（减）、"*"（乘）和"/"（除）以及小数点的输入速度。数字键盘排列让人能够使用一只手即可迅速输入数字或数学运算符。

数字键盘中的键多数有上、下档。若要使用数字键盘来输入数字，按〈Num Lock〉键，则键盘上的"Num Lock"指示灯亮。当"Num Lock"处于关闭状态时，数字键盘将作为第二组导航键运行（这些功能印在键上面的数字或符号旁边）。

8．其他键

一些现在新出的键盘上带有一些热键或按钮，可以迅速地一键式访问程序、文件或命令。有些键盘还带有音量控制、滚轮、缩放轮和其他小配件。要使用这些键的功能，需要安装该键盘附带的驱动程序。

9．正确地使用键盘

正确使用键盘有助于避免手腕、双手和双臂的不适感与损伤，以及提高输入速度和质量。正确的指法操作还是实现键盘盲打的基础（键盘盲打是指不看键盘也能正确地输入各种字符。所谓键盘操作指法，就是将打字机键区所有用于输入的键位合理地分配给双手各手指，每个手指负责击打固定的几个键位，使之分工明确，有条不紊。

（1）基准键与手指的对应关系

基准键位：位于键盘的第二行，共有 8 个键，分别是〈A〉〈S〉〈D〉〈F〉〈J〉〈K〉〈L〉〈;〉。左右手的各手指必须按要求放在所规定的按键上。键盘的指法分区如图 1-35 所示，凡两斜线范围内的字键，都必须由规定的同一手指管理。按照这样的划分，整个键盘的手指分工就一清二楚了，敲击任何键，只需把手指从基本键位移到相应的键上，正确输入后，再回到基本键位。

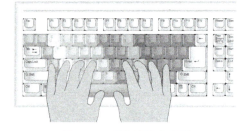

图 1-35　手指键位分配图

（2）按键的击法

按键的击打方法为：

1）手腕要平直，手臂要保持静止，全部动作仅限于手指部分（上身其他部位不得接触工作台或键盘）。

2）手指要保持弯曲，稍微拱起，指尖后的第一关节微成弧形，分别轻轻放在字键的中央。

3）输入时，手抬起，只有要击键的手指才可伸出击键。击毕要立即缩回，不可用触摸手法，也不可停留在已击打的按键上（除 8 个基准键外）。

4）输入过程中，要用相同的节拍轻轻地击键，不可用力过猛。

（3）空格的击法

右手从基准键上迅速垂直上抬 1～2cm，大拇指横着向下一击并立即收回，每单击一次输入一个空格。

（4）换行的击法

需要换行时，起右手伸小指敲击一次〈Enter〉键。敲击后，右手立即退回原基准键位，在手收回的过程中，小指提前弯曲，以免把〈;〉带入。

1.4.5　鼠标的使用

鼠标（Mouse）的主要用途是光标定位或完成某种特定的输入，可以使用鼠标与窗口中的对象交互，包括移动、打开、更改及执行其他操作。

1. 鼠标的组成

鼠标通常有两个按键：主要按键（通常为左键）和次要按键（通常为右键），在两个按钮之间还有一个滚轮，使用滚轮可以滚动显示的内容，在有些鼠标上，滚轮可以用作第三个按键。目前常见鼠标的外观如图 1-36 所示。高级鼠标可能有执行其他功能的附加按钮。

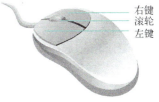

图 1-36　常见鼠标的外观

2. 鼠标的指针

鼠标在窗口中显示为鼠标指针，鼠标指针的形状通常是一个白色的箭头，当做不同工作或系统处于不同的运行状态时，鼠标指针的外形可能会随之发生变化，显示成不同的指针形状。Windows 操作系统中常见的鼠标指针形状及其所表示的状态和用途可扫二维码查看。

鼠标指针形状

3. 使用鼠标

使用鼠标时，先使鼠标指针定位在某一对象上，然后再按鼠标上的按键来完成功能。

（1）移动鼠标

- 移动：将鼠标置于干净、光滑的表面上，如鼠标垫。轻轻握住鼠标，食指放在主要按键上，拇指放在侧面，中指放在次要按键上。若要移动鼠标，可在任意方向慢慢滑动它。在移动鼠标时，屏幕上的指针沿相同方向移动。如果移动鼠标时超出了书桌或鼠标垫的空间，则可以抬起鼠标并将其放回起始位置，继续移动。
- 指向：指向操作就是把鼠标指针移到操作对象上。在指向屏幕上的某个对象时，该对象会改变颜色，同时在鼠标指针右下方会出现一个描述该对象的小框，鼠标指针可根据所指对象而改变。例如，在指向 Web 浏览器中的链接时，指针由箭头↳变为伸出一个手指的手形↰。

（2）鼠标按键的操作

大多数鼠标操作都将指向和按下一个鼠标按键结合起来。使用鼠标按键有 4 种基本方式：单击、双击、右键单击以及拖动。

- 单击（一次单击）：若要单击某个对象，先指向屏幕上的对象，然后按下并释放主要按键（通常为左键）。大多数情况下使用单击来"选择"（标记）对象或打开菜单。有时称为"一次单击"或"左键单击"。
- 双击：若要双击对象，则先指向屏幕上的对象，然后快速地单击两次。如果两次单击间隔时间过长，它们就可能被认为是两次独立的单击，而不是一次双击。双击经常用于打开桌面上的对象。例如，通过双击桌面上的图标可以启动程序或打开文件夹。
- 右键单击：若要右键单击某个对象，则先指向屏幕上的对象，然后按下并释放次要按键（通常为右键）。右键单击对象通常显示可对其进行的操作列表（快捷菜单），其中包含可用于该项的常规命令。如果要对某个对象进行操作，而又不能确定如何操作或找不到操作菜单在哪里时，则可以右键单击该对象。灵活使用右键单击，可使用户的操作快捷、简单。
- 拖动：拖动操作就是用鼠标将对象从屏幕上的一个位置移动或复制到另一个位置。操作方法为，先将鼠标指针指向要移动的对象上，按下鼠标主要按键（通常为左键）不放，将该对象移动到目标位置，最后再松开鼠标主要按键。拖动（有时称为"拖放"）通常用于将文件和文件夹移动到其他位置，以及在屏幕上移动窗口和图标。

（3）滚轮的使用

如果鼠标有滚轮，则可以用它来滚动文档和网页。若要向下滚动，则向后（朝向自己）滚动滚轮。若要向上滚动，则向前（远离自己）滚动滚轮。也可以按下滚轮，自动滚动。

（4）自定义鼠标

可以更改鼠标设置以适应个人喜好。例如，可更改鼠标指针在屏幕上移动的速度，或更改指针的外观。如果习惯用左手，则可将主要按键切换到右键。

1.5　练习题

1. 计算机中所有信息的存储都采用（　　）。
   A．十进制　　　　　　B．十六进制　　　　　　C．ASCII 码　　　　　　D．二进制
2. 办公自动化（OA）是计算机的一项应用，按计算机应用的分类，它属于（　　）。
   A．科学计算　　　　B．辅助设计　　　　　　C．实时控制　　　　　　D．数据处理
3. 计算机的最早应用领域是（　　）。
   A．辅助工程　　　　B．过程控制　　　　　　C．数据处理　　　　　　D．数值计算
4. 用计算机进行资料检索工作属于计算机应用中的（　　）。
   A．科学计算　　　　B．数据处理　　　　　　C．实时控制　　　　　　D．人工智能
5. 将十进制数 97 转换成无符号二进制数等于（　　）。
   A．1011111　　　　B．1100001　　　　　　C．1101111　　　　　　D．1100011
6. 与十六进制 AB 等值的十进制数等于（　　）。
   A．171　　　　　　B．173　　　　　　　　C．175　　　　　　　　D．177
7. 下列各进制的整数中，值最大的是（　　）。
   A．十进制数 10　　B．八进制数 10　　　　C．十六进制数 10　　　D．二进制数 10
8. 与二进制数 101101 等值的十六进制数是（　　）。
   A．1D　　　　　　B．2C　　　　　　　　C．2D　　　　　　　　D．2E
9. 大写字母 "B" 的 ASCII 码值是（　　）。
   A．65　　　　　　B．66　　　　　　　　C．41H　　　　　　　D．97
10. 国际通用的 ASCII 码的码长是（　　）。
    A．7　　　　　　B．8　　　　　　　　C．10　　　　　　　　D．16
11. 汉字国标码（GB/T 2312—1980）规定，每个汉字用（　　）。
    A．一个字节表示　　　　　　　　　　B．两个字节表示
    C．三个字节表示　　　　　　　　　　D．四个字节表示
12. 汉字在计算机内部的传输、处理和存储都使用汉字的（　　）。
    A．字形码　　　　　B．输入码　　　　　C．机内码　　　　　　D．国标码
13. 十进制数 0.6531 转换为二进制数是（　　）。
    A．0.100101　　　B．0.100001　　　　C．0.101001　　　　　D．0.011001
14. 与十进制数 291 等值的十六进制数为（　　）。
    A．123　　　　　B．213　　　　　　C．231　　　　　　　D．132
15. 下列字符中，ASCII 码值最小的是（　　）。
    A．a　　　　　　B．A　　　　　　　C．x　　　　　　　　D．Y

第2章 Windows 11 操作系统的使用

本章介绍 Windows 11 使用基础、管理文件和文件夹、系统设置与管理、管理应用程序和获得帮助等内容。

学习目标： 熟练掌握 Windows 11 基本操作方法，熟练掌握管理文件和文件夹，掌握系统设置与管理，掌握管理应用程序和获得帮助等方法。

重点难点： 重点掌握 Windows 11 基本操作方法、管理文件和文件夹、系统设置与管理；难点是系统设置与管理、管理应用程序。

2.1 Windows 11 使用基础

Windows 是美国 Microsoft 公司研发的基于图形界面的微机操作系统，用户对计算机的操作是通过对"窗口""图标""菜单"等图形画面和符号的操作实现的。在 Windows 下，大多数工作都是以"窗口"的形式来进行的，每进行一项工作，就在桌面上打开一个窗口；关闭了窗口，对应的工作也就结束了。用户不仅可以使用键盘，更多的是使用鼠标操作来完成选择、运行等工作，使用非常方便。

Windows 11 使用基础包括启动与关闭，桌面、窗口的组成和操作，使用菜单、滚动条、按钮和复选框，对话框的组成和操作，使用程序等内容。

2.1.1 Windows 11 的启动和关闭

启动和关闭计算机是用户最基本的操作。Windows 的启动和关闭操作很简单，但对系统来说却是非常重要的。

1. 启动 Windows 11

计算机的启动有冷启动、重新启动，可以在不同情况下选择操作。

（1）冷启动

冷启动又称加电启动，是指计算机在断电下加电开机启动。打开电源后，经过自检后就自动启动 Windows 11。并会根据用户的多少及是否设置了登录密码，出现不同的界面。

- 如果只设置一个用户账户并且没有设置登录密码，将显示 Windows 11 的桌面，如图 2-1 所示。
- 如果设置有登录选项，将首先选择用户，单击用户图标，显示输入密码窗口，在密码框中输入正确的登录密码，然后按〈Enter〉键或者单击密码框后的确认 ➡ 按钮，稍后显示 Windows 11 的桌面，如图 2-1 所示。只有合法用户才能进入 Windows 工作环境，这是 Windows 提供的一项安全保护措施。

（2）重新启动

重新启动是指在计算机使用的过程中遇到某些故障、改动设置、安装更新等时，重新引导操作系统的方法。由于重新启动是在开机状态下进行的，所以不再进行硬件自检。重新启动的方法是在 Windows 的"开始"菜单中单击"电源"按钮 ⏻，选择"重启"，计算机会重新引导操作系统。

桌面图标
鼠标指针
"开始"按钮
小组件

桌面
桌面背景
任务栏

图 2-1　Windows 11 的桌面

2．关机计算机

（1）正常关闭计算机

应该按正确的方式关闭计算机，不能简单地切断电源，因为操作系统在内存中存有部分信息，为使下一次开机能正常运行，操作系统对整个运行环境都要做善后处理，非正常关机可能会造成有用的信息丢失，以及下次引导 Windows 时先检查硬盘，造成引导时间较长。关闭计算机的步骤为：

① 先分别关闭所有正在运行的应用程序，如 Word、Photoshop 等。单击"开始"按钮 ，显示"开始"菜单，单击"电源" ，将显示"电源"菜单，如图 2-2 所示，可以选择"关机""重启"或"睡眠"。

图 2-2　"电源"菜单

② 如果有未关闭的程序，将出现没有关闭的程序名称和"强制关闭""取消"按钮。用户可不用理会这个提示，系统将自动关闭正在运行的程序。

③ 屏幕显示提示"正在关机"，稍后自动关闭主机电源。

④ 按一下显示器上的电源开关按钮，关闭显示器。

⑤ 关闭电源插座或插线板上的电源开关；或者把主机电源插头、显示器电源插头从插座或插线板上拔出。

（2）强制关闭计算机

在使用计算机时，会遇到开启某程序后系统太卡，鼠标指针无法移动，不能进行任何操作，这就是所谓的"死机"。此时无法通过"开始"菜单正常关机，就需要强制关闭计算机。按下机箱电源开关（主机前面的 Power 按钮）不放，几秒钟后待主机电源关闭后，再松开主机电源开关。如果这种方法也无法关机，则直接关闭电源插座或插线板上的电源开关，或拔掉电源插头。

3．睡眠和休眠

可以选择使计算机睡眠或休眠，而不是将其关闭。

（1）睡眠

在计算机进入睡眠状态时，显示器将关闭，通常计算机的风扇也会停转，计算机机箱外侧的一个指示灯将闪烁或变黄。因为 Windows 将记住并保存正在进行的工作状态，因此在睡眠前不需要关闭程序和文件。计算机处于睡眠状态时，将切断除内存外其他配件的电源，所以耗电量极少，工作状态的数据将保存在内存中。

若要唤醒计算机，可按下计算机机箱上的电源按钮，将在数秒钟内唤醒计算机，恢复到睡眠前的工作状态。

（2）休眠

"休眠"是一种主要为笔记本电脑设计的电源节能状态。休眠是将打开的文档和程序保存到硬盘的一个文件中（可以理解为内存状态的镜像），当下次开机后则从这个文件读取数据，并载入内存。进入休眠状态后，所有配件都不通电，所以功耗几乎为零。而且在休眠状态下即便断电，也能恢复到休眠前的状态。

一般可以通过按计算机电源按钮恢复工作状态，有些能够通过按键盘上的任意键、单击鼠标或打开笔记本电脑的盖子来唤醒计算机。

2.1.2　桌面的组成和操作

桌面是打开计算机并登录到 Windows 之后看到的主屏幕区域，如图 2-1 所示。桌面就像平时使用的桌子台面一样，上面可以放置桌面背景、桌面图标。在 Windows 中，桌面是各种操作的起点，所有的操作都是从桌面开始的，所以认识桌面是操作 Windows 11 的第一步。

桌面通常是指任务栏以上的部分，包括桌面背景和桌面图标。打开的程序或文件夹窗口会出现在桌面上。还可以将一些项目（如程序、文件等）放在桌面上，并且随意排列它们。

1. 桌面背景

桌面背景也称壁纸、桌布，可以是一幅画，或者纯色背景。Windows 11 默认的桌面背景如图 2-1 所示，可以把自己喜欢的图片设置为桌面。设置桌面背景的方法后面将详细介绍。

2. 桌面图标

桌面图标是代表文件、文件夹、程序和其他项目的小图片，由图标和对应的名称组成。默认情况下 Windows 11 在桌面上只有"回收站"图标 和 Microsoft Edge 图标 。桌面图标分为系统图标和快捷方式图标。双击桌面图标可以打开应用程序或功能窗口。

（1）系统图标

系统图标是指 Windows 系统自带的图标，包括"回收站""此电脑""网络""控制面板"和"用户的文件" 5 个。鼠标指针放在系统图标上，会显示该图标的功能说明，如图 2-3 所示。

（2）快捷方式图标

快捷方式图标是指用户自己创建的或应用程序自动创建的图标，快捷方式图标的左下角有一个箭头 。鼠标指针放在快捷方式图标上，会显示该快捷方式图标对应文件的位置，如图 2-4 所示。

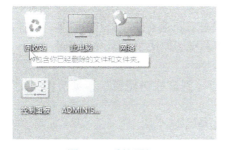
图 2-3　系统图标

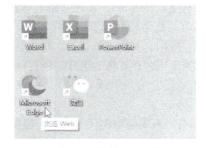
图 2-4　快捷方式图标

3. 任务栏

任务栏是位于屏幕底部的水平长条，桌面可以被打开的窗口覆盖，而任务栏几乎始终可见。任务栏默认有 8 个部分，如图 2-5 所示。

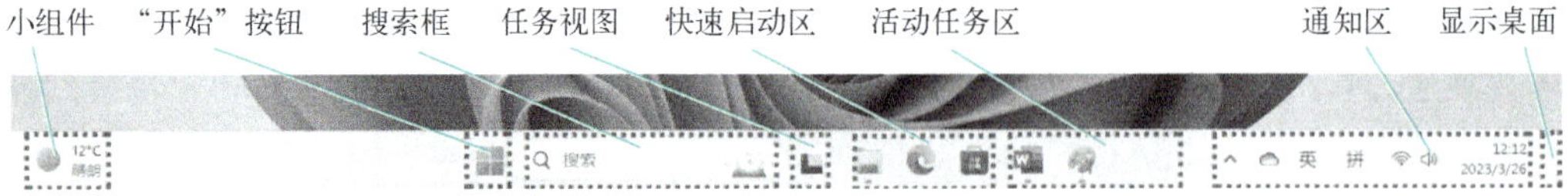

图 2-5　任务栏

（1）小组件

显示天气、热门资讯、娱乐、游戏等内容。用鼠标单击任务栏中的"小组件"区域或按〈■+W〉键，则打开小组件面板。

（2）"开始"按钮■

Windows 11 的"开始"按钮■默认位于任务栏的中部，用鼠标单击"开始"按钮■，或者按键盘上的 Windows 键〈■〉，将显示"开始"菜单，如图 2-6 所示。

图 2-6　"开始"菜单

若要关闭"开始"菜单，鼠标再次单击"开始"按钮■，或者单击"开始"菜单之外的区域，或者再次按 Windows 键〈■〉，或者按〈Esc〉键。

（3）搜索框

单击搜索框或按〈■+S〉键，将打开搜索窗格。在搜索框中输入关键词后，将首先搜索本地对象，按照文件、文件夹、应用、设置、图片、视频、音乐分类显示搜索对象，"最佳匹配"中会显示最接近的名称，包括应用程序、文档文件等，如果单击"搜索网页"，将打开浏览器，在 Microsoft Bing（必应）搜索引擎中搜索。如果本地没有相关内容，将直接打开浏览器，在 Microsoft Bing 中搜索。

（4）任务视图

任务视图是多任务和多桌面的入口，可以预览当前计算机所有正在运行的任务，快速在打开的多个软件、应用、文件之间切换。单击任务栏上的"任务视图"按钮■，在打开的"任务视图"界面中，将列出当前计算机中运行的所有任务。

- 可将其中的一个或多个任务关闭，移动鼠标指针到该缩略图窗口，单击"关闭"按钮×即可。
- 单击对应的缩略图任务窗口，将使该任务变成当前活动状态。

按键盘快捷键〈Alt+Tab〉，切换窗口；按键盘快捷键〈■+Tab〉，显示任务视图。

（5）快速启动区

快速启动区中默认有 3 个按钮■ ● ■，快速启动区中的快捷方式与桌面上的快捷方式功能一样，都可以启动程序。活动快捷方式图标下边沿有一条线段。

（6）活动任务区

打开的程序、文件夹或文件，都会在活动任务区中显示对应的图标。如果某应用程序打开多个窗口，则活动任务按钮右侧会出现层叠的边框。活动任务图标下边沿有一条线段。快捷方式图标与活动任务图标之间没有明显的区域划分。

如果一个打开的窗口位于多个打开窗口的最前面，可以对其进行操作，则称该窗口是活动窗口。活动窗口的任务按钮突出（高亮度）显示。

若要预览窗口，把鼠标指针停留在任务栏的某个程序图标上，该程序图标上方会显示该程序的预览小窗口，在预览小窗口中移动鼠标指针，桌面上也会同时显示该程序的对应窗口。若要切换窗口，可单击该预览小窗口。例如，已经打开了两个画图窗口，那么在任务栏中只会显示一个画图活动任务图标，如图 2-7 所示。

图 2-7　预览窗口

（7）通知区

通知区（也称系统托盘）位于任务栏的最右侧，包括一个时钟和一组图标，如图 2-5 所示。这些图标表示计算机上某程序的状态，或提供访问特定设置的途径。图标集取决于已安装的程序或服务，以及计算机制造商设置计算机的方式。单击通知区左侧的向上箭头可以显示隐藏的图标。

（8）显示桌面

在任务栏的右端是"显示桌面"按钮，如图 2-5 所示。单击"显示桌面"按钮将先最小化所有显示的窗口，然后显示桌面；若要还原打开的窗口，再次单击"显示桌面"按钮。

4. "开始"菜单

"开始"菜单包括搜索框、"已固定"项目、"所有应用"按钮、"推荐的项目"、"更多"按钮、"账户设置"按钮和"电源"按钮，如图 2-6 所示。

（1）搜索框

单击搜索框则显示"搜索"窗格，如图 2-8 所示，可以在其中搜索应用、文档、网页、设置、视频、文件夹、音乐等。搜索时，优先搜索本地计算机上的应用程序、文档等项目，例如输入"控制面板""记事本"等，比通过菜单一步一步操作更快捷。

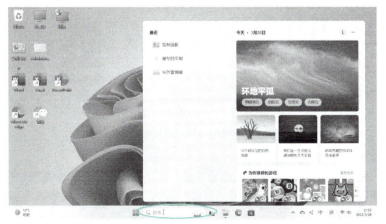

图 2-8　搜索框

（2）"已固定"项目

"已固定"项目区域显示常用的应用，用户还可以根据需求在其中取消固定应用或添加固定应用。右击"已固定"区域中的图标，可以取消固定。

（3）"所有应用"按钮

单击"所有应用"按钮，打开应用列表，如图2-9所示。

图2-9　应用列表

在"开始"菜单的应用列表中，有两种列表，一种是程序名，另一种是文件夹。其中文件夹名前的图标显示为 ，文件夹名后有图标∨，单击∨则展开，同时图标变为∧，单击其中的程序名则运行该程序，"开始"菜单自动关闭。

"开始"菜单中的应用列表以名称中的首字母、数字或拼音升序排列，可转动鼠标的滚轮浏览到所需的列表，然后单击该列表名，即可打开该应用。

如果要快速跳转到某应用程序，单击任意一个字母。应用菜单将切换为一个数字、首字母、拼音的索引列表，如图2-10所示，只需单击应用程序的首数字、首字母、首拼音，就可跳转到该索引组。

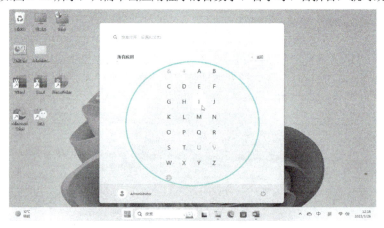

图2-10　字母索引列表

（4）"推荐的项目"列表

Windows 11根据用户使用的程序、文档等习惯，在"推荐的项目"中显示常用的程序、最近浏览的文档，以方便用户快速访问。单击右侧"更多"按钮，将显示更多的推荐项目。

（5）"账户设置"按钮

当登录账户后，"账户设置"按钮会显示为账户头像，单击该按钮，将弹出账户设置菜单，如图 2-11 所示，可以执行更改账户设置及锁定、注销或登录其他账户的操作。

（6）"电源"按钮

"电源"按钮用于关闭或重启操作系统，包括"睡眠""关机""重启"等选项，如图 2-2 所示。

图 2-11　账户设置菜单

2.1.3　"文件资源管理器"窗口的组成

当用户运行一个应用程序时，桌面上就会出现一块显示程序和内容的矩形区域，这块区域被称为窗口，窗口是用户与产生该窗口的应用程序之间的可视界面。Windows 的操作主要是在不同窗口中进行的。虽然每个窗口的内容和外观各不相同，但大多数窗口都具有相同的基本部分。下面以"文件资源管理器"窗口为例介绍窗口的组成和操作。

"文件资源管理器"是 Windows 专门用来管理软、硬件资源的应用程序。它把软件和硬件都统一用文件或文件夹的图标表示，把文件或文件夹都统一看作对象，用统一的方法管理和操作。打开"文件资源管理器"的方法有多种，可采用下列方法之一：

- 单击任务栏上快速启动区中的"文件资源管理器"图标 。
- 右键单击"开始"按钮 ，在快捷菜单中单击"文件资源管理器"。
- 单击"开始"按钮 ，在"已固定"区单击"文件资源管理器"。
- 单击"开始"按钮 ，单击"所有应用"按钮，在 W 区中单击"文件资源管理器"。
- 按键盘上的〈 +E〉组合键。

打开的"文件资源管理器"窗口如图 2-12 所示，由窗口控制按钮、标签、功能选项区、地址栏、控制按钮区、搜索框、导航窗格、内容窗格、状态栏和视图按钮等部分组成。

1. 窗口控制按钮

每个窗口右上角都有 3 个窗口控制按钮－ □ ×，分别是最小化、最大化和关闭窗口按钮，这 3 个按钮用于控制窗口。

2. 标签（标题栏）

在一个窗口中，默认打开 1 个标签页，单击标签后的"添加新标签"按钮＋可以打开多个标签页，每个标签页中可以显示不同或相同的内容。单击该标签右侧的"关闭标签页"按钮×，则关闭该标签页，如果该标签页是最后一个，则关闭窗口。

3. 功能选项区

每个标签都有自己的功能选项区，功能选项区位于标签名的下方，包含了常用的功能按钮，目的是使用功能区代替菜单、工具栏。每一个应用程序窗口中的功能区都是按应用功能分组的。"文件资源管理器"中包含的功能按钮依次为"新建" ⊕ 新建 ∨ 、"剪切" ✂、"复制" ⧉、"粘贴" 🗐、"重命名" 🔄、"共享" ☍、"删除" 🗑、"排序" ⇅ 排序 ∨ 、"查看" ▭ 查看 ∨ 、筛选器 ▽ 和"查看更多" •••。

图 2-12 "文件资源管理器"窗口的组成

- "新建"按钮 ⊕ 新建 ∨ 。单击"新建"按钮，显示下拉列表，包括新建文件夹、新建快捷方式、新建文件，其中新建文件的种类与安装的应用程序有关，例如安装了 Office，则显示新建 Word 文档、Excel 工作表等。
- "剪切"按钮 ✂。选中文件或文件夹后，单击"剪切"按钮，可执行剪切操作。
- "复制"按钮 ⧉。选中文件或文件夹后，单击"复制"按钮，可执行复制操作。
- "粘贴"按钮 🗐。执行剪切或复制操作后，在目标文件夹下，"粘贴"按钮为可用状态，单击"粘贴"按钮，可将所选的文件或文件夹粘贴到当前文件夹中。
- "重命名"按钮 🔄。选中要重命名的文件或文件夹后，单击"重命名"按钮，则选中的文件或文件夹的名称进入编辑状态，更改名称后，按〈Enter〉键或单击其他位置。
- "共享"按钮 ☍。选中要共享的文件后，单击"共享"按钮，则显示共享对话框，可以将所选文件发送给联系人。
- "删除"按钮 🗑。选中要删除的文件或文件夹后，单击"删除"按钮，可将所选的文件或文件夹删除。
- "排序"按钮 ⇅ 排序 ∨ 。单击"排序"按钮，显示下拉列表，可以对当前窗口中的文件或文件夹按名称、修改日期、类型等按递增或递减方式排序。
- "查看"按钮 ▭ 查看 ∨ 。单击"查看"按钮，显示下拉列表，可以设置图标大小、列表显示方式等。
- "查看更多"按钮 •••。单击"查看更多"按钮，显示下拉列表，可以撤销、固定到快速访问、全部选择、全部取消等操作。

4. 地址栏

地址栏位于功能选项区的下方，显示所选盘符的根文件夹到当前文件夹的路径，单击地址栏即可看到具体的路径。单击路径中文件夹名后的 › 按钮，显示下拉列表，在列表中可以选择要打开的文件夹或盘符。例如 ▭ › 此电脑 › EEE (E:) › Downloads，在地址栏中单击"此电脑"后的 ›，从下拉列表中单击 D:，则立即打开 D:盘。也可以在地址栏中输入路径，然后按〈Enter〉键快速到达要访问的位置。

5. 控制按钮区（导航按钮）

控制按钮区位于地址栏的左侧，由一组导航按钮组成，包括"返回" ←、"前进" →、"最近浏览的位置"∨和"上移到前一个位置"↑按钮。单击"最近浏览的位置"∨按钮，打开下拉列表，可以查看最近访问的位置，单击下拉列表中的位置，可以快速到达该位置。

6．搜索框

搜索框位于地址栏的右侧，在搜索框中输入关键词，可以快速查找当前位置中相关的文件和文件夹。在搜索框中输入关键字，不必输入完整的文件名，即可搜索到文件名中包含关键字的文件和文件夹。搜索出的文件或文件夹会用黄色背景标记搜索的关键字，可以根据关键字的位置来判断结果文件是否是所需的文件。还可以为搜索设置更多的附加选项。

7．导航窗格

导航窗格位于控制按钮区下方，显示计算机中包含的具体位置，包括主文件夹、OneDrive、快速访问、此电脑、网络等，它们都是该设备的根文件夹。可以通过导航窗格快速定位到相应的位置，也可以通过导航窗格中的"展开"＞按钮或"收缩"∨按钮，显示或隐藏详细的子文件夹，单击＞展开文件夹，同时＞变为∨。如果文件夹图标左侧显示为向下箭头∨，表明该文件夹已展开，单击它可收缩文件夹，同时图标变为向左箭头＞。如果文件夹图标左侧没有图标，则表示该文件夹是最后一层，无子文件夹。

8．内容窗格

内容窗格位于导航窗格右侧，是显示当前文件夹中内容的区域，也叫工作区域。所有当前位置上的文件和文件夹都显示在内容窗格中，文件和文件夹的操作也在内容窗格中进行。在左侧的导航窗格中单击文件夹名，右侧内容窗格中将列出该文件夹的内容。在右侧内容窗格中双击文件夹图标将显示其中的文件和文件夹，双击某文件图标可以启动对应的程序或打开文档。如果通过在搜索框中键入关键字来查找文件，则仅显示当前窗格中相匹配的文件（包括子文件夹中的文件）。

使用列标题可以更改文件列表中文件的整理方式。例如，可以单击列标题的左侧以更改显示文件和文件夹的顺序，也可以单击右侧以采用不同的方法筛选文件。注意，只有在"详细信息"视图中才有列标题。

9．状态栏

状态栏位于导航窗格下方，显示当前位置中的项目数量，也会根据用户选择的内容，显示所选文件或文件夹的数量、容量等信息。

10．视图按钮

视图按钮位于状态栏右侧，包含"在窗口中显示每一项的相关信息"☰和"使用大缩略图显示项"▯两个按钮，单击它选择视图方式。

2.1.4　窗口的基本操作

1．打开窗口

在"开始"菜单、桌面、任务栏中的快速启动区、已固定等位置中，双击程序图标，都可以打开该程序窗口。也可以右击程序图标，在弹出的快捷菜单中单击"打开"或"更多"中的"以管理员身份运行"命令，也可以打开该程序窗口。

2．关闭窗口

程序使用完后，可以将其窗口关闭，通过关闭一个窗口来终止一个应用程序的运行，关闭窗口会将其从桌面和任务栏中删除。常见的关闭窗口的方法有以下几种。

- 使用关闭按钮。单击窗口右上角的"关闭"按钮✕，即可关闭当前窗口。
- 窗口左上角的程序图标。单击窗口左上角的程序图标，在弹出的菜单中单击"关闭"命令，即可关闭当前窗口。
- 使用标题栏。在窗口的标题栏上右击，在弹出的快捷菜单中单击"关闭"命令，即可关闭当前窗口。
- 使用任务栏。在任务栏上右击需要关闭的程序图标，在弹出的快捷菜单中单击"关闭窗口"命令，可关闭该程序的窗口。
- 使用快捷键。在当前窗口中按〈Alt+F4〉组合键，即可关闭当前窗口。

3．移动窗口

当窗口没有处于最大化或最小化状态时，将鼠标指针放在需要移动的窗口的标题栏上，鼠标指针此时是 形状，按下鼠标左键不松开，拖动窗口到需要的位置，松开鼠标左键，即可移动窗口。

4．调整窗口的大小

默认情况下，打开的窗口大小和上次关闭时的大小一样。若要调整窗口的大小（使窗口变小或变大），将鼠标指针移动到窗口的任意边框，当鼠标指针变为 或 形状时，可左右或上下拖动边框，以横向或纵向改变窗口的大小。指针移动到窗口的 4 个角变为 或 形状时，拖动指针，可沿对角线方向放大或缩小窗口。

已最大化的窗口无法调整大小。虽然多数窗口可以被最大化和调整大小，但也有一些窗口大小是固定的。

5．最大化窗口

若要使窗口填满整个桌面，单击窗口右上角的"最大化"按钮 或双击该窗口的标题栏。此时"最大化"按钮 变为有两个重叠方框的"还原"按钮 。单击"还原"按钮 或双击该窗口的标题栏，可还原到窗口最大化之前的大小。

6．最小化窗口

如果要使窗口临时消失而不将其关闭，则可以将其最小化。若要最小化窗口，单击窗口右上角的"最小化"按钮 。窗口会从桌面上消失，只在任务栏上显示为图标。

若要使最小化的窗口重新显示在桌面上，单击其任务栏按钮，窗口会按最小化前的样子显示。

7．切换当前窗口

通过选择相应的窗口来选择相应的应用程序，这时就需要在各个窗口之间进行切换。

（1）使用鼠标切换窗口
- 如果打开了多个窗口，单击需要切换到的窗口上的任意位置，该窗口即可出现在所有窗口的最前面，成为活动窗口，即当前正在使用的窗口。
- 若要切换到其他窗口，只需单击其任务栏上的图标，该窗口将出现在所有其他窗口的前面，成为活动窗口。

（2）使用〈Alt+Tab〉组合键切换窗口

按〈Alt+Tab〉组合键切换窗口时，桌面中间会出现当前打开的各程序的预览小窗口，按下〈Alt〉键不松开，每按一次〈Tab〉键就会切换一次，直至切换到需要的窗口。

2.1.5　窗口的贴靠布局显示

在 Windows 11 的桌面上，除可以把窗口拖动到任意位置外，还可以使用贴靠功能快速布置窗口。Windows 11 桌面的贴靠点位于桌面的左边、上边、右边和 4 个角。具体方法见二维码内容。

窗口的贴靠

2.1.6　菜单的组成和操作

程序窗口中通常都有一个菜单栏，把程序要执行的命令组织在菜单中，用户通过执行这些菜单命令完成需要的功能。菜单栏中有菜单名，如"文件""编辑""查看"、⚙（设置）等，每个菜单名对应一组菜单命令组成的下拉菜单，平时不用时会隐藏这些菜单，只有在单击菜单名后才会显示菜单。如图 2-13 所示是在"记事本"窗口中单击菜单栏的"编辑"后显示出的菜单命令。

图 2-13　"记事本"窗口的菜单栏和菜单命令

1. 下拉菜单中各命令项的说明

- 灰色的菜单命令：下拉菜单中灰色浅淡的菜单命令表示该菜单命令在当前状态下不可执行（例如，剪贴板为空时，"粘贴"命令无法执行），此时无法选择该命令。
- 快捷键：有些菜单命令后带有 Ctrl+Z、Shift+F3、Del、F5 等键名，这就是该菜单命令的快捷键。用户可以不打开菜单，在编辑状态直接按快捷键来执行该菜单命令。
- 能够打开对话框的命令：有的菜单命令后跟一个省略号⋯或者没有符号，表示选择该命令后，将出现一个对话框，需要用户进一步提供信息或进行某些设置，然后才能执行。

2. 下拉菜单的操作方法

（1）打开菜单的方法
- 用鼠标打开下拉菜单的方法：用鼠标单击菜单栏中的菜单名。
- 用键盘打开下拉菜单的方法：先按〈Alt〉或〈F10〉键，此时菜单栏下边临时显示一个表示菜单名的字母，如图 2-14 所示。菜单打开后，沿着菜单栏移动鼠标指针或按〈→〉〈←〉键，菜单会自动打开，而无须再次单击菜单栏。

（2）选择菜单命令
- 用鼠标选择菜单命令：用鼠标单击下拉菜单中的菜单命令。
- 用键盘选择菜单命令：按〈Alt+"字母"〉键或"字母"键则打开该下拉菜单，每个下拉菜单命令后临时显示一个字母，如图 2-15 所示。输入下拉菜单中菜单命令后临时显示的字母或按〈Alt+"字母"〉键，或者命令后显示的快捷键，例如在"文件"下拉菜单中按〈S〉键表示选择"保存"菜单命令。或者，在下拉菜单中用〈↑〉〈↓〉键移动光带到所选菜单命令上，按〈Enter〉键。

图 2-14　"记事本"窗口的菜单栏

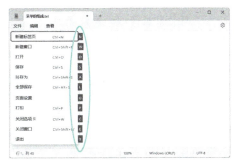

图 2-15　"记事本"窗口的下拉菜单

（3）关闭菜单的方法

- 用鼠标关闭菜单的方法：鼠标单击被打开下拉菜单以外的区域。
- 用键盘关闭菜单的方法：按〈Alt〉键、〈Esc〉键（有时要按两次）或〈F10〉键。

3. 快捷菜单

快捷菜单是鼠标右键单击对象而显示的菜单，快捷菜单中包含了对该对象的常用操作命令。根据对象的不同，快捷菜单中的菜单命令也可能不同。

- 打开快捷菜单。用鼠标右击对象，或者选定对象后按键盘上的快捷菜单键〈▤〉（或组合键〈Shift+F10〉）。
- 关闭快捷菜单。单击快捷菜单以外的区域，或者按〈Alt〉键或〈F10〉键。

2.1.7　对话框的组成和操作

对话框是用于完成某项任务所需选项的小型窗口。用户按对话框中的选项进行设置，程序就会执行相应的命令。对话框与常规窗口有区别，虽然对话框有标题栏，但对话框没有菜单栏，多数对话框无法最大化、最小化或调整大小，但是它们可以被移动。对话框有多种形式，外观相差很大。

1. 打开"文件夹选项"对话框

在"文件资源管理器"窗口中，单击"查看更多"按钮…，在其下拉菜单中单击"选项"，显示"文件夹选项"对话框中的"常规"选项卡，如图 2-16 所示。

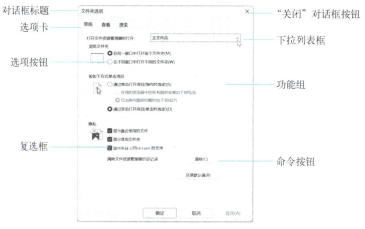

图 2-16　"文件夹选项"对话框中的"常规"选项卡

2. 对话框的组成和操作

1）选项卡。把相关功能的对话框合在一起形成一个多功能对话框，每项功能的对话框称为一个选项卡，选项卡是对话框中叠放的页。

2）功能组。在一个对话框或者选项卡上，通常有多项功能，为了区分不同功能，往往具有相同功能的选项放在一个功能组中。在功能组左上方有该功能组的说明。

3）选项按钮。可让用户在两个或多个选项中选择一个选项。选项按钮经常出现在对话框中，被选中项的左边显示一个圆点◉，未选中项显示为空心○。若要选择一个选项，单击其中一个按钮。只能选择一个选项，因此也称单选钮。当前无法选择或清除的选项以灰色显示。

4）复选框。可让用户任意选中几项或全选、全不选。复选框外形为一个小正方形，方框中有✓表示选中，空框☐表示未选中。

5）命令按钮。对话框中都会有命令按钮，对话框中的命令按钮一般为上面有文字的矩形按钮，单击命令按钮会执行一个或一组命令。例如，"清除""确定"按钮。

6）下拉列表框。可展开显示多个选项供用户选择其中之一。

7）链接。有些对话框中还有链接，其实这是链接形式的命令按钮。单击链接将打开一个窗口。淡灰色的链接表示当前不可用。

2.2　管理文件和文件夹

Windows 把所有软、硬件资源均用文件或文件夹的形式来表示，所以管理文件和文件夹就是管理整个计算机系统。通常可以通过"文件资源管理器"对计算机系统进行统一的管理和操作。

2.2.1　文件与文件夹的概念

1．文件

文件是 Windows 操作系统管理的最小单位，所以计算机中的许多数据（例如，文档、照片、音乐、电影、应用程序等）以文件的形式保存在存储介质（硬盘、U 盘、存储卡等）上，每个文件都有自己的名称，通过名称来进行管理。

2．文件的类型

根据文件的用途，一般把文件分为三类：

（1）系统文件

系统文件是用于运行操作系统的文件，例如 Windows 11 系统文件。

（2）应用程序文件

运行应用程序所需的一组文件，例如运行 Word、QQ 等软件需要的文件。

（3）数据文件

使用应用程序创建的一个或一组文件，在 Windows 中称为文档，例如 Word 文档、JPG 图片文件、mp4 电影文件。用户在使用计算机的过程中，主要是对第三类文件进行操作，包括文件的创建、修改、复制、移动、删除等操作。

3．文件名

一个文件一般由主文件名、扩展名、文件图标和文件大小组成，主文件名和扩展名中间用小数点隔开。其中主文件名表示文件的名称，扩展名表示文件的类型，相同的扩展名具有一样的文件图标，以方便用户识别。

（1）主文件名

主文件名表示文件的名称，通过它可人概知道文件的内容或含义，对于主文件名，Windows 规定可以由英文字母、数字、汉字以及一些符号组成，组成文件或者文件夹名称的字符数不得超过 255 个（包括盘符和路径），一个汉字占两个英文字符的长度。文件名除了开头之外任何地方都可以使用空格，文件名不区分大小写，但在显示时保留大小写格式。文件和文件夹的名称中不能出现的字符有斜线（\、/）、竖线（|）、小于号（<）、大于号（>）、冒号（:）、引号（"、'）、问号（?）、星号（*）等。这些不能用于文件名的字符在系统中有特殊含义。

同一个文件夹中不能有相同的文件名，即主文件名和扩展名都相同。

（2）扩展名

文件通常都有扩展名，一般为 3 个字符，用于表示文件的类型。扩展名用来辨别文件属于哪种格式，通过什么应用程序打开。Windows 系统对某些文件的扩展名有特殊的规定，不同的文件类型

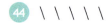

其扩展名不一样，表 2-1 中列出了一些常用的扩展名。因此，如果扩展名更改不当，系统有可能无法识别该文件，或者无法打开该文件。

表 2-1　常用扩展名

扩展名	图标	含义	扩展名	图标	含义
.exe	有不同的图标	可执行文件	.avi、.mp4 等		视频文件
.png、.bmp、.jpg 等		图像文件	.doc、.docx		Word 文档文件
.rar、.zip		压缩包文件	.wav、.mp3 等		音频文件
.txt		文本文件	.htm、.html		网页文件

（3）文件的图标

在"文件资源管理器"中查看文件时，文件的图标可直观地显示出文件的类型，以便于识别，见表 2-1。

（4）文件的大小

文件大小是指该文件中的信息量保存到硬盘上需要的位数量及占用文件系统空间的大小。在 Windows 文件资源管理器中，通常显示单位为 KB，如图 2-17 所示。

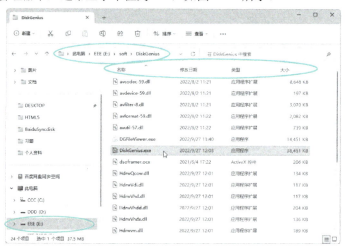

图 2-17　在文件资源管理器中查看文件

（5）修改日期

修改日期是最后一次修改并保存的日期。通过查看修改日期可以了解该文件的修改日期。

4．文件夹

为了便于管理文件，通常把文件组织到目录和子目录中，这些目录和子目录就被称为文件夹，文件夹是用于存储程序、文档、快捷方式和其他文件夹的容器。文件夹分为标准文件夹和特殊文件夹两种。

1）标准文件夹。当打开一个标准文件夹时，它是以窗口的形式呈现在桌面上。

2）特殊文件夹。它们不对应于磁盘上的某个文件夹，这种文件夹实际上是程序。例如，打印机、网络、控制面板等。

文件夹也有自己的名字，取名的方法与文件相似，文件夹通常没有扩展名。文件夹中还可以包含文件夹，称为子文件夹。文件夹由文件夹名和文件夹图标组成，文件夹图标的外观会依据该文件夹中的文件类型而有不同的显示，如图 2-18 所示。

图 2-18　文件夹图标的外观

5. 文件和文件夹的保存位置

文件和文件夹可以保存在硬盘驱动器、U 盘、移动硬盘、闪存卡、网盘、光盘驱动器等外存中，这就是文件和文件夹的保存位置。

对于外存，会划分为多个分区，这时就会出现多个盘符，包括硬盘驱动器、光盘驱动器、U盘、移动硬盘、闪存卡等都会分配相应的盘符（C:～Z:），用以标识不同的驱动器。硬盘驱动器用字母 C:标识，如果划分多个逻辑分区或安装多个硬盘驱动器，则依次标识为 D:、E:、F:等。光盘驱动器、U 盘、移动硬盘、闪存卡的盘符排在硬盘之后。A:、B:用于软盘驱动器，现在已经淘汰不用。C盘主要用来存放系统文件，所谓系统文件，是指操作系统和应用软件中的系统操作部分，默认情况下系统会被安装在 C 盘，包括常用的程序。D 盘主要用来保存用户自己的文件，E 盘主要保存下载的应用软件文件、备份的其他文件等。

在每个盘上，根据需要创建不同的文件夹，用于分类管理不同类别，把不同用途的文件分别保存到相应的文件夹中，实现分类管理。

6. 路径

在对文件或文件夹进行操作时，为了确定文件或文件夹在外存（硬盘、U 盘等）中的位置，需要按照文件夹的层次顺序沿着一系列的子文件夹找到指定的文件或文件夹。这种确定文件或文件夹在文件夹结构中位置的一组连续的、由路径分隔符"\"分隔的文件夹名叫路径。描述文件或文件夹的路径有两种方法：绝对路径和相对路径。

（1）绝对路径

绝对路径就是从目标文件或文件夹所在的根文件夹开始，到目标文件或文件夹所在文件夹为止的路径上所有的子文件夹名（各文件夹名之间用"\"分隔）。绝对路径总是以"\"作为路径的开始符号。例如，a.txt 存储在 C:盘的 Downloads 文件夹的 Temp 子文件夹中，则访问 a.txt 文件的绝对路径是：C:\Downloads\Temp\a.txt。

（2）相对路径

相对路径就是从当前文件夹开始，到目标文件或文件夹所在文件夹的路径上所有的子文件夹名（各文件夹名之间用"\"分隔）。一个目标文件的相对路径会随着当前文件夹的不同而不同。例如，如果当前文件夹是 C:\Windows，则访问文件 a.txt 的相对路径是：..\Downloads\ Temp\a.txt，这里的".."代表父文件夹。

7. 通配符

当查找文件、文件夹时，可以使用通配符代替一个或多个真正的字符。

● 星号"*"表示 0 个或多个字符。例如，ab*.txt 表示以 ab 开头的所有.txt 文件。
● 问号"?"表示一个任意字符。例如，ab???.txt 表示以 ab 开头的后跟 3 个任意字符的.txt 文件，文件中有几个"?"就表示几个字符。

8. 项目

在 Windows 中，项目（或称对象）是指管理的资源，如驱动器、文件、文件夹、打印机、系统文件夹（库、用户文档、计算机、网络、控制面板、回收站）等。

2.2.2　"文件资源管理器"的操作

在 Windows 中，通常使用"文件资源管理器"对文件和文件夹进行操作。"文件资源管理器"

窗口分为左、右两个窗格。左窗格是"文件夹"窗格，包含整个计算机资源的树形结构，显示的是父文件夹的名称。右窗格是"内容"窗格，显示的是当前文件夹（左窗口选定的项目）的具体内容，即父文件夹中的内容。也就是说，导航窗格中只显示文件夹，文件只显示在内容窗格中。

1. 导航窗格的组成和操作

通过"文件资源管理器"左窗口，可以在计算机的文件结构中选择想要去的位置，所以左窗口称为"导航窗格"。使用导航窗口来改变位置，是最直观的导航方法。

导航窗格中的列表将计算机资源分为快速访问、OneDrive、此电脑、网络等，如图 2-22 所示，以方便组织、管理及应用资源。

导航窗格的组成和操作

文件资源管理器以分层的方式显示计算机内所有文件的详细图表。使用文件资源管理器可以更方便地实现浏览、查看、移动和复制文件或文件夹等操作，用户不必打开多个窗口，而只在一个窗口中就可以浏览所有的磁盘和文件夹。在导航窗格中，常用的操作如下。

（1）更改文件夹的位置

在导航窗格中，单击文件夹名称，例如"主文件夹"，内容窗格中将显示该文件夹中包含的文件和文件夹等内容，如图 2-19 所示。

（2）在导航窗格中显示所有文件夹

导航窗格默认显示如图 2-19 所示的简洁方式。如果希望在导航窗格中显示所有文件夹，在左侧的导航窗格中，右击空白区域，从显示的快捷菜单中单击选中"显示所有文件夹"。

设置显示所有文件夹后，导航窗格将显示如图 2-20 所示的形式，在这种树状的显示方式中，以"桌面"作为所有文件夹的根文件夹，其下包括主文件夹、OneDrive、此电脑、库、网络、控制面板、回收站等项目。

图 2-19　"文件资源管理器"窗口

图 2-20　显示所有文件夹的"文件资源管理器"窗口

（3）导航窗格中列表的展开与折叠

展开的作用是便于看到文件夹的层次或树状结构，而折叠可以把暂时不关心的文件夹隐藏起来，使导航窗格变得更简洁。

- 当某项目的图标前有 > 时，表示它有下级文件夹，单击 >（或双击名称）将展开它的下级，同时 > 变为 ∨。如果项目前没有 > 或 ∨，则表示该文件夹中不再包含文件夹，只包含文件。
- 当单击 ∨（或双击名称）时，下级文件夹将折叠，∨ 又变回 >。

导航窗格中列表的展开与折叠并不改变当前文件夹的位置，所以内容窗格中显示的内容并不改变。

2. 内容窗格的设置和操作

"内容窗格"中显示当前位置上的文件和文件夹，对文件和文件夹

内容窗格的设置和操作

的操作都是在"内容窗格"中进行的。

（1）设置显示方式

为了在内容窗格中更方便、直观地查看文件和文件夹，可通过"查看"菜单中的选项来设置其中的文件和文件夹显示方式，比较常用的布局方式是"大图标"和"详细信息"，分别如图 2-21、图 2-22 所示，也可以通过状态栏右端的两个图标按钮来设置"详细信息"或"大图标"。

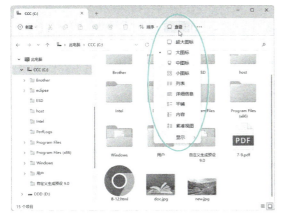
图 2-21　"大图标"显示方式

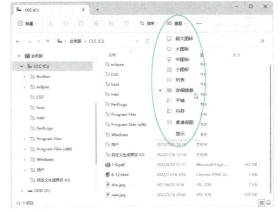
图 2-22　"详细信息"显示方式

（2）设置排序或分组方式

当内容窗格中显示的文件或文件夹较多时，对它们按某个条件排序或分组后，将更容易找到需要的文件或文件夹。

在"详细信息"显示方式下，文件和文件夹列表上会显示一行标题，默认显示"名称""修改日期""类型""大小"。把鼠标指针放置在标题上，例如"名称"，出现背景色，默认名称递增排列，图标显示 ∧；单击标题栏，改为递减，图标显示 ∨；单击该标题后面的 ∨，显示筛选方式，如图 2-23 所示，在列表中复选需要显示名称的前缀，则只显示复选的文件和文件夹。"修改日期""类型"等标题，也可以按要求排序和筛选，也可以在多个列上同时筛选。筛选当时有效，当再次显示该文件夹时，刚才的筛选失效。

（3）显示文件的扩展名、隐藏的项目

Windows 默认不显示文件的扩展名，不显示隐藏的文件和文件夹。一些恶意文件往往显示一个假的扩展名，而且是隐藏的文件，所以对于高级用户，显示文件的扩展名和隐藏的文件，可以了解更多信息。在"查看"菜单中，单击"显示"，从子菜单中选中"文件扩展名""隐藏的项目"，如图 2-24 所示。

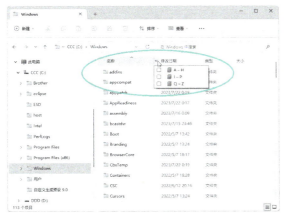
图 2-23　通过标题栏排序和筛选

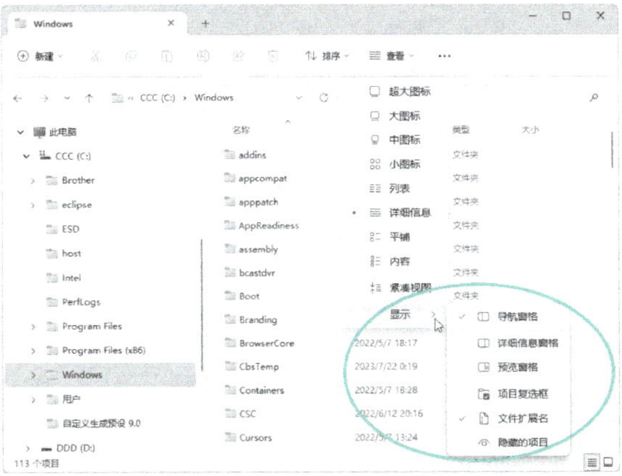

图 2-24　显示文件的扩展名、隐藏的项目

2.2.3 文件和文件夹的基本操作

文件夹的基本操作主要包括文件夹的新建、重命名、删除等操作，下面介绍使用文件资源管理器操作文件和文件夹的常用方法。

1．新建文件夹

新建文件夹是从无到有，新建一个空白的文件夹。可以在桌面、扩展分区等位置中新建文件夹。新建文件夹的操作为：通过左侧的导航窗格浏览到目标文件夹或桌面，使右侧的内容窗格为目标文件夹。用下面两种方法之一新建文件夹。

- 使用快捷菜单新建文件夹。在右侧的内容窗格中，右键单击文件和文件夹名之外的空白区域。显示快捷菜单，指向"新建"，指向其子菜单，单击"文件夹"，如图 2-25 所示。在内容窗格名称列表底部将新建一个文件夹，默认文件夹名为"新建文件夹"，如图 2-26 所示。如果要重命名文件夹名，直接输入新的文件夹名称，例如 Temp123，最后按〈Enter〉键或鼠标单击其他空白区域。

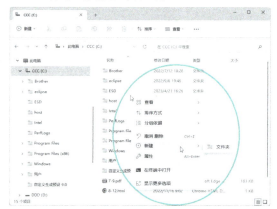

图 2-25 右键单击空白区域

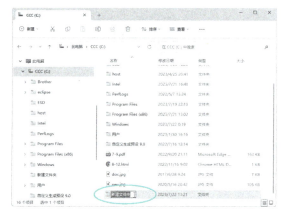

图 2-26 修改文件夹名

- 使用功能选项区新建文件夹。单击"新建" ⊕ 新建 ，在其下拉菜单中单击"文件夹"，则内容窗格名称列表底部将新建一个文件夹，在其文本框中输入新的文件夹名。

2．选定文件和文件夹

在 Windows 操作系统中，总是遵循先选定、后操作的原则。在对文件和文件夹操作之前，首先要选定文件和文件夹，一次可选定一个或多个对象，选定的文件和文件夹突出显示。有以下几种选定方法。

- 选定一个文件或文件夹：单击要选定的文件或文件夹。
- 框选文件和文件夹：在右侧的内容窗格中，按下鼠标左键拖动，将出现一个框，框住要选定的文件和文件夹，然后释放鼠标按钮。
- 选定多个连续文件和文件夹：先单击选定第一个对象，按下〈Shift〉键不放，然后单击最后一个要选定的项。
- 选定多个不连续文件和文件夹：单击选定第一个对象，按下〈Ctrl〉键不放，然后分别单击各个要选定的项。
- 反向选择：就是将文件的选中状态反转，选中的文件变为不选中，不选中的文件变为选中，在"主页"选项卡的"选择"组中，单击"反向选择"。
- 选定文件夹中的所有文件和文件夹：在"主页"选项卡的"选择"组中，单击"全部选择"或"反向选择"，或者按〈Ctrl+A〉键。
- 如果在"查看"选项卡的"显示/隐藏"组中选中"项目复选框"，则文件或文件夹前显示复选框，可以通过单击文件或文件夹前的复选框来选中多个文件和文件夹。

● 撤销选定：撤销一项选定，先按下〈Ctrl〉键，然后单击要取消的项目。若要撤销所有选定项，则单击窗口中其他区域。或者单击"选择"组中的"全部取消"。

3. 打开文件夹

在文件资源管理器中可用下面方法之一打开一个文件夹。

● 在导航窗格中单击文件夹名称，或者在内容窗格中双击文件夹名称。将在文件资源管理器中打开该文件夹，显示该文件夹中的内容，不会打开其他程序。

● 在导航窗格中右击文件夹名称，从快捷菜单中单击"展开"；或者在内容窗格中右击文件夹名称，从快捷菜单中单击"打开"。

4. 新建文件

文件是通过应用程序新建或创建的，一个应用程序只能新建特定类型的文件，例如，Word 应用程序新建.docx 文档，画图应用程序新建.bmp、.jpg 等类型的文件。除了用安装在 Windows 中的应用程序新建文件外，也可以用下面方法之一新建文件。

新建文件

（1）使用功能选项区新建文件

打开一个文件夹，在功能选项区中单击"新建"，显示下拉菜单，菜单中显示了可以新建的项目，如图 2-27 所示。列表中的项目会根据安装的应用程序不同而不同，也就是说，如果 Windows 中没有安装 Word 应用程序，将不会出现"Microsoft Word 文档"选项。例如，新建一个文本文档，单击"文本文档"选项。在内容窗格名称列表底部将新建一个文件名为"新建文本文档.txt"的文档，其扩展名为.txt，如图 2-28 所示，输入新的文件名，然后按〈Enter〉键或鼠标单击其他区域。注意，不要更改文件的扩展名，因为 Windows 是通过文件的扩展名来识别文件类型的，扩展名不正确将会造成用不正确的应用程序去打开该文件，导致打开失败。

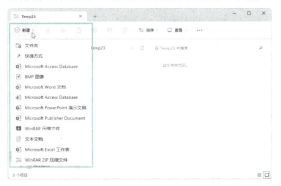

图 2-27　使用功能选项区新建文件　　　　　　　图 2-28　修改文件名

（2）使用快捷菜单新建文件

打开一个文件夹，在右侧的内容窗格中，右键单击文件和文件夹名之外的空白区域。显示快捷菜单，指向"新建"，指向其子菜单，单击需要新建的项目，如图 2-29 所示，快捷菜单中的项目与功能选项区中相同。接下来的操作过程与使用功能选项区新建文件相同。

对于受保护的分区位置，例如 C:\根文件夹、C:\Windows 文件夹，新建或者复制文件到这里，将显示"目标文件夹访问被拒绝"对话框，如图 2-30 所示，可以单击"继续"按钮，如果不行，则单击"跳过"或"取消"按钮。

5. 修改文件或文件夹的名称

新建文件或文件夹时，都有一个默认的文件或文件夹名，可以根据需要把文件或文件夹重新命名，可采用下列方法之一。

图 2-29　使用快捷菜单新建文件　　　　　　图 2-30　"目标文件夹访问被拒绝"对话框

- 使用功能选项区。单击选中要改名的文件或文件夹，在功能选项区中单击"重命名"按钮，这时文件名变为可编辑状态，输入新的文件名，最后按〈Enter〉键或鼠标单击其他位置。
- 使用快捷菜单。右键单击要更改名称的文件或文件夹，在快捷菜单中单击"重命名"按钮，输入新的文件或文件夹名称，最后按〈Enter〉键或鼠标单击其他位置。
- 使用快速方式。单击选中要重命名的文件或文件夹，然后再单击该文件名，使文件名变为可编辑状态，输入新的文件名，最后按〈Enter〉键或鼠标单击其他位置。
- 使用〈F2〉快捷键。单击选中要重命名的文件或文件夹，然后按〈F2〉键，文件或文件夹名变为可编辑状态，输入新的文件名，最后按〈Enter〉键或鼠标单击其他位置。

如果文件名显示扩展名，在重命名时不要改变文件的扩展名，否则会造成文件不能正常打开。

6. 复制和粘贴文件或文件夹

复制就是把一个文件夹中的文件和文件夹复制一份到另一个文件夹中，也就是创建其副本，原文件或文件夹的内容仍然存在，新文件夹中的内容与原文件夹中的内容完全相同。

"复制"命令和"粘贴"命令是一对配合使用的操作命令，"复制"命令是把文件或文件夹在系统缓存（称为剪贴板）中保存副本，而"粘贴"命令是在目标文件夹中把剪贴板中的这个副本复制出来。复制文件或（和）文件夹可采用下列方法之一。

- 使用功能选项区。选定要复制的文件和文件夹（单选或多选），在功能选项区中单击"复制"按钮，如图 2-31 所示，这时"粘贴"按钮将被点亮变为可用。

浏览到目标驱动器或文件夹，在功能选项区中单击"粘贴"按钮，则副本出现在当前文件夹中，如图 2-32 所示。如果没有改变文件夹，是在原来的文件夹中执行"粘贴"，则出现的副本名称中会加上尾缀"-副本"。由于副本已经保存在剪贴板中，所以可以多次粘贴。

图 2-31　使用功能选项区复制　　　　　　　图 2-32　使用功能选项区粘贴

- 使用快捷菜单。选定要复制的文件和文件夹（单选或多选），右键单击打开快捷菜单，单击"复制"按钮，如图 2-33 所示；浏览到目标驱动器或文件夹，右键单击空白区域，在快捷菜单中单击"粘贴"按钮，如图 2-34 所示。

图 2-33　使用快捷菜单复制

图 2-34　使用快捷菜单粘贴

- 使用快捷键或混合操作。选定要复制的文件和文件夹（单选或多选），按〈Ctrl+C〉键（或右键单击快捷菜单中的"复制"按钮，或在功能选项区单击"复制"按钮）执行复制；浏览到目标驱动器或文件夹，按〈Ctrl+V〉键（或右键单击快捷菜单中的"粘贴"按钮，或在功能选项区中单击"粘贴"按钮）执行粘贴。

在复制过程中，如果复制的文件或文件夹与目标文件夹中的文件或文件夹同名，将显示"替换或跳过文件"对话框，如图 2-35 所示，可以选择"替换目标中的文件""跳过这些文件"或"让我决定每个文件"。

- 鼠标左键拖动复制。在源文件夹中选定要复制的文件和文件夹。在导航窗格中让目标文件夹显示出来，只需展开，但不要单击选定目标文件夹。按下〈Ctrl〉键不放，再用鼠标将选定的文件和文件夹拖动到目标文件夹上（如果拖动到导航窗格，拖动所到之处将自动展开文件夹），然后松开鼠标键和〈Ctrl〉键。如果源位置和目标位置不在同一个分区（盘符），则可以直接拖动，而不用按下〈Ctrl〉键。
- 鼠标右键拖动复制。选定要复制的文件和文件夹，按下鼠标右键不松开，同时按下〈Ctrl〉键不放，被拖动的图标下边显示"+复制到 XXX"，将选定的文件和文件夹拖动到目标文件夹上。松开鼠标右键，此时显示菜单，松开〈Ctrl〉键，单击"复制到当前位置"，就完成了复制操作。
- 使用"发送到"复制。如果要把选定的文件和文件夹复制到 U 盘等移动存储器中，最简便的方法是右键单击选定的文件和文件夹，单击快捷菜单中的"显示更多选项"，单击"发送到"子菜单中的移动存储器。
- 复制地址栏中的路径。复制路径是把所选项目的路径复制到剪贴板，而不是文件本身。单击地址栏，地址栏中的路径变为编辑状态并选中，如图 2-36 所示；按"复制"按钮或〈Ctrl+C〉键复制全部路径或部分路径，然后可以把路径字符串粘贴到任何位置。

7. 撤销或恢复上次的操作

当操作错误（例如复制了不该复制的文件、删除了不该删除的文件夹、重命名错误），想要撤销刚刚的操作的时候，就可以使用撤销功能。如果执行撤销后发现刚才的操作没有错，需要恢复到撤销前的状态，就可以使用恢复功能。

（1）用快捷键执行撤销或恢复操作

可以采用下列操作方法之一。

- 用快捷键执行撤销。发现刚才的操作错误时，按〈Ctrl+Z〉键则撤销刚才的操作。

- 用快捷键执行恢复。如果想回到执行撤销操作前的状态，按〈Ctrl+Y〉键恢复。

（2）用文件资源管理器执行撤销或恢复操作

默认情况下，文件资源管理器的功能选项区上并不显示"撤销"或"恢复"工具按钮，单击"查看更多"按钮…，显示下拉菜单，选中"撤销" ↻ 撤消或"恢复" ↻ 恢复。

图 2-35 "替换或跳过文件"对话框　　　　图 2-36 复制地址栏中的路径

8. 移动、剪切文件或文件夹

移动是把一个文件夹中的文件和文件夹移到另一个文件夹中，原文件夹中的内容不再存在，都转移到新文件夹中。所以，移动也就是更改文件在计算机中的存储位置。

剪切与移动的功能相同，剪切是先把文件或文件夹复制到剪切板中，并将原文件或文件夹标记为剪切状态，然后使用粘贴功能把剪贴板中的文件或文件夹粘贴到目标位置，同时删除原文件或文件夹。

9. 文件和文件夹的属性、隐藏或显示

文件、文件夹都有"只读""隐藏"等属性，这是为文件安全而设置的，在默认情况下"隐藏"的文件或文件夹在文件资源管理器中看不到。

10. 打开或编辑文件

若要打开文档，必须已经安装一个与其关联的程序。通常该程序与用于创建该文档的程序相同。可采用下列方法之一打开文件。

- 双击要打开的文档文件，将使用默认程序打开该文件。双击文件时，如果该文件尚未打开，默认的相关联的程序会自动将其打开。例如，双击用"记事本"编辑的一个.txt 文件，将在"记事本"程序中打开该文件。如果无法关联应用程序，将显示一个对话框，如图 2-37 所示，单击选择打开这类文件的应用程序，单击"确定"按钮。将用选定的程序打开该文件。
- 在内容窗格中，右击要打开的文件，在弹出的快捷菜单中单击"打开方式"，在其子菜单中选择相应的应用程序名称，如图 2-38 所示。将首先执行该应用程序，并在该应用程序中打开该文件。

如果看到一条消息，内容是 Windows 无法打开文件，则可能需要安装能够打开这种类型文件的应用程序，或者手动指定需要的应用程序。

11. 删除文件和文件夹

不需要的文件或文件夹可以将其删除，以释放存储空间。从硬盘中删除文件和文件夹时，不会立即将其删除，而是将其存储在回收站中。删除文件和文件夹可用以下方法之一。

- 在内容窗格中选中要删除的一个或多个文件和文件夹，在文件资源管理器中单击功能选项区的"删除"按钮🗑，如图 2-39 所示，或者按键盘上的〈Delete〉键。显示"删除多个项目"对话框，如图 2-40 所示，单击"是"按钮删除，单击"否"按钮取消删除操作。

图 2-37　选择一个应用以打开文件

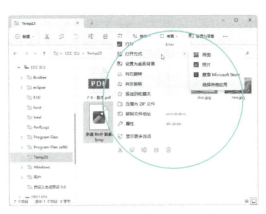

图 2-38　"打开方式"的下拉选项

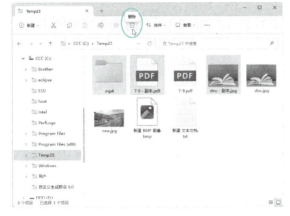

图 2-39　删除文件或文件夹

图 2-40　删除确认对话框

- 在导航窗格或内容窗格中，右键单击要删除的文件和文件夹，在快捷菜单中单击"删除"按钮⌦。
- 在导航窗格或内容窗格中，把要删除的文件和文件夹拖动到"回收站"中。
- 若要永久删除文件和文件夹，而不是先将其移至回收站，按〈Shift+Delete〉组合键。也可以设置回收站的属性，使文件和文件夹直接删除。

如果从网络文件夹、USB 闪存驱动器或移动硬盘删除文件和文件夹，则可能会永久删除该文件和文件夹，而不是将其存储在回收站中。对于永久删除的文件和文件夹，通过专用的数据恢复工具软件，有可能将其恢复。

压缩和解压缩

12. 文件和文件夹的压缩或解压缩

对于占用存储空间比较大的文件或文件夹，可以将其压缩，经过压缩的文件或文件夹会占用更少的存储空间，有利于存储或更快速地传输。可以利用 Windows 11 自带的压缩软件，对文件或文件夹进行压缩和解压缩操作。

2.2.4　使用回收站

回收站是 Windows 操作系统中的一个系统文件夹，默认在每个硬盘分区根目录下的 Recovery 文件夹中，而且是隐藏的。回收站中保存了删除的文件、文件夹、图片、快捷方式和 Web 网页等。当用户将文件删除后，系统将其移到回收站中，实质上就是把它放到了这个文件夹，仍然

使用回收站

占用磁盘的空间。这些项目将一直保留在回收站中。存放在回收站的文件可以恢复，只有在回收站里删除它或清空回收站或超出回收站的容量最大值，才能使文件真正地删除，为硬盘释放存储空间。回收站的显著特点就是扔进去的东西还可以"捡回来"。

2.3 系统设置与管理

通过"控制面板""设置""任务管理器"和"设备管理器"等程序，来管理计算机的硬件和软件资源。

2.3.1 控制面板与设置

在 Windows 11 中，"控制面板"和"设置"是计算机的控制中心，对计算机的设置可以通过"控制面板"和"设置"中提供的程序来实现。"控制面板"适合用鼠标操作的桌面模式，"设置"更适合平板电脑、手机等触控设备的平板模式。

1. 打开"控制面板"

Windows 的外观设置、软硬件安装和配置及安全性等功能的程序集中安排到称为"控制面板"的虚拟文件夹中，可以通过"控制面板"中的程序对 Windows 进行设置，使其适合用户的需要。打开"控制面板"的方法：单击"开始"按钮▦图标，在"开始"菜单的应用列表中单击"Windows 系统"文件夹，在展开的文件夹中单击"控制面板"。"控制面板"窗口默认显示为类别视图，如图 2-41 所示。

单击"查看方式"后面的按钮，可选择"大图标"或"小图标"视图，如图 2-42 所示。

图 2-41 "控制面板"的类别视图

图 2-42 "控制面板"的"小图标"视图

可以使用以下两种方法查找"控制面板"中的项目。

- 浏览。可以通过单击不同的类别（例如，外观和个性化、程序）并查看每个类别下列出的常用任务来浏览"控制面板"。或者在"查看方式"下，单击"大图标"或"小图标"以查看所有"控制面板"项目的列表。
- 使用搜索。若要查找要执行的任务，请在搜索框中输入单词或短语。例如，键入"声音"可查找与声卡、系统声音以及任务栏上音量图标的设置有关的特定任务。

2. 打开"设置"

在"开始"菜单的"已固定"区中单击"设置"，或在任务栏的"搜索"框中输入"设置"，或按〈▦+I〉组合键。打开"设置"窗口的"系统"选项卡，如图 2-43 所示。可以在左侧窗格中单击需要的功能选项，或者在"查找设置"框中输入要设置的关键词。

2.3.2　查看系统信息

通过查看系统信息可以对计算机的硬件设备等有一个大概的了解。在"控制面板"的小图标视图中单击"系统"，或者打开文件资源管理器，在左侧的导航窗格中，在"此电脑"上右击，从显示的快捷菜单中单击"属性"，都将显示"系统信息"选项卡，如图 2-44 所示，可以查看计算机的基本信息，包括：

图 2-43　"设置"窗口的"系统"选项卡

图 2-44　"系统信息"选项卡

1）设备规格。设备名称、处理器等。单击"重命名这台电脑"可以更改。

2）Windows 规格。列出计算机上运行的 Windows 版本等信息。

2.3.3　设置显示

显示属性包括显示器分辨率、文本大小、连接到投影仪等方面。鼠标右击桌面，在快捷菜单中单击"显示设置"，或者在"设置"窗口的左侧窗格中单击"系统"，在右侧单击"屏幕"，都将显示"屏幕"选项卡，如图 2-45 所示，可以设置亮度和颜色、缩放和布局等项目。

2.3.4　设置个性化

想要使桌面、菜单、窗口等环境具有个性，可设置个性化，包括桌面背景、窗口颜色、声音方案和屏幕保护程序的组合，某些主题也可能包括桌面图标和鼠标指针。在"设置"窗口中单击"个性化"，或者在桌面上右击，在快捷菜单中单击"个性化"，显示"个性化"窗口的"个性化"选项卡，如图 2-46 所示。

1. 背景

在"个性化"选项卡中单击"背景"，显示"背景"选项卡，可以设置桌面背景。在"个性化设置背景"中单击下拉列表框，可选择图片、纯色、幻灯片放映或 Windows 聚焦。在"最近使用的图像"下单击一张图片，或者在"选择一张照片"中单击"浏览照片"按钮，从计算机中选取其他图片，把选中的图片设置为桌面背景。

在"选择适合你的桌面图像"中单击"填充"下拉列表，选择图片在桌面上的排列方式，包括

填充、适应、拉伸、平铺、居中、跨区。如果计算机连接两台或多台显示器，"跨区"则将图片延伸到辅助显示器的桌面中。

图 2-45 "屏幕"选项卡

图 2-46 "个性化"选项卡

2. 锁屏界面

在"个性化"选项卡中单击"锁屏界面"，显示"锁屏界面"选项卡，如图 2-47 所示。锁屏界面就是当注销当前账户、锁定账户、屏保时显示的界面，锁屏是既可以保护自己计算机的隐私安全，又可以在不关机的情况下省电的待机方式。

1）个性化锁屏界面：在其后单击"Windows 聚焦"下拉列表框，可以选择 Windows 聚焦、图片、幻灯片放映。默认选择"Windows 聚焦"。启用本功能后，当锁定屏幕后，微软会向用户随机推送一些绚丽的图片。这些图片不固定存放在计算机中，而是会在新的图片出现后将前面的图片自动删除。

2）锁屏界面状态：在锁屏界面上显示一个应用的详细状态，例如日历、天气等，默认显示"日历"。

3）屏幕超时：在"锁屏界面"选项卡中单击"屏幕超时"，显示"电源"选项卡。展开"屏幕和睡眠"，可以设置经过多长时间不操作计算机将关闭显示器，设置经过多长时间不操作计算机将进入睡眠状态。

4）屏幕保护程序：在"锁屏界面"选项卡中单击"屏幕保护程序"，显示"屏幕保护程序设置"对话框，如图 2-48 所示。

图 2-47 "锁屏界面"选项卡

图 2-48 "屏幕保护程序设置"对话框

屏幕保护程序是在指定时间内没有使用鼠标、键盘或触屏时，出现在屏幕上的图片或动画。若要停止屏幕保护程序并返回桌面，只需移动鼠标、按任意键或触屏。Windows 提供了多个屏幕保护程序。还可以使用保存在计算机上的个人图片来创建自己的屏幕保护程序，也可以从网站上下载屏幕保护程序。在"屏幕保护程序设置"对话框中，从"屏幕保护程序"列表中选择要使用的屏幕保护程序。在"等待"框中输入或选择用户停止击键启动屏幕保护的时间，选中"在恢复时显示登录屏幕"复选框。如果需要设置电源管理，可单击"更改电源设置"。最后单击"确定"或"应用"按钮。

2.3.5 设置用户账户控制

当某个程序对计算机写入或控制时，用户账户控制（UAC）会通知用户，如果是管理员，则可以单击"是"按钮以继续；如果不是管理员，则必须由具有计算机管理员账户的用户输入其密码才能继续。这样，即使使用的是管理员账户，在不知情的情况下也无法对计算机做出更改，从而防止在计算机上安装恶意软件和间谍软件或对计算机做出任何更改。例如，当安装某个程序时，有时会显示"用户账户控制"对话框，如图 2-49 所示。

用户账户控制设置

可以设置用户账户控制通知用户的频率。设置步骤为：在"控制面板"的小图标视图中，单击"安全和维护"。打开"安全和维护"窗口，在右侧单击"安全"后的 ⌄ 按钮展开选项，如图 2-50 所示，单击"更改设置"，显示"用户账户控制"窗口。

图 2-49 "用户账户控制"对话框

图 2-50 "安全和维护"窗口

2.4 管理应用程序

应用程序（Application Program）指为完成某项或多项特定工作而开发的计算机程序，它运行在用户模式，可以和用户进行交互，具有可视的用户界面。应用程序与应用软件的概念不同。应用软件（Application Software）是按使用目的来分类的，可以是单一程序或其他从属组件的集合，例如 Microsoft Office。应用程序指单一可执行文件或单一程序，例如 Word、Photoshop。一般视程序为软件的一个组成部分。日常中非专业人员往往不将两者区分，统称为软件。

2.4.1　常用软件的分类

根据软件的功能有多种分类方法，常用的软件分为文件处理类、文字输入类、沟通交流类、网络应用类、安全防护类、影音类和图像类等。

软件分类

2.4.2　安装应用程序

使用计算机时，要通过软件完成各项工作。在安装完 Windows 11 操作系统后，就要安装需要使用的软件。在 Windows 系统下，安装程序的文件名一般为 setup.exe、install.msi 等。

具体安装方法

2.4.3　卸载或更改应用程序

卸载不常用的应用程序，可以让计算机节省存储空间，提高计算机性能。

1. 在"开始"菜单中卸载应用程序

正常安装的程序，通常在开始菜单"所有应用"的相应程序组中有一个删除程序，一般名为"卸载 XXX"，执行卸载程序将删除安装到系统中的该程序，并进行系统环境清理等操作。所以，不能在文件资源管理器中直接删除其文件和文件夹，在"开始"菜单中删除其快捷方式也没有删除该程序。但是，有些应用程序在"开始"菜单的该程序组中没有提供卸载程序，这时就要用到下面的功能了。

2. 在"控制面板"窗口中卸载应用程序

在"控制面板"窗口中单击"程序和功能"，打开"程序和功能"窗口，如图 2-51 所示。选择程序，在工具栏上单击"卸载"按钮，然后按照提示操作就可以卸载程序。

图 2-51　卸载程序

除了卸载选项外，还可以更改或修复"程序和功能"中的某些程序。单击"更改""修复"或"更改/修复"（取决于所显示的按钮），即可安装或卸载程序的可选功能。并非所有的程序都有"更改"按钮；许多程序只提供"卸载"按钮。

3. 在"设置"窗口中卸载应用程序

在"设置"窗口中单击"应用"，显示"应用"选项卡，如图 2-52 所示，单击"安装的应用"。显示"安装的应用"窗口，在需要卸载的程序名称后单击"更多"按钮…，从列表中单击"修改"或"卸载"，如图 2-53 所示。

图 2-52　"应用"选项卡

图 2-53　"安装的应用"窗口

4．使用第三方软件卸载应用程序

还可以使用第三方软件，如腾讯电脑管家等软件卸载不需要的应用程序，操作比较简单。

2.4.4　常用程序的使用

使用常用程序

Windows 自带的常用程序有画图、录音机、照片、媒体播放器、电影和电视等。

2.5　练习题

一、单选题

1．微机上运行的 Windows 11 系统属于（　　　）。
　　A．网络操作系统　　　　　　　　　B．单用户单任务操作系统
　　C．单用户多任务操作系统　　　　　D．分时操作系统

2．Windows 的"桌面"指的是（　　　）。
　　A．整个屏幕　　　　B．全部窗口　　　　C．某个窗口　　　　D．活动窗口

3．Windows 的"开始"菜单包括了 Windows 系统的（　　　）。
　　A．主要功能　　　　B．全部功能　　　　C．部分功能　　　　D．初始化功能

4．在 Windows 中，"任务栏"（　　　）。
　　A．只能改变位置不能改变大小　　　B．只能改变大小不能改变位置
　　C．既不能改变位置也不能改变大小　D．既能改变位置也能改变大小

二、操作题

1．在练习文件夹中，分别建立 Lx1、Lx2 和 Temp 文件夹。

2．在 Lx1 文件夹中新建一个名为 Book1.txt 的文本文档。

3．在练习文件夹中，再新建一个 Good 文件夹，把 Lx1 文件夹及其中的文件复制到 Good 文件夹中。把 Lx2 文件夹移动到 Good 文件夹中。

4．把 Lx2 文件夹设置为隐藏属性。

5．删除 Temp 文件夹。

第3章 Word 2021 文档编排的使用

Word 2021 是 Microsoft 公司开发的 Office 2021 办公组件之一，是目前最常用的文字处理软件之一，使用 Word 2021 可轻松、高效地编排具有专业水准的文档。本章介绍 Word 2021 的基本操作，字体、段落的操作，表格的操作，图形、图片、艺术字的操作，样式、页码、页眉、目录的操作等内容。

学习目标：理解插入点的概念，熟练掌握文档内容的基本操作，设置字符格式和段落格式，打印文档等。掌握表格的插入、绘制和使用；掌握使用不同视图查看文档的操作；掌握插入图片、艺术字和形状的操作；掌握插入目录的操作等。

重点难点：重点样式；难点样式、页码、页眉的操作。

3.1 Word 的基本操作

本节将介绍 Word 2021 的启动和关闭，窗口组成，文档的创建、打开、保存等基本操作方法。

3.1.1 Word 的启动和关闭

Word 2021 的启动、关闭与一般应用程序相同。

1. 启动 Word 2021

启动 Word 有多种方法，最常用的方法是单击"开始"按钮▦，在"已固定"或"所有应用"中单击"Word"，显示 Word 2021 的"新建"选项，如图 3-1 所示，单击"空白文档"模板。

图 3-1　Word 2021 的"新建"选项

打开 Word 2021 的编辑窗口，同时新建名为"文档 1"的空白文档，如图 3-2 所示。

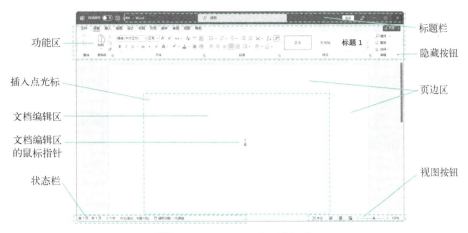

图 3-2　Word 2021 窗口的组成

2．关闭文档与结束 Word

（1）关闭文档

如果要关闭当前正在编辑的文档，在功能区左端单击"文件"，显示"文件"视图，从菜单中单击"关闭"。显示是否保存对话框，如图 3-3 所示，选择单击"保存"或"不保存"按钮，若不关闭文档仍继续编辑，则单击"取消"按钮。

（2）结束 Word

如果要结束 Word，单击 Word 窗口右上角的"关闭"按钮。如果该文档没有保存，将显示如图 3-3 所示的对话框，询问用户是否保存，选择单击"保存"或"不保存"后，结束 Word，关闭 Word 窗口。

图 3-3　是否保存对话框

3.1.2　Word 窗口的组成

从图 3-2 看到，Word 2021 窗口由下面几部分组成。

1．标题栏

标题栏最左边显示 Word 图标，单击该图标显示窗口控制按钮。

Word 图标右侧显示"自动保存"开关和"保存"按钮，Office 只能自动保存在 OneDrive，如果已经设置了 OneDrive，则可以打开自动保存。单击"保存"按钮则保存正在编辑的文档到本地硬盘。

标题栏显示正在编辑的文档的文件名以及所使用的软件名（Word）。新建并且没有保存的文档名默认为"文档 1""文档 2"等。如果文档已经命名，单击该文档名后的按钮，将显示文件名、位置列表。

标题栏的右侧是搜索框，可以输入要执行的命令（例如新建文件）或在当前文档中查找的关键字等。

搜索框右侧是"账户"或"登录"按钮，如果没有登录微软账户则显示"登录"按钮，如果已经登录则显示已登录的账户。

"登录"或"账户"按钮右侧有一个"即将推出的功能"按钮，单击该按钮显示"即将推出"任务窗格。

标题栏右端是窗口控制按钮。

2．快速访问工具栏

快速访问工具栏默认是隐藏的，它是一个可自定义的工具栏，包含一组功能区上选项卡的命令。右击文档名左侧的区域，从快捷菜单中单击"显示快速访问工具栏"，如图 3-4 所示。这时文档名左侧显示按钮 ▽，单击 ▽ 按钮，显示"自定义快速访问工具栏"列表，选中要显示在快速访问工具栏上的命令按钮，如图 3-5 所示。

图 3-4　该区域的快捷菜单

图 3-5　"自定义快速访问工具栏"列表

3．"文件"菜单

"文件"菜单中包含的命令有"开始""新建""打开""信息""保存""另存为""打印""关闭""选项"等。单击左侧的命令项，其右侧将显示相应内容，如图 3-6 所示是单击"开始"命令后显示的"开始"视图。

图 3-6　"文件"菜单的"开始"视图

> 提示：若要从"文件"菜单返回文档，请单击"返回"按钮 ⊙，或者按键盘上的〈Esc〉键。

4．功能区

编辑文档时用到的命令放置在功能区中，它们按照不同的功能类型分别组织到不同的选项卡上，每个选项卡都与一种类型的活动相关。功能区中的选项卡包括文件、开始、插入、绘图、设计、布局、引用、邮件、审阅、视图、帮助等，当前选项卡名称下有一条下画线，单击选项卡名称可切换到其他选项卡。每个选项卡都与一种类型的操作相关，某些选项卡只在需要时才显示。例如，仅当选择图片后，才显示"图片工具"选项卡。功能区根据功能的不同又分为若干个组。

如图 3-7 所示是"开始"选项卡,包含了常用的命令按钮和选项,划分为撤销、剪贴板、字体、段落、样式、编辑组。在有些组的右下角有一个对话框启动按钮 $\square$,单击它将显示相应的对话框或列表,可做更详细的设置。例如,单击"开始"选项卡"字体"组右下角的 $\square$ 按钮,将显示"字体"对话框。

活动选项卡　　选项卡名称　　命令　　　　组名　对话框启动器按钮　　　"功能区显示选项"按钮

图 3-7　"开始"选项卡

每个功能区右下角都有一个"功能区显示选项"按钮 $\vee$,单击该按钮显示下拉列表,包括的选项有"全屏模式""仅显示选项卡""始终显示功能区""隐藏快速访问工具栏",默认"始终显示功能区"。

5. 文档编辑区

窗口中部大面积的区域为文档编辑区,用户输入和编辑文字、表格、图形、图片等都是在文档编辑区中进行,排版后的结果也在编辑区中显示。文档编辑区中,不断闪烁的竖线"|"是插入点光标,输入的文字将出现在插入点位置。

6. 任务窗格

任务窗格是 Office 应用程序中提供的常用命令窗口,一般出现在 Office 应用程序窗口的左侧或右侧,用户可以一边使用这些操作任务窗格中的命令,一边继续处理文档。

例如,按〈Ctrl+F〉键或在"视图"选项卡中的"显示"组中选中复选框"导航窗格",则 Word 窗口左侧显示"导航"任务窗格,如图 3-8 所示。

任务窗格会根据用户的操作命令自动出现,对于不需要的任务窗口,可以单击任务窗口右上角的"关闭"按钮 $\times$ 将其关闭。

7. 状态栏

状态栏位于窗口的底边上,显示当前编辑的文档的某些信息、视图等,单击状态栏上的提示,可以显示相关的信息。

(1)页数、字数、语言 第5页,共85页　56012个字　中文(简体,中国大陆)

状态栏左侧显示当前编辑的文档窗口和插入点所在页的信息。

● 文档当前的页码 第5页,共85页:单击该位置,Word 窗口左侧显示"导航"任务窗格,如图 3-8 所示,再次单击该位置则关闭"导航"任务窗格。

图 3-8　"导航"任务窗格

- 文档的字数 56012 个字：单击该位置，则显示"字数统计"对话框。
- 校对 ⌧：单击该位置，则显示"校对"任务窗格，可做文字校对。
- 语言（国家/地区）中文(简体, 中国大陆)：显示插入点位置文字的语言，插入点在汉字附近则显示中文(简体, 中国大陆)，插入点放在英文单词处，则显示 英语(美国)。单击则显示"语言"对话框。
- 辅助功能 ⌨ 辅助功能: 调查：单击该位置则显示"辅助功能"任务窗格。

（2）视图 ⌨ 专注 　　▯▯ 　▯ 　▯⌨

状态栏右侧有几个视图按钮，分别为：专注模式 ⌨ 专注、选取模式 ▯▯、打印布局 ▯、Web 版式 ▯⌨。默认选中打印布局 ▯，单击可改变当前视图。

（3）缩放 − ————▮—— ＋ 130%

状态栏右侧有一组文档内容显示比例按钮和滑块，可改变编辑区域的显示比例。单击"缩放级别"（如 130%），则显示"显示比例"对话框。

3.1.3　文件操作

文件操作包括新建空白文档、保存文档和打开已存在的文档文件。

1. 新建文档

可以新建一个空白文档，也可以使用模板建立具有相关结构内容的文档，然后在空白文档中输入文字等内容。

（1）新建空白文档

可以通过以下方法之一建立新的空白文档。

- 在启动 Word 程序时新建文档。通过"开始"菜单或其他快捷方式启动 Word 程序。显示 Word 的"新建"选项，如图 3-1 所示，单击"空白文档"模板，则打开 Word 的编辑窗口，并新建名为"文档 1"的空白文档，如图 3-2 所示。
- 在打开的现有文档中新建文档。如图 3-2 所示，如果在 Word 的编辑窗口中需要新建文档，则在功能区左端单击"文件"，显示"文件"菜单，如图 3-6 所示，在左侧选项中单击"新建"，右侧显示"新建"选项卡，如图 3-9 所示，单击"空白文档"。显示一个新的 Word 窗口，如图 3-2 所示，同时创建"文档 2"的空白文档。

图 3-9　"新建"视图

- 通过快速访问工具栏新建文档。如果快速访问工具栏上显示有"新建空白文档"按钮 ▯，单击该按钮，则直接打开一个新的 Word 窗口，如图 3-2 所示，同时创建"文档 3"的空白文档。

（2）使用模板创建文档

"模板"是"模板文件"的简称，是一种特殊的文件。每个模板都提供了一个样式集合，供格式化文档使用。除了样式外，模板还包含其他元素，比如宏、自动图文集、自定义的工具栏等。因此可以把模板形象地理解成一个容器，它包含上面提到的各种元素。

在新建文档时可使用模板来新建文档，包括"空白文档"，这时 Word 使用 Normal 模板来创建一个新空白文档。Word 提供了许多类型的文档模板，包括空白文档、书法字帖、简历、求职信等。可以链接到微软的网站在线更新模板。

在"新建"选项卡中，如图 3-9 所示，单击需要的模板，例如"蓝灰色简历"模板，显示"蓝灰色简历"模板对话框，如图 3-10 所示，单击"创建"，则新建一个 Word 窗口，按"蓝灰色简历"模板创建的文档出现在编辑窗口中，如图 3-11 所示，然后替换文字、图片。

图 3-10　"蓝灰色简历"模板对话框

2. 保存文档

保存文档时，一定要注意文档保存的位置、名字、类型。有三种保存文档的方法。

- 在快速访问工具栏单击"保存"按钮 。如果是第一次保存该文档，则显示"另存为"视图，如图 3-12 所示，左侧是文件菜单，右侧显示"另存为"的可选项，默认显示最近使用的文件夹，如"今天""本周"等。如果要保存到其他文件夹，则单击"浏览"，显示"另存为"对话框，如图 3-13 所示，若要将文档保存到其他位置，可以单击左侧导航栏中的文件夹，或者"另存为"对话框上端的"位置"，浏览到要保存文档的文件夹。文档的文件名默认为"文档 1""文档 2"等，建议输入一个能说明文档内容、便于记忆的文件名，例如"个人简历 2023 年"。保存文件的类型默认为 Microsoft Word 文件类型".docx"，以便与 Word 兼容，建议采用这个类型。

如果文档已经命名，单击"保存"按钮不会出现"另存为"对话框，直接用原文件名在原位置上保存，当前编辑状态保持不变，可继续编辑文档。

- 打开"文件"菜单，再单击"保存"或"另存为"。
- 按〈Ctrl+S〉键保存。

3. 打开文档

文档以文件形式保存在外存上后，使用时要重新打开。打开文档常用以下方法。

（1）在 Word 窗口中打开文档

如果当前在 Word 窗口中，单击"文件"，在"文件"菜单中单击"打开"，显示"打开"视图，如图 3-14 所示，显示最近使用的文档名，双击要打开的文档，则该文档显示到一个新的 Word 窗口中。

图 3-11　按模板创建的文档

图 3-12　"另存为"视图

图 3-13　"另存为"对话框

图 3-14　"打开"视图

如果要打开其他文件夹中的文件，则单击"浏览"，显示"打开"对话框，可以单击左侧导航栏中的文件夹，或者"打开"对话框上端的"位置"，浏览到要打开文档的文件夹，双击要打开的文档，如图 3-15 所示，则该文档在一个新的 Word 窗口中显示。

图 3-15　"打开"对话框

（2）在未进入 Word 前打开文档

还可以通过下列方法之一打开 Word 文档。

- 在 Windows 的"开始"菜单中列出了最近使用过的文档，单击文档名，将在打开 Word 程序的同时打开该文档。
- 在文件资源管理器中双击要打开的文档，将在 Word 程序中打开该文档。

4. 删除文档

在"文件"菜单中单击"打开"，右击要删除的文档，在快捷菜单中单击"删除文件"。或者单击"浏览"，在"打开"对话框中右击要删除的文件名，在快捷菜单中单击"删除"。也可以使用文件资源管理器删除文件。

3.2　编排羽毛球社团招新海报

本节介绍的知识点主要是字体、段落，以及移动插入点、复制、粘贴、删除等。

3.2.1　任务要求

利用 Word 制作羽毛球社团招新海报，如图 3-16 所示。

任务要求如下。

1）一级标题用小初、黑体、加粗，字体颜色为红色，对齐方式为居中，段前 3 行、段后 2 行，单倍行距。

2）二级标题用小二、黑体，文本突出显示底纹红色，字体颜色为白色，对齐方式为左对齐，段前 0 行、段后 0 行，单倍行距。

3）正文用三号、宋体，每个自然段的段首空 2 字符，回行顶格。段前 0 行、段后 0 行，单倍行距。

4）正文编号为"1."，后面跟的是小圆点，且是全角小圆点。

5）时间之间的连字符用两个一字线（Word 中叫长画线）"——"。

6）页面设置用 A4 纸张的默认值，不用设置。

图 3-16　羽毛球社团招新海报的整体排版效果

3.2.2　新建文档

启动 Word 应用程序，新建一个空白文档，文档名为"羽毛球社团招新 2025-1.docx"，保存到文件夹中。

3.2.3　输入文字和符号

创建文档后，在编辑区的左上角可以看到不断闪烁的竖线"|"，称为插入点光标，它标记新输入字符的位置，用鼠标单击某位置，或使用键盘的光标移动键，可以改变插入点的位置。也可以使用"即点即输"，即将鼠标指针移动到要输入字符的任何位置，然后双击。

1．输入文字

在文档编辑区中，插入点光标用于指示在文档中输入文字和图形的当前位置，它只能在文档区域移动。鼠标指针具有不同的外观和作用，可以在桌面和窗口上任意移动，在文档编辑区外一般显示为箭头，在文档编辑区中显示为"I"、"I⹀"、"I̲"或"⹀I"等外观。移动鼠标指针并不改变插入点的位置，只有用鼠标在文档中单击需要输入文字的位置，或使用键盘的光标移动键，才可以改变插入点的位置。

单击 Word 窗口编辑区中需要输入文字的位置（设置插入点）。从输入法工具栏中选取一种中文输入法。输入标题，然后按〈Enter〉键另起一段，使插入点移到下一行。输入正文，插入点会随着文字的输入向后移动。在输入文字时可以按空格键。如果输错了文字，可按〈Backspace〉键删除刚输入的错字，然后输入正确的文字。输入过程中，当文字到达页的右边距时，插入点会自动折回到下一行行首。一个自然段输入完成后按一次〈Enter〉键，段尾有一个"↵"符号，代表一个段落的结束。显示如图 3-17 所示。

在移动指针至编辑区中某个特定区域时，鼠标指针形状显示将应用的格式，如 I⹀ 左对齐、I̲ 居中、⹀I 右对齐等，只需在空白区域中双击，将使用"即点即输"功能，自动应用双击处的段落格式。

图 3-17　输入文字

2. 插入符号

在文档输入过程中，可以通过键盘直接输入常用的符号，也可以使用汉字输入法输入符号。在 Word 中还可以通过下面的方法插入符号：单击要插入符号的位置，或者用键盘上的光标移动键移动，设置插入点。打开功能区中的"插入"选项卡，在"符号"组中单击"符号"，显示符号列表，如图 3-18 所示，单击需要插入的符号。

如果列表中没有要插入的符号，单击"其他符号"，显示"符号"对话框，其中列出了某种字体的符号，是普通文本的符号集列表。例如，把"六、招新形式"下 1 后面的半角圆点改为全角圆点，先选中半角圆点，从"字体"下拉列表中选取"（普通文本）"，在"子集"中选取"半角及全角字符"，在字符区中单击全角圆点符号，如图 3-19 所示，单击"插入"按钮或者双击要插入的符号，则插入的符号出现在插入点上。

图 3-18　"符号"列表

在"符号"对话框中单击"特殊字符"，显示"特殊字符"选项卡，如图 3-20 所示，可以插入一些特殊字符。例如，把"三、招新时间"下的"10:00-12:00"两个时间之间的连接符改为两个长画线，单击"-"号前或者选中"-"号，在"特殊字符"选项卡中双击两次长画线，则两个长画线插入到文档中。

3. 插入或改写状态

插入或改写状态都不会在 Word 状态栏中显示，默认为插入状态。在插入状态下，把插入点放置到插入字符的位置，输入文字，其右侧的所有字符逐一向右移动。如果要在某个文字后另起一段，先把插入点放置到该处，按〈Enter〉键，则后面的内容为下一段落。如果要把两个连续的段落合为一个段落，把插入点放置到第一个段落的最后一个字符后，按〈Delete〉键，则后面的段落连接到前一个段落后，成为一个段落。

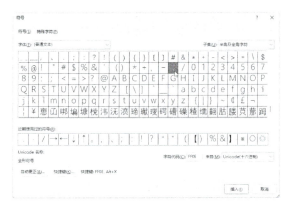

图 3-19 "符号"对话框的"符号"选项卡	图 3-20 "符号"对话框的"特殊字符"选项卡

按一下〈Insert〉键切换到改写状态，在改写状态下输入文字，新输入的文字会覆盖掉后面的已有文字。所以一般都在插入状态下工作，再按一下〈Insert〉键则切换到插入状态。

3.2.4　移动插入点

编辑区中闪烁的插入点光标"│"和鼠标指针"Ⅰ"具有不同的外观和作用。插入点光标用于指示在文档中输入文字和图形的当前位置，它只能在文档区域移动；鼠标指针则可以在桌面上任意移动。移动鼠标指针或者拖动滚动块，并不改变插入点的位置，只有用鼠标在文档中单击才改变插入点。在文档中移动插入点的方法有以下两种。

1. 用鼠标移动插入点

如果要设置插入点的文档区域没有在窗口中显示，可以先使用滚动条使之显示在当前编辑窗口，将"Ⅰ"形鼠标指针移动到要插入的位置，单击鼠标左键，则闪烁的插入点"│"出现在此位置。

2. 用键盘移动插入点

可以用键盘上的光标移动键移动插入点，表 3-1 列出了常用的光标移动键和功能。

表 3-1　光标移动键及功能

键 盘 按 键	功　　能	键 盘 按 键	功　　能
←	左移一个字符或汉字	Home	放置到当前行的开始
←	右移一个字符或汉字	End	放置到当前行的末尾
↑	上移一行	Ctrl+PageUp	放置到上页的第一行
↓	下移一行	Ctrl+PageDown	放置到下页的第一行
PageUp	上移一屏幕	Ctrl+Home	放置到文档的第一行
PageDown	下移一屏幕	Ctrl+End	放置到文档的最后一行

通过"编辑"组中的"查找"或"转到"，也可以把插入点定位到特定位置。

3.2.5　选定文本

在 Windows 环境下操作都有一个共同规律，即"先选定，后操作"。在 Word 中，体现在选定文本、图形等处理对象上。选定文本内容后，被选中的部分变为突出显示，一旦选定了文本就可以对它进行多种操作，如删除、移动、复制、更改格式等。

（1）用鼠标选定文本。使用鼠标选择编辑区中文本的操作方法见二维码。

鼠标选择文本

（2）用键盘选定文本。在用键盘选定文本前，要先设置插入点，然后使用组合键操作。

键盘选择文本

3.2.6　设置编辑标记

编辑区中的编辑标记是一些格式控制字符，例如制表符、空格、段落标记等，编辑时显示编辑标记可以了解更多的格式控制信息，但是会使版面与打印效果不一致，一般在编辑排版时显示编辑标记，排版完成后隐藏编辑标记。

设置编辑标记

1. 设置显示或隐藏编辑标记

在"文件"菜单中单击"选项"，显示"Word 选项"对话框，在左侧选项中单击"显示"，右侧窗格显示更改文档内容在屏幕上的显示方式和在打印时的显示方式选项。默认始终显示"制表符""空格"和"段落标记"，建议选中"显示所有格式标记"，如图 3-21 所示。

2. 显示或隐藏编辑标记

在"开始"选项卡上的"段落"组中，单击"显示/隐藏编辑标记"按钮，如图 3-22 所示。注意，如果在"Word 选项"对话框选择了一些始终显示的标记（例如"段落标记""空格""制表符"），则"显示/隐藏编辑标记"按钮不会隐藏这些始终显示的格式标记。

图 3-21　"Word 选项"对话框中的"显示"选项　　　　图 3-22　"显示/隐藏编辑标记"按钮

3.2.7　删除文本

删除文本内容，常用下面两种方法。

1. 删除单个文字或字符

把插入点设在要删除的文本之前或之后，按〈Delete〉键将删除插入点之后的一个字符，按〈Backspace〉键将删除插入点之前的一个字符。

2. 删除文本块

选定要删除的文本块，然后按〈Delete〉或〈Backspace〉键。也可以单击"开始"选项卡中"剪贴板"组上的"剪切"按钮。

3.2.8　撤销与恢复

在编辑文档的过程中，如果删除错误，可以使用撤销与恢复操作。Word 支持多级撤销和多级恢复。

1. 撤销

如果对先前所做的工作不满意，可用下面方法之一撤销操作，恢复到原来的状态。

- 单击快速访问工具栏的"撤销"按钮↻或"开始"选项卡"撤销"组中的"撤销"按钮↺，或按〈Ctrl+Z〉组合键，可取消对文档的最后一次操作。
- 多次单击"撤销"按钮↺或按〈Ctrl+Z〉组合键，可依次从后向前取消多次操作。
- 单击"撤销"按钮↺右边的下箭头，打开可撤销操作的列表，可选定其中某次操作，一次性恢复此操作后的所有操作。撤销某操作的同时，也撤销了列表中所有位于它上面的操作。

2. 恢复

在撤销某操作后，如果认为不该撤销该操作，又想恢复被撤销的操作，可单击"恢复"按钮↻，或按〈Ctrl+Y〉组合键。如果不能重复上一项操作，该按钮将变为灰色的"无法恢复"↻。

3.2.9 移动文本

移动文本最常用的方法是拖动法和粘贴法。

1. 拖动法

如果移动文本的距离较近，可采用鼠标拖动的方法，即选定要移动的文本，将选定内容拖至新位置。

2. 粘贴法

利用剪贴板移动文本，先选择要移动的文本，单击"开始"选项卡中"剪贴板"组上的"剪切"按钮✂（或按〈Ctrl+X〉组合键）。这时选定文本已被剪切掉，保存到剪贴板中。

切换到目标位置（可以是当前文档，也可以是另外一个文档或另外一个应用程序），单击插入点位置。单击"开始"选项卡中"剪贴板"组上的"粘贴"按钮📋（或〈Ctrl+V〉组合键），这时刚才剪切掉的文本连同原有的格式一起显示在目标位置。

如果只想复制文本而不带有文本的格式（例如，从网页中复制文本），单击"开始"选项卡中"剪贴板"组上"粘贴"按钮的下半部，即带有下拉箭头的部分粘贴，从列表中单击"只保留文本"按钮。更多选项可单击"选择性粘贴"，在显示的"选择性粘贴"对话框中选择需要的格式。

3.2.10 复制文本

复制文本常用下面三种方法。

1. 拖动法

选定要复制的文本，按下〈Ctrl〉键不放，将选定文本拖至新位置。例如，把"10:00——12:00"之间的长画线拖动复制到"16:00-18:00"之间，并删除原来的"-"。

2. 粘贴法

利用粘贴法复制文本，先选择要复制的文本，单击"开始"选项卡中"剪贴板"组上的"复制"按钮📋（或按〈Ctrl+C〉组合键）。

切换到目标位置，单击插入点位置，单击"开始"选项卡中"剪贴板"组上的"粘贴"按钮📋（或按〈Ctrl+V〉组合键），这时文本内容被复制在目标位置。例如，把1后面的全角圆点复制到2后面。

3. 剪贴板

剪贴板允许从Office文档或其他程序复制多个文本和图形项目，并将其粘贴到另一个Office文档中。在Office中，每使用一次"剪切"或"复制"，在"剪贴板"任务窗格中将显示一个包含代表源程序的图标，Office剪贴板可容纳24次剪切或复制的内容。

显示"剪贴板"任务窗格的操作方法为：在"开始"选项卡上的"剪贴板"组中单击对话框启

动器，将在窗口左侧显示"剪贴板"任务窗格，如图 3-23 所示。

图 3-23　"剪贴板"任务窗格

从"剪贴板"任务窗格中粘贴所需内容的操作方法为：先单击插入点，然后在"剪贴板"任务窗格中单击要粘贴的项目。

如果不从"剪贴板"任务窗格中选择，而是直接单击"剪贴板"组中的"粘贴"按钮（或按〈Ctrl+V〉组合键），则只粘贴最后一次放入剪贴板中的内容。

在"剪切板"任务窗格中单击"选项"按钮，设置"剪切板"任务窗格的选项。如果要关闭"剪贴板"任务窗格，单击"剪贴板"任务窗格右上角的"关闭"按钮。

3.2.11　查找和替换

1．查找文本

可以查找文字、格式文本和特殊字符。在"开始"选项卡的"编辑"组中单击"查找"。窗口左侧显示"导航"任务窗格，在搜索框内输入要查找的文本。例如"招新"，显示如图 3-24 所示。Word 使用渐进式搜索功能查找内容，因此无须确切地知道要搜索的内容即可找到它。每输

查找文本

入一个字、词，"导航"窗格的内容区中都会渐进显示搜索到的段落并突出显示搜索内容。在"导航"任务窗格中单击搜索到的内容，在文档编辑区中将同步跳转到该段落，搜索的字、词也突出显示。

图 3-24　导航找到的内容

如果暂时不使用"导航"任务窗格，可单击任务窗格的"关闭"按钮╳将其关闭。

2．查找和替换文本

（1）高级查找

在"开始"选项卡上的"编辑"组中，单击 🔍查找 ∨按钮后的箭头，从下拉列表中单击"高级查找"。显示"查找和替换"对话框的"查找"选项卡，在"查找内容"框中输入查找文本，例如"招新"，如图 3-25 所示。单击"查找下一处"按钮，编辑区中找到的文本突出显示，再次单击"查找下一处"按钮继续查找匹配的文本，查找完后显示完成搜索对话框，如图 3-26 所示。

图 3-25 "查找和替换"对话框的"查找"选项卡　　　　图 3-26 完成搜索对话框

（2）替换文本

可以将某个词语替换为其他词语，替换文本将使用与所替换文本相同的格式。如果对替换结果不满意，可以按"撤销"按钮恢复原来的内容。替换文本的操作为：在"开始"选项卡上的"编辑"组中单击"替换"按钮，显示"查找和替换"对话框的"替换"选项卡，在"查找内容"框中输入要搜索的文本，例如"羽毛球"；在"替换为"框中输入替换文本，例如"网球"，如图 3-27 所示。执行下列操作之一：

- 要替换出现的某一个文本，则单击"替换"按钮。单击"替换"按钮后，插入点将移至该文本的下一个出现位置。
- 要查找文本的下一次出现位置，则单击"查找下一处"按钮。
- 要替换所有出现的文本，则单击"全部替换"按钮。
- 要取消正在进行的替换，按〈Esc〉键。

利用替换功能还可以删除找到的文本，方法是：在"替换为"一栏中不输入任何内容，替换时会以空字符代替查找到的文本，等于做了删除操作。

3．查找和替换特定格式

可以搜索后替换或删除字符格式。例如，可以搜索特定的单词或短语并更改字体颜色，或搜索特定的格式（如加粗）并进行更改。在"开始"选项卡上的"编辑"组中，单击"替换"按钮，显示"查找和替换"对话框的"替换"选项卡，默认看不到"格式"按钮，须单击"更多"按钮，展开"查找和替换"对话框，"更多"按钮变为"更少"按钮，如图 3-28 所示。

要搜索带有特定格式的文本，在"查找内容"框中输入文本。若仅查找格式，此框保留空白。单击"格式"按钮，再选择要查找和替换的格式即可。

单击"替换为"框，单击"格式"按钮，再选择替换格式。若还要替换文本，在"替换为"框中输入替换文本。要查找和替换特定格式的每个实例，单击"查找下一处"按钮，再单击"替换"按钮。要替换指定格式的所有实例，则单击"全部替换"按钮。

4．查找和替换段落标记、分页符和其他项目

可以搜索和替换特殊字符和文档元素（如制表符和手动分页符）。例如，可以查找所有双线段落标记并将其替换为单线段落标记。在"开始"选项卡上的"编辑"组中单击"替换"按钮。显示"查找和替换"对话框，打开"查找"或"查找和替换"选项卡，如果看不到"特殊格式"按钮，单击"更多"按钮。单击"特殊格式"按钮，然后选择所需的项目。若要替换，打开"替换"选项卡，然后在"替换为"框中输入替换内容。单击"查找下一处""替换"或"全部替换"按钮即可。

图 3-27　"查找和替换"对话框的"替换"选项卡　　图 3-28　展开"查找和替换"对话框

5．使用通配符查找和替换文本

可以使用通配符搜索文本，例如，"？"代表任意单个字符，"*"代表任意多个字符。在"开始"选项卡上的"编辑"组中，单击"替换"按钮。在弹出的"查找和替换"对话框中，选中"使用通配符"复选框。如果看不到"使用通配符"复选框，单击"更多"按钮。执行下列操作之一：

- 要从列表中选择通配符，单击"特殊格式"按钮，再单击通配符，然后在"查找内容"框中输入任何其他文本。
- 在"查找内容"框中直接输入通配符字符。

若要替换项目，打开"替换"选项卡，然后在"替换为"框中输入替换内容。单击"查找下一个""查找全部""替换"或"全部替换"按钮即可。

6．定位

在"开始"选项卡上的"编辑"组中，单击"查找"按钮 查找 后的箭头，从列表中单击"转到"。在"查找和替换"对话框的"定位"选项卡中，先在"定位目标"框中单击"页""节"等目标，然后在"输入页号""输入节号"等框中输入，单击"下一处"按钮。最后，单击"关闭"按钮关闭对话框即可。

3.2.12　设置字符格式

字符格式包括字符的字体、字号、颜色、字形（如粗体、斜体、下画线）等。简体中文版Windows 中安装的字体有常用的各种英文字体、中文字体（宋体、隶书等）和其他字体，还可以安装其他中英文字体。可从"字体"栏或"控制面板"中的"字体"中查看已经安装的字体。默认中文字体是等线，字号是五号，可以根据需要重新设置文本的字体。设置字符格式的方法有两种：一种是在未输入字符前设置，其后输入的字符将按设置的格式一直显示下去；二是先选定文本块，然后再设置，它只对该文本块起作用。

可以用下面三种方法之一设置字体、字号、颜色、字形等格式。

1．使用浮动工具栏

选择要更改的文本，例如标题"羽毛球社团招新"，浮动工具栏会自动出现，然后将指针移到浮动工具栏上。几秒钟后浮动工具栏会消失，当选中文本并右击时，浮动工具栏会与快捷菜单一起出现，如图 3-29 所示。

图3-29　浮动工具栏

单击"字体"框 等线(中文) ⌄ 右端的箭头，从字体列表中选择所需字体的名称，例如"黑体"。

单击"字号"框 五号 ⌄ 右端的箭头，从字号列表中选择所需字号，例如"小初"。

单击"字体颜色" A ⌄ 框右端的箭头，从颜色列表中选择所需颜色，例如"红色"。

单击"加粗" B、"倾斜" I、"文本突出显示颜色" ⌀ ⌄ 等按钮，为选定的文字设置粗体、斜体等。这些按钮允许联合使用，当粗体和斜体同时按下时是粗斜体。

2. 使用"开始"选项卡上的"字体"组

选择要更改的文本，例如"一、招新主题"，使用"开始"选项卡上"字体"组中的相应按钮，设置小标题为小二、黑体，文本突出显示为底纹红色，字体颜色为白色，设置完成后如图3-30所示。

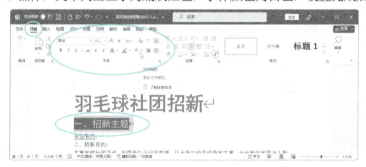

图3-30　使用"字体"组

3. 使用"字体"对话框设置

选择要更改的文本，例如选中"一、招新主题"后的所有内容，单击"开始"选项卡"字体"组右下角的对话框启动器按钮 ⌐。显示"字体"对话框，在"字体"对话框中可以对字符进行详细设置，包括字体、字形、字号、效果等，例如三号、宋体，如图3-31所示。

图3-31　"字体"对话框

4．设置默认字体

设置默认字体可以确保打开的每个新文档都会使用选定的字体并将其作为默认设置。在"字体"对话框的"字体"选项卡中，如图 3-31 所示，选择要应用于默认字体的选项，例如，字体、字形、字号、效果等，单击"设为默认值"按钮，然后在显示的对话框中选择"仅此文档？"或"所有基于 Normal.dotm 模板的文档？"，单击"确定"按钮。

5．清除格式

选定要清除格式的文本，在"开始"选项卡"字体"组中单击"清除所有格式"按钮 A⊘，将清除所选内容的所有格式，只留下普通、无格式的文本。

3.2.13　设置段落格式

段落是文本、图片及其他对象的集合，每个段落结尾跟一个段落标记"↵"，每个段落都有自己的格式。设置段落格式是对某个段落设置格式，段落格式包括段落的对齐方式、段落的行距、段落之间的间距等。

1．设置段落的水平对齐方式

水平对齐方式确定段落边缘的外观和方向，包括两端对齐（表示文本沿左边距和右边距均匀地对齐，是默认的对齐方式）、左对齐文本、右对齐文本、居中文本等。可以对不同的段落设置不同的对齐方式，如标题使用居中对齐，正文使用两端对齐或右对齐等。

（1）改变已有段落的对齐方式

单击需要对齐的段落，把插入点置于该段落中。在"开始"选项卡的"段落"组中（如图 3-32 所示），单击"左对齐"按钮 ≡、"居中"按钮 ≡、"右对齐"按钮 ≡、"两端对齐"按钮 ≡ 或"分散对齐"按钮 ≡。例如，设置一级标题"羽毛球社团招新"居中。

图 3-32　"开始"选项卡的"段落"组

（2）用"即点即输"功能改变单行文本内的对齐方式

切换到页面视图或 Web 版式视图。按〈Enter〉键插入新行，然后执行以下操作之一。

- 插入左对齐文本：将 I 型指针移动到左边距，直到看到指针变为"左对齐" I≡ 图标后双击，然后输入文本。
- 插入居中对齐文本：移动 I 型指针，直到看到指针变为"居中" I≡ 图标后双击，然后输入文本。
- 插入右对齐文本：移动 I 型指针，直到看到指针变为"右对齐" ≡I 图标后双击，然后输入文本。

（3）设置文字方向

可以更改页面中段落、文本框、图形、标注或表格单元格中的文字方向，以使文字可以垂直或水平显示，操作方法为：选定要更改文字方向的文字，或者单击包含要更改的文字的图形对象或表格单元格；在"布局"选项卡的"页面设置"组中单击"文字方向"按钮，如图 3-33 所示；显示下拉列表，从列表中选择需要的文字方向。

图 3-33　"布局"选项卡的"页面设置"组

2．设置段落缩进

就像在稿纸上写文稿一样，文本的输入范围是整个稿纸除去页边距以后的版心部分。但有时为了美观，文本还要再向内缩进一段距离，这就是段落缩进，如图 3-34 所示，段落缩进决定了段落到左右页边缘的距离。

在页边距内，可以增加或减少一个段落或一组段落的缩进，段落缩进类型有无缩进、首行缩进和悬挂缩进三种，如图 3-35 所示。首行缩进是将段落的第一行从左向右缩进一定的距离，首行外的各行都保持不变，便于阅读和区分文章整体结构。悬挂缩进是段落的首行文本不缩进，除首行以外的行缩进一定的距离，悬挂缩进是相对于首行缩进而言的，悬挂缩进常用于项目符号和编号列表。

图 3-34　页边距与段落缩进示意　　　　图 3-35　段落缩进的三种类型

（1）首行缩进

在要缩进的段落中单击，例如"二、招新目的"下面的段落，把插入点放到要设置的段落中。在"开始"选项卡的"段落"组中单击对话框启动器，显示"段落"对话框的"缩进和间距"选项卡。对于中文段落，最常用的段落缩进是首行缩进两个字符。在"缩进"下的"特殊"列表中，单击"首行"，然后在"缩进值"框中设置首行的缩进间距量，如输入"2 字符"，如图 3-36 所示，单击"确定"按钮。选定的段落按设置缩进。

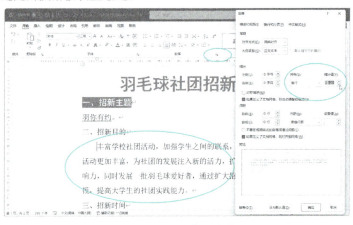

图 3-36　设置首行缩进

（2）悬挂缩进

1）使用水平标尺设置悬挂缩进。

如果看不到文档顶部的水平标尺和左侧的垂直标尺，在"视图"选项卡的"显示"组上选中"标尺"。

若要缩进某段落中首行以外的所有其他行，单击该段落设置插入点。在水平标尺上，将"悬挂缩进"标记拖动到希望缩进开始的位置。水平标尺上各部分的含义如图 3-37 所示。

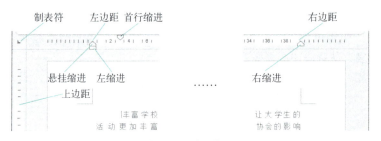

图 3-37　水平标尺

2）使用精确度量设置悬挂缩进。

若要在设置悬挂缩进时更加精确，在要缩进的段落中单击，把插入点放到要设置的段落中。例如，选中"七、社团主要活动"下的所有段落。在"页面布局"选项卡的"段落"组中单击对话框启动器，显示"段落"对话框的"缩进和间距"选项卡。在"缩进"下的"特殊"列表中，单击"悬挂"，然后在"缩进值"框中设置悬挂缩进所需的间距量，如图 3-38 所示，单击"确定"按钮。选定的段落按设置缩进。

图 3-38　悬挂缩进

（3）增加或减少整个段落的左缩进量

单击要更改的段落。在"页面布局"选项卡上的"段落"组中，单击"减少缩进量"按钮，或单击"增加缩进量"按钮，可减少或增加段落左边的缩进量，如图 3-39 所示。

图 3-39　左缩进量

（4）使用〈Tab〉键设置缩进

单击"文件"选项卡，然后单击"选项"，显示"Word 选项"对话框，单击"校对"选项。在"自动更正设置"下，单击"自动更正选项"按钮，显示"自动更正"对话框，然后打开"键入时自动套用格式"选项卡，选中"用 Tab 和 Backspace 键设置左缩进和首行缩进"复选框。

若要缩进段落的首行，在首行前单击。若要缩进整个段落，在首行以外的其他任何行前单击。然后按〈Tab〉键缩进。

要删除缩进，在移动插入点之前按〈Backspace〉键，还可以单击快速访问工具栏上的"撤销"按钮。

3. 调整行距或段落间距

行距决定段落中各行之间的垂直距离，段落间距决定段落上方和下方的距离。

（1）更改行距

行距是从一行文字的底部到下一行文字底部的间距，默认情况下，各行之间是单倍行距。Word

会自动调整行距以容纳该行中最大的字体和最高的图形。如果某行包含大字符、图形或公式，将自动增加该行的行距。

要均匀分布段落中的各行，应指定足够大的间距以适应所在行中的最大字符或图形。如果出现项目显示不完整的情况，则应增加间距。

单击要更改行距的段落。在"开始"选项卡上的"段落"组中单击"行距和段落间距"按钮 ↕≡▾，显示下拉列表如图 3-40 所示，单击所需行距对应的数字。例如，如果单击"2.0"，所选段落将采用双倍行距。要设置更精确的行距，在列表中单击"行距选项"，打开"段落"对话框的"缩进和间距"选项卡，如图 3-38 所示，在"行距"下设置所需的选项和值。

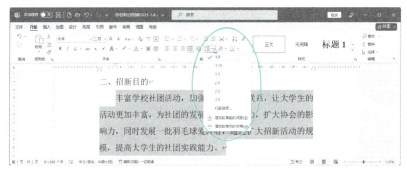

图 3-40　行距和段落间距

在"段落"对话框"缩进和间距"选项卡的"行距"下拉列表中有以下行距选项。

- 单倍行距：将行距设置为该行最大字体的高度加上一小段额外间距。额外间距的大小取决于所用的字体。
- 1.5 倍行距：将行距设置为单倍行距的 1.5 倍。
- 最小值：设置适应一行中最大字体或图形所需的最小行距。
- 固定值：设置固定行距且 Word 不能自动调整行距。
- 多倍行距：设置按指定的百分比增大或减小行距。例如，将行距设置为 1.2 就会在单倍行距的基础上增加 20%。

（2）更改段前或段后的间距

段前间距是一个段落的首行与上一段落的末行之间的距离。段后间距是一个段落的末行与下一段落的首行之间的距离。默认情况下，段前、段后的间距为 0 行。

单击要更改段前或段后间距的段落，例如标题"羽毛球社团招新"。在"段落"对话框的"缩进和间距"选项卡中，"间距"→"段前"设置为 3 行，"段后"设置为 2 行。

3.2.14　用格式刷复制格式

使用"开始"选项卡"剪切板"组的"格式刷"按钮 ❖ 格式刷，可以把已有格式复制到其他文本格式和一些基本图形格式，如边框和填充。使用"格式刷"复制格式非常简便，是最常用的工具之一。

选择具有要复制的格式的文本或图形，如果要复制文本格式，选择段落的一部分；如果要复制文本和段落格式，选择整个段落，包括段落标记，例如选中"一、招新主题"段落。在"开始"选项卡的"剪贴板"组中，单击"格式刷"按钮 ❖ 格式刷，指针变为"刷子形状" ▟Ｉ。如果想更改文档中多个选定内容的格式，双击"格式刷"按钮 ❖ 格式刷。选择要设置格式的文本或图形，分别单击其他二级标题。要停止设置格式，按〈Esc〉键或再次单击"格式刷"按钮。

把"二、招新目的"下面的段落格式复制到其他段落，至此就完成了如图 3-16 所示的排版要求。

对于图形来说，"格式刷"可以复制图形对象（如自选图形），也可以从图片中复制格式（如图片的边框）。

3.2.15　在粘贴文本时控制其格式

在剪切或复制文本并将其粘贴到文档中时，可以使用"选择性粘贴"来保留原始格式，采用粘贴位置周围的文本所用的格式，或将其粘贴为链接或图片等。

1. 使用"粘贴选项"

选择要移动或复制的文本，然后单击"剪切"按钮 ✂ （或按〈Ctrl+X〉键）或"复制"按钮 📄（或按〈Ctrl+C〉键），剪切或复制该文本。

在要粘贴文本的位置单击，设置插入点，然后单击"粘贴"按钮 📋（或按〈Ctrl+V〉键）。在粘贴文本的右下方出现"粘贴选项"图标 📋(Ctrl)▾ ，单击 📋(Ctrl)▾ 或按〈Ctrl〉键，打开其列表，显示如图 3-41 所示，执行下列操作之一：

- 如果要保留粘贴文本的格式，单击"保留源格式" 📝。
- 如果要与插入粘贴文本附近文本的格式合并，单击"合并格式" 📋。
- 如果要把粘贴的文本变为图片，单击"图片" 🖼。
- 如果要删除粘贴文本的所有原始格式，单击"只保留文本" 📄A。

如果所选内容包括非文本内容，"只保留文本"选项将放弃此内容或将其转换为文本。例如，如果在粘贴包含图片和表格的内容时，使用"仅保留文本"选项，将忽略粘贴内容中的图片，并将表格转换为一系列段落。如果所选内容包括项目符号列表或编号列表，"仅保留文本"选项可能会放弃项目符号或编号，这取决于 Word 中粘贴文本的默认设置。

2. 设置默认粘贴选项

如果经常使用其中的某个选项，可以将其设置为粘贴文本时的默认选项。在"粘贴选项"列表中单击"设置默认粘贴"选项，显示"Word 选项"对话框的"高级"选项卡，在"剪切、复制和粘贴"选项下设置默认选项，如图 3-42 所示。

图 3-41　"粘贴选项"列表　　　　图 3-42　"Word 选项"对话框的"高级"选项卡

3. 粘贴文本后看不到"粘贴选项"按钮

如果在粘贴文本后没有看到"粘贴选项"按钮，可在"Word 选项"中设置显示该按钮。单击"文件"，在菜单中单击"选项"，显示"Word 选项"对话框。单击"高级"选项，然后向下滚动至"剪切、复制和粘贴"选项部分，选中"粘贴内容时显示粘贴选项按钮"复选框，单击"确定"按钮。

3.2.16　添加项目符号列表或编号列表

1. 自动创建单级项目符号或编号列表

默认情况下，如果段落以星号"*"或数字"1."开始，Word 会认为开始项目符号或编号列表。按〈Enter〉键后，下一段前将自动加上项目符号或编号。

输入"*"（星号）开始项目符号列表或输入"1."开始编号列表，然后按空格键或〈Tab〉键，此时左侧出现"自动更正选项"按钮。输入所需的文本，然后按〈Enter〉键，会自动插入下一个项目符号或编号，添加下一个列表项。要完成列表，按两次〈Enter〉键，或按〈Backspace〉键删除列表中的最后一个项目符号或编号，如图 3-43 所示。

由于自动项目符号和编号不容易控制，一般不希望自动创建。如果不想将文本转换为列表，可以单击出现的"自动更正选项"按钮，从列表中单击"撤销自动编排项目符号"或"停止自动创建项目符号列表"命令，如图 3-44 所示。

自动创建单级项目符号或编号列表

图 3-43　自动编号列表

图 3-44　自动更正选项

如果要取消或添加输入时自动应用，在"自动更正选项"列表中单击"控制自动套用格式选项"，或者，在"文件"选项卡中单击"选项"，显示"Word 选项"对话框，在左侧窗格中单击"校对"，在右侧单击"自动更正选项"按钮，显示"自动更正"对话框。在"键入时自动套用格式"选项卡中，取消或选中"自动项目符号列表"或"自动编号列表"前的复选框，如图 3-45 所示。建议取消自动应用。

2. 在列表中添加项目符号或编号

选择要向其添加项目符号或编号的一个或多个段落，例如选中"七、社团主要活动"下的段落，在"开始"选项卡上的"段落"组中，单击"项目符号"或"编号"即可。单击"项目符号"或"编号"后面的箭头，有多种项目符号样式和编号格式，如图 3-46 所示。

图 3-45　"自动更正"对话框

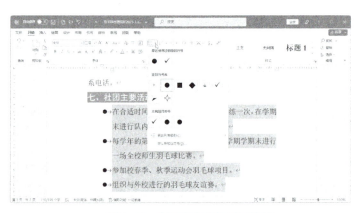

图 3-46　在列表中添加项目符号

应用项目符号或编号后，该段落的缩进会改变，可以左移或右移整个列表。选中列表中的项目符号或编号，单击"减少缩进量"按钮或"增加缩进量"按钮，或者将悬挂缩进改为首行缩进，整个列表将在拖动时相应移动，编号级别不会更改。

3. 选择多级列表样式

可以给任何多级列表应用样式。单击列表中的项。在"开始"选项卡上的"段落"组中，单击"多级列表"⊟˅后面的箭头。单击所需的多级列表样式。

4. 将单级列表转换为多级列表

通过更改列表项的分层级别，可将现有列表转换为列表库中的多级列表。单击要移到其他级别的任何项目。在"开始"选项卡上的"段落"组中，单击"项目符号"⊟˅或"编号"⊟˅后面的箭头，从下拉列表中单击"更改列表级别"选项，然后单击所需的级别。

5. 取消项目符号或编号

单击或者选中多行列表中的段落，在"开始"选项卡上的"段落"组中，单击突出显示的"项目符号"⊟˅或"编号"⊟˅；或者单击后面的箭头，在"编号库"中单击"无"。或者在"开始"选项卡上的"字体"组中，单击"清除所有格式"按钮 A◇。

3.2.17　设置制表位

按〈Tab〉键后，插入点移动到的位置称为制表位。采用制表位可以按列对齐各行。

1. 使用水平标尺设置制表位

制表位是水平标尺上的位置，用于指定文字缩进的距离或一栏文字开始之处。默认状态下，每两个字符有一个制表位。设置制表位的方法为：单击水平标尺最左端的方形按钮 ⌐ （如图 3-47 所示），直到它更改为所需制表符类型：⌐ （左对齐）、⌐ （右对齐）、⊥ （居中对齐）、⊥ （小数点对齐）或 | （竖线对齐）。在水平标尺的下边框上单击要插入制表位的位置，刚才选定的制表位符号将出现在该处。一行可设置多个制表位。

按〈Tab〉键一次或多次，直到光标移到该制表位处，这时输入的新文本在此对齐。若需要多行有相同的制表位，按〈Enter〉键，设置的制表位将被应用到新行。用制表位设置对齐的示例，如图 3-47 所示。

使用水平标尺设置制表位

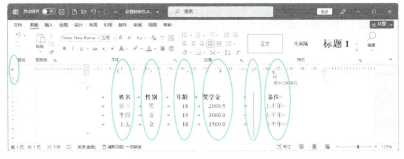

图 3-47　使用制表位设置文本对齐示例

2. 关于使用水平标尺设置制表位

- 默认情况下，新建空白文档时标尺上没有制表位。
- 设置竖线对齐式制表位时，在设置制表位的位置出现一条竖线（无须按〈Tab〉键）。竖线对齐式制表符与删除线格式相似，但它在竖线对齐式制表位处纵向贯穿段落。像其他类型的制表符一样，在输入段落文本之前或之后都可以设置竖线对齐式制表位。
- 可以通过将制表位拖离标尺（向上或向下）来将其删除。释放鼠标按钮时，该制表位消失。
- 也可在标尺上向左或向右拖动现有的制表位以将其拖到其他位置。
- 当选择多个段落时，标尺上只显示第一个段落的制表符。

● 制表符选择器上的最后两个选项△、▽是用于缩进的。单击△或▽，然后单击标尺下边框来定位缩进（不是在标尺上拖动滑动缩进游标来定位缩进）。单击"首行缩进"△，然后在要开始段落的第一行的位置单击水平标尺上半部分。单击"悬挂缩进"▽，然后在要开始段落的第二行和后续行的位置单击水平标尺的下半部分。

3. 更改默认制表位的间距

如果设置手动制表位，在标尺上设置的手动制表位会替代默认的制表位。

① 在"开始"选项卡的"段落"组中单击"段落设置"对话框启动器按钮 ⬚。

② 显示"段落"对话框，单击"制表位"按钮。

③ 显示"制表位"对话框，在"默认制表位"框中，输入所需的默认制表位间距大小（单位是字符）。如果该行已经有制表位，则显示已有的制表位，如图 3-48 所示。

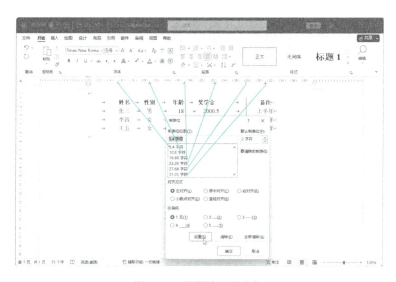

图 3-48　设置默认制表位

④ 在"对齐方式"中选取一种对齐方式。在"前导符"中选取一种前导符。

⑤ 单击"设置"按钮，选定的制表位出现在"制表位位置"下的列表框中。

如果要删除某个制表位，先在"制表位位置"下的列表框中选定要清除的制表位，单击"清除"按钮。

⑥ 重复③～⑤，设置多个制表位。

⑦ 单击"确定"按钮，结束设置。

3.2.18　更改文本间距

可以更改所选文本或一些特定文本字符的间距。此外，可以根据需要拉伸或压缩整个段落的文本。

1. 更改字符的间距（字距）

字距调整会更改两个特定文字的间距。选择要更改的文本，在"开始"选项卡的"字体"组中单击"字体"对话框启动器按钮 ⬚。显示"字体"对话框，单击"高级"选项卡，在"间距"框中，单击"加宽"或"紧缩"，然后在"磅值"框中指定所需的间距，如图 3-49 所示。选择"加宽"或"紧缩"会按照相同的量更改选择的所有文字之间的间距。

图 3-49　更改字符的间距

　　如果要对大于特定磅值的字符调整字距，选中"为字体调整字间距"复选框，然后在"磅或更大"框中输入磅值。

2．水平拉伸或缩放文本

　　在缩放文本时，字符的形状会按百分比更改，可以通过拉伸或压缩文本对其进行缩放。选择要拉伸或压缩的文本，在"开始"选项卡的"字体"组中单击"字体"对话框启动器按钮。显示"字体"对话框，然后单击"高级"选项卡，在"缩放"框中输入所需的百分比。大于 100%的百分比将拉伸文本，小于 100%的百分比将压缩文本。

3.2.19　向文字或段落应用底纹或边框

1．向文字或段落应用（或更改）底纹

　　选中要应用（或更改）底纹的文字或段落，在"开始"选项卡上的"段落"组中，单击"底纹"后的箭头。显示下拉列表如图 3-50 所示，在"主题颜色"下，单击要为选定内容添加的底纹颜色（默认为无颜色）。如果使用主题颜色以外的特定颜色，单击"标准颜色"下的一种颜色或者单击"其他颜色"以便查找所需的确切颜色。更改文档的主题颜色时，标准颜色不会更改。

图 3-50　"底纹"列表

2．向文字或段落应用（或更改）边框

　　选中要应用（或更改）边框的文字或段落，在"开始"选项卡上的"段落"组中，单击"下画线"旁边的箭头，从下拉列表中单击"边框和底纹"选项。显示"边框和底纹"对话框的"边框"选项卡，如图 3-51 所示。在"设置"区选择一个边框类型（如"方框""阴影"或"三维"），在"线型"中选择一种线型，在"颜色"中选择一种边框颜色，在"宽度"中选择线条的粗细磅值，在"应用于"下拉列表框中选定"文字"或"段落"，在"预览"区，单击图示中的边框，或者使用按钮设置上下左右边框是否应用刚才的设置，单击"确定"按钮完成边框的设置。

3．用"边框和底纹"对话框设置底纹

选中要应用（或更改）底纹的文字或段落，在"开始"选项卡的"段落"组中单击"边框"田·后面的箭头，从下拉列表中单击"边框和底纹"选项。显示"边框和底纹"对话框，单击"底纹"选项卡，如图 3-52 所示。在"填充"下拉列表中选择一种颜色。在"图案"列表中选择"样式"和"颜色"。在"应用于"中选择是应用于"文字"还是应用于"段落"。最后单击"确定"按钮。

图 3-51　"边框和底纹"对话框的"边框"选项卡　　　　　图 3-52　"底纹"选项卡

4．用"边框和底纹"对话框设置页面边框

在"边框和底纹"对话框的"页面边框"选项卡的"艺术型"列表中选取需要的艺术边框，在"宽度"列表中选择边框的宽度，在"应用于"列表中选择"整篇文档"，如图 3-53 所示，单击"确定"按钮，设置的页面边框显示在文档中，按〈Ctrl+S〉组合键保存文档。

图 3-53　设置页面边框

3.2.20　打印文档

打印文档

单击"文件"菜单，在列表中单击"打印"，显示"打印"视图，详细操作请扫二维码。

3.3 编排求职简历

本节介绍的知识点主要是表格。

3.3.1 任务要求

求职简历的内容一般包括 3 个部分，即封面、求职信和履历表，如图 3-54 所示。

图 3-54　求职简历的整体排版效果

任务要求如下。

1）封面页上的"求职简历"字体为：幼圆、60 磅、字间距加宽 10 磅；其他字体为：宋体、三号。

2）求职信页上的"求职信"标题为：华文新魏、二号、居中、2 倍行距、字间距加宽 10 磅；正文为：宋体、小四、行距 1.5 倍，页面加边框。

3）履历表页上的"履历表"标题为：华文新魏、二号、居中、行距 1.5 倍；表格中字体为宋体、小四、2 倍行距。

4）A4 纸张，纵向，默认设置。

3.3.2 创建文档

1. 新建文档

新建空白文档，文档名为"求职简历 2025-5"，保存在文件夹中，保存时自动加上扩展名.docx。页面不用设置，采用默认的 A4、纵向。

2. 创建三张空白页

三张空白页分别用于封面、求职信和履历表，操作如下。

在新建的空白文档中，按几次〈Enter〉键，插入几个空行（例如 3 行），为的是便于在该页插入段落。鼠标单击最下面一行，在"布局"选项卡的"页面设置"组中单击"分隔符" ⌷ 分隔符 ˅ ，从列表中单击"分节符"下的"下一页"，如图 3-55 所示。

这时插入点出现在第 2 页的第 1 行。按两次〈Enter〉键插入两个空白行，再在"布局"选项卡的"页面设置"组中单击"分隔符" ⌷ 分隔符 ˅ ，从列表中单击"分节符"下的"下一页"，新建第 3 张空白页。

图 3-55 "分隔符"列表

这时文档中已经有3张空白页，第1页用来设计封面，第2页插入求职信，第3页绘制个人履历表。

3.3.3　设计封面

本例的封面很简单，只有文字。

① 把插入点定位到封面页上部，输入学校名称，例如"北京职业技术学院"，设置居中、楷体、小二、深红色、加粗，如图3-54所示。

② 按〈Enter〉键1次，插入1行，输入"求职简历"，设置居中、幼圆、60磅、加粗、"蓝色，个性色5，深色50%"，字间距加宽10磅。

③ 按〈Enter〉键多次，插入多行，在封面页下部输入"姓名""班级""手机"和"邮箱"。然后全部选中，按〈Tab〉键3次，将它们居中。设置宋体、小三号，如果下画线右侧没有对齐，则单击该行的行尾，按〈Tab〉键。

3.3.4　编排求职信

1. 插入求职信文字

在文档的第2页插入"求职信-文本.docx"，操作步骤如下。

① 在第1页的分节符后，即第2页的第1行处单击，设置插入点。

② 在"插入"选项卡的"文本"组中，单击"对象"右侧的箭头，在列表中单击"文件中的文字"，如图3-56所示。

图 3-56　对象列表

③ 显示"插入文件"对话框，浏览到"求职信-文本.docx"所在的文件夹，单击"插入"按钮。插入文本后，文档显示如图 3-57 所示。

图 3-57　插入文本内容

2. 设置段落、文字

① 选中"求职信"所在的行，在"开始"选项卡中，设置字体为"华文新魏"，字号为"二号""加粗"，"居中"排列，"行距"为 2。

② 在"开始"选项卡的"字体"组中单击其右下角的对话框启动器。显示"字体"对话框，单击"高级"选项卡，在"间距"列表中选择"加宽"，在其后对应的"磅值"框中输入 10 磅，如图 3-58 所示，单击"确定"按钮。

③ 选中标题文字"求职信"后面的段落，设置字体为"宋体"，字号为"小四"。

④ 在"开始"选项卡的"段落"组中单击其右下角的对话框启动器。显示"段落"对话框，在"缩进和间距"选项卡"缩进"组的"特殊格式"中选"首行缩进"，在"度量值"框中输入"2字符"。

⑤ 在"开始"选项卡"段落"组的"行和段落间距"列表中选"1.5 倍行距"。

⑥ 选中"自荐人"和日期两行，在"开始"选项卡的"段落"组中，单击"右对齐"。然后把插入点设置在姓名后，按空格键 10 次，把自荐人向前推，显示如图 3-54 所示。

⑦ 按〈Ctrl+End〉键，将插入点定位到文档的末尾，单击表格所在页的第 1 行，输入"履历表"。使用格式刷，把第 2 页"自荐书"的格式复制到"履历表"。

⑧ 单击"履历表"行尾，按〈Enter〉键，产生一个新的段落。新段落的格式与标题"履历表"相同，应该把格式清除，在"开始"选项卡的"字体"组中单击"清除所有格式" A̸。

3. 设置自荐信所在页的边框

默认设置的页面边框应用于整个文档，如果要为文档中的部分页设置不同的边框，就要使用分节符。前面创建新页时已经添加了分节符。

① 把插入点设置到自荐信所在的页，在"开始"选项卡的"段落"组中单击"边框" ⊞ ˅后的箭头，从列表中单击"边框和底纹"。

② 显示"边框和底纹"对话框，单击"页面边框"选项卡，从"艺术型"列表中选取需要的艺术边框；在"应用于"列表中选择"本节"，如图 3-59 所示，单击"确定"按钮。设置页面边框后显示如图 3-54 所示，按〈Ctrl+S〉组合键保存文档。

图 3-58 "高级"选项卡

图 3-59 "页面边框"选项卡

3.3.5 插入表格

表格由行和列的单元格组成，可以在单元格中填写文字、插入图片以及插入另外一个表格。可以采用自动制表也可以采用手工制表，还可以将已有文本转换为表格。

1. 使用快速表格模板

可以使用表格模板插入基于一组预先设好格式的表格。表格模板包含示例数据，可以帮助用户预览添加数据时表格的外观。在要插入表格的位置单击，在"插入"选项卡的"表格"组中单击"表格"，显示下拉列表，选中"快速表格"，再单击需要的模板，如图 3-60 所示。

使用快速表格模板

图 3-60 快速表格

插入的表格出现在插入点处，同时显示"表设计"选项卡。然后使用所需的数据替换模板中的数据。如果插入的表格不合适，可以撤销或删除表格。

2. 使用"表格"菜单

在要插入表格的位置单击，例如"履历表"下面一行。在"插入"选项卡的"表格"组中单击

"表格"，在下拉菜单"插入表格"下拖动鼠标以选择需要的列数和行数，例如 5 列 7 行，同时插入点显示表格，如图 3-61 所示。松开鼠标按键后，表格被插入到插入点处。

3. 使用"插入表格"对话框

在"插入表格"对话框中输入列数、行数等选项，自动生成表格。在要插入表格的位置单击，在"插入"选项卡的"表格"组中单击"表格"，在下拉菜单中单击"插入表格"。显示"插入表格"对话框，在"表格尺寸"下，输入列数和行数，如图 3-62 所示，单击"确定"按钮。

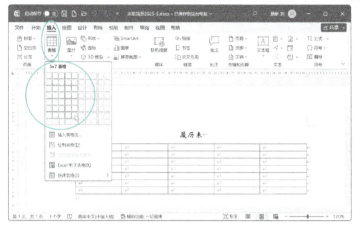

图 3-61 插入表格

图 3-62 "插入表格"对话框

3.3.6 绘制表格

1. 绘制表格

用"绘制表格"工具可方便地画出非标准的各种复杂表格。绘制表格的方法如下。

① 在"履历表"下面一行单击，在"插入"选项卡的"表格"组中单击"表格"，从显示的下拉列表中单击"绘制表格"，鼠标指针变为铅笔 。

② 要定义表格的外边界，先绘制一个矩形，按下鼠标左键，从左上方到右下方拖动鼠标绘制表格的外框线 ，松开鼠标左键得到绘制的表格外框，同时切换到"布局"选项卡，如图 3-63 所示。

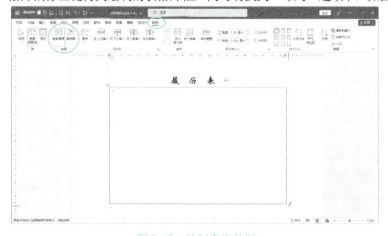

图 3-63 绘制表格外框

③ 如果要在该矩形内绘制列线和行线，在表格内单击，把插入点放置到表格单元格中。在"布局"选项卡的"绘图"组中单击"绘制表格"，拖动笔形鼠标指针，在表格内画行线和列线（ 、

（ ）。

④ 如果要擦除一条线或多条线，在"布局"选项卡的"绘图"组中单击"橡皮擦"。指针会变为橡皮状 ，单击要擦除的线条。

⑤ 如果要继续绘制列线和行线，在"布局"选项卡的"绘图"组中单击"绘制表格"，指针会变为铅笔状 。如果停止绘制表格，再次单击"绘制表格"，改为输入文本状态，插入点出现，如图 3-64 所示。

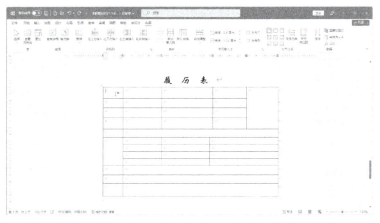

图 3-64 绘制列线和行线后的表格

2．在表格中输入内容，设置格式

建立空表格后，可以在表格单元格中输入文本，插入图片和另外的表格。

① 把插入点放置到表格的单元格中，每一个单元格都是一个独立的编辑单元，每个单元格都有自己的段落标记，如果要换行分段，可以按〈Enter〉键，单元格的高度会增加，可以输入多行文字。当在单元格中输入的内容到达单元格的右边线时，单元格的宽度可能会自动加宽，以适应内容。

例如，对单元格中的内容设置格式，宋体、小四、2 倍行距、居中或居左等，如图 3-65 所示。

② 如果不希望自动调整表格，把插入点放置到表格中的任何单元格内，在"布局"选项卡的"表"组中，单击"属性" 属性。显示"表格属性"对话框的"表格"选项卡，单击"选项"按钮，显示"表格选项"对话框，取消"自动重调尺寸以适应内容"前的复选框，如图 3-66 所示。确定后，单元格的宽度将固定，当内容占满单元格后单元格高度自动增加，内容自动转到下一行。

图 3-65 履历表

图 3-66 "表格选项"对话框

可以用鼠标在单元格内单击来设置插入点，也可以按〈Tab〉键把插入点放置到下一个单元格，按〈Shift+Tab〉组合键把插入点移回前一个单元格。按〈↑〉〈↓〉键把插入点上、下移动一行。

3.3.7　调整表格的列宽和行高

自动创建表格时，将表宽设置为页宽，列宽设置为等宽，行高设定为等高。根据需要，可以对其进行调整。

1．调整列宽

调整列宽的方法为：将鼠标指针停留在需更改其宽度的列的边框上，直到指针变为，拖动边框，调整到所需的列宽。

在调整列宽时，如果只拖动鼠标，则整个表格宽度不变，表格线相邻两列宽度改变；如果先按下〈Shift〉键不放，将鼠标定位到表格线并拖动鼠标，则当前列宽改变，其他列宽均不变，整个表格宽度也改变；如果先按下〈Ctrl〉键不放，将鼠标定位到表格线并拖动鼠标，则表格线左侧各列宽不变，右侧各列按比例改变，整个表格宽度不变。

也可以用"表格属性"对话框改变列宽。把插入点放置到表格中需要该表列宽的单元格内，在"布局"选项卡的"表"组中单击"属性" 属性。显示"表格属性"对话框的"列"选项卡，选中"指定宽度"前的复选框，在其后的列表框中指定列宽单位和宽度值，如图 3-67 所示。如果度量单位是"百分比"，指本列占整个表宽的百分比。单击"前一列""后一列"可继续调整其他列。

图 3-67　调整列宽

2．调整行高

调整行高的方法为：把鼠标指针停留在要调整高度的行的边框上，直到指针变为，拖动边框。也可以在"表格属性"对话框的"行"选项卡中改变行高。

3．平均分布行或列

在表格内单击，在"布局"选项卡的"单元格大小"组中，单击"分布行"或"分布列"按钮。

4．调整整个表格尺寸

如果需要调整表格的大小，可按下面的方法操作：将鼠标指针置于表格右卜角的表格尺寸控点 上，使其出现一个双向箭头，将表格的边框拖动到所需尺寸。

5．自动调整表格

在表格内单击，在"布局"选项卡的"单元格大小"组中，单击"自动调整"，从下拉列表中选择"根据内容自动调整表格""根据窗口自动调整表格"或"固定列宽"。

3.3.8　设置对齐方式

1．表格中单元格内容的对齐方式

默认情况下，表格中的文字与单元格的左上角对齐。可以根据需要改变单元格中文字的对齐方式。可以像设置非表格中的文本一样设置表格中的文本，如设置字体、对齐方式（如单击"开始"选项卡上"段落"组中的按钮）。有些特殊对齐方式，则需要使用表格专用的对齐方式。

把插入点放置到需改变文字对齐方式的单元格中，在"布局"选项卡的"对齐方式"组中，单击对齐方式，如图 3-68 所示。对齐方式包括靠上左对齐、靠上居中对齐、靠上右对齐、中部左对齐、水平居中、中部右对齐、靠下左对齐、靠下居中对齐、靠下右对齐。

图 3-68　单元格内容的对齐方式

2. 表格在页面中的对齐方式

可以设置表格在页面中是独占多行还是周围文字环绕表格等方式。先在表格内单击，然后在"布局"选项卡的"表"组中单击"属性" 属性，也可以在表格内右击，从快捷菜单中单击"表格属性"。显示"表格属性"对话框，在"表格"选项卡中的"对齐方式"选项中设置表格在页面行中的位置是"左对齐"（默认）、"居中"还是"右对齐"。在"文字环绕"中设置表格是"无"（默认，即独占多行）还是"环绕"，如图 3-69 所示。

图 3-69　"表格"选项卡

3.3.9　选定表格

通过上述方法建立的表格往往不能满足要求，都要做修改、调整、修饰等工作。必须先选定表格中需要修改的部分，才能对其操作。根据表格中的对象不同，选定的方法也不同，可以用鼠标或键盘选定。

选定表格

3.3.10　设置表格格式

创建表格后，可以更改表格的外观格式，包括边框、底色、底纹等。

1. 使用"表格样式"设置整个表格的格式

使用"表格样式"可以设置整个表格的格式。在要设置格式的表格内单击，在"表设计"选项卡的"表格样式"组中，将指针停留在每个表格样式上，可以预览表格的外观，直至找到要使用的样式。要查看更多样式，单击"其他"箭头 ，如图 3-70 所示。

在"表设计"选项卡的"表格样式选项"组中，选中或清除每个表格元素旁边的复选框，可以应用或删除选中的样式。

2．更改表格的边框

① 单击表格左上角外部的表格移动图柄 ⊞，选定表格。

② 在"表设计"选项卡的"边框"组中，或者在"开始"选项卡的"段落"组中，单击"边框" ⊞ 后的箭头。从下拉列表中，执行下列操作之一。

● 单击列表中预定义边框集之一： ▦ 下框线(B)、▦ 上框线(P)、⊞ 无框线(N)等。

● 单击"边框和底纹"。显示"边框和底纹"对话框，单击"边框"选项卡，然后选择需要的选项。例如，在"设置"下单击"自定义"，在"宽度"下选"1.5 磅"，在"预览"中分别单击"上框线" ▦、"下框线" ▦、"左框线" ▦、"右框线" ▦ 取消框线，再次单击添加上框线，在预览区可以看到外框线加粗了，如图 3-71 所示，单击"确定"按钮。

图 3-70　表格样式

图 3-71　"边框"选项卡

再次打开"边框和底纹"对话框的"边框"选项卡，在"设置"下单击"自定义"，在"宽度"下选 0.75 磅，然后在"预览"中分别单击"横线" ▦、"竖线" ▦。最后，单击"确定"按钮。

如果要删除整个表格的表格边框，首先选定表格，在"表设计"选项卡的"边框"组中，或者在"开始"选项卡的"段落"组中，单击"边框" ⊞ 后的箭头，从下拉列表中单击"无框线"。

3．只给指定的单元格添加表格边框

① 选定需要的单元格，包括结束单元格标记 ▯。如果看不到该标记，在"开始"选项卡上的"段落"组中，单击"显示/隐藏编辑标记"按钮 ↵。

② 在"表设计"选项卡的"边框"组中单击"边框" ⊞ 后的箭头，从下拉列表中选择相应框线。

4．修改底色

表格默认无底色，可以为全部表格或个别单元格添加或修改底色。在表格中选定要修改底色的单元格或者整个表格，在"表设计"选项卡的"表格样式"组中单击"底纹"按钮下的箭头，从列表中单击需要的颜色，如图 3-72 所示。

图 3-72　"底纹"列表

　　也可在"表设计"选项卡的"边框"组中单击"边框"下的箭头，从列表中单击"边框和底纹"。显示"边框和底纹"对话框，然后单击"底纹"选项卡，单击"填充""样式""颜色"选项后的箭头，从列表中选取选项；在"应用于"下拉列表中，选取"单元格"或"表格"，如图 3-73 所示。如果要取消底纹，选"无颜色"。

图 3-73　"底纹"选项卡

3.3.11　删除表格

可以删除整个表格、部分表格或表格中的内容，具体操作方法请扫二维码。

3.3.12　在单元格中绘制斜线

在单元格中绘制斜线有以下两种方法。

- 单击表格，在"布局"选项卡的"绘图"组中单击"绘制表格"，指针会变为铅笔状，在单元格中按单元格对角方向拖动画出对角斜线。
- 单击要绘制斜线的单元格，把插入点放置到该单元格中。在"表设计"选项卡的"边框"组中单击"边框"下的箭头，从列表中单击"斜下框线"或"斜上框线"，在该单元格中出现斜线。也可以在列表中单击"边框和底纹"，显示"边框和底纹"对话框，在"应用于"中选定"单元格"，单击斜线按钮 、 。

3.3.13　修改表格

1. 插入行、列

（1）使用功能区添加单行或单列

在要添加行或列的下方、上方、右侧或左侧单元格内单击，把插入点放置到该单元格中。在"布局"选项卡的"行和列"组中执行下列操作之一。

- 要在插入点所在的单元格上方添加一行，单击"在上方插入"。
- 要在插入点所在的单元格下方添加一行，单击"在下方插入"。
- 要在插入点所在的单元格左侧添加一列，单击"在左侧插入"。
- 要在插入点所在的单元格右侧添加一列，单击"在右侧插入"。

（2）用表格插入标识插入行、列

- 插入行：当鼠标指针在表格左边框线外侧的行与行之间分隔线时，出现插入行标识 ⊕⊦，单击该标记则在该行位置插入一行。
- 插入列：当鼠标指针在表格上边框线外侧的列与列之间分隔线时，出现插入列标识 ⊕，单击该标记则在该列位置插入一列。

（3）在表格行尾部外通过按〈Enter〉键插入行

要在表格末尾快速添加一行，把插入点放置到表格右下角的单元格中，按〈Tab〉键。或者，把插入点放置到表格最后一行的右端框线外的换段符前┛，按〈Enter〉键在表格最后一行后添加一个空白行。

2. 插入单元格

在要插入单元格处的右侧或上方的单元格内单击，在"布局"选项卡的"行和列"组中，单击其对话框启动器⬜，显示"插入单元格"对话框，如图 3-74 所示，单击下列选项之一。

图 3-74　"插入单元格"对话框

- 活动单元格右移：插入单元格，并将该行中所有其他的单元格右移。该选项可能会导致该行的单元格比其他行的多。
- 活动单元格下移：插入单元格，并将该列中剩余的现有单元格每个下移一行。该表格底部会添加一个新行以包含最后一个现有单元格。
- 整行插入：在单击的单元格上方插入一行。
- 整列插入：在单击的单元格右侧插入一列。

3. 删除单元格、行或列

选中要删除的单元格、行或列，在"布局"选项卡的"行和列"组中单击"删除"，从下拉列表中根据需要，单击"删除单元格""删除列""删除行"或"删除表格"。

4. 合并或拆分单元格

（1）合并单元格

可以将同一行或同一列中的两个或多个单元格合并为一个单元格。例如，可以在水平方向上合并多个单元格，以创建横跨多个列的表格标题。选中要合并的多个连续的单元格，在"布局"选项卡的"合并"组中单击"合并单元格"。

（2）拆分单元格

在单个单元格内单击，或选中多个要拆分的单元格，在"布局"选项卡的"合并"组中单击"拆分单元格"。显示"拆分单元格"对话框，如图 3-75 所示，输入要将选定的单元格拆分成的列数或行数。

图 3-75　"拆分单元格"对话框

5. 拆分表格

可以把一个表格拆分成两个表格，或者在一个表格前插入一个空行。如果要把一个表格按行拆分成两个表格，把插入点置于该行中的任意单元格中。如果要在一个表格前插入一个空行，把插入点放置于第一行。在"布局"选项卡的"合并"组中，单击"拆分表格"。

6. 在后面的页面中重复表格标题

对于跨页的长表格，表格会在出现分页符的地方分页。可以对表格进行调整，以便表格的标题可以在每个页面重复。重复的表格标题只在页面视图中和打印文档时可见。

单击表格的第一行（标题行），把插入点放置到标题行的任意单元格中。在"布局"选项卡的"数据"组中，单击"重复标题行"，会自动在每个由自动分页符生成的新页面上重复表格标题。如果在表格中插入手动分页符，则不会重复标题。

7. 控制表格分页的位置

在处理跨页的表格时，表格一定会在出现分页符的地方分页。默认情况下，如果分页符出现在一个很大的行内，允许分页符将该行分成两页。可以对表格做出调整，以确保在表格跨越多页时，信息可以按照所需要的样子显示。

（1）防止表格跨页断行

在表格内单击，在"布局"选项卡的"表"组中单击"属性"选项。显示"表格属性"对话框，再单击"行"选项卡，如图3-76所示，清除"允许跨页断行"复选框。

（2）强制表格在特定行跨页断行

在要在下一页中显示的行内单击，按〈Ctrl+Enter〉组合键。

8. 将表格置于其他表格内

包含在其他表格内的表格称作嵌套表格，常用于设计网页。可以通过在单元格内单击，然后使用任意插入表格的方法来插入嵌套表格，或者可以在需要嵌套表格的位置绘制表格。还可以将现有表格复制和粘贴到其他表格中。

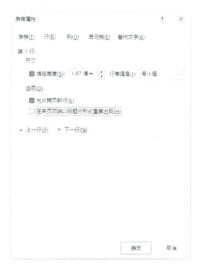

图3-76 "行"选项卡

3.3.14 移动或复制表格

可以将表格拖动到新的位置或者复制表格并将其粘贴到新的位置。

移动或复制表格

3.3.15 表格内数据的排序与计算

对表格中数值数据可以进行一些简单的排序和公式计算。

1. 表格内容的排序

（1）对表格中的单列排序

① 选择要排序的列，如图3-77所示。在"布局"选项卡的"数据"组中，单击"排序"。

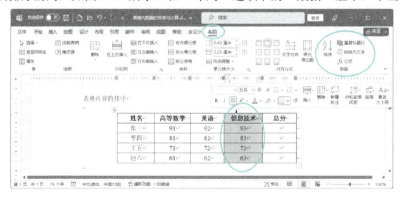

图3-77 选定一列

② 显示"排序"对话框，如图3-78所示，"主要关键字"自动显示为选定的列；在"列表"选项下，单击"有标题行"或"无标题行"单选按钮；单击"升序"或"降序"单选按钮。

③ 单击"选项"按钮，显示"排序选项"对话框，选中"仅对列排序"复选框，如图3-79所示，单击"确定"按钮。

图 3-78　"排序"对话框　　　　　　图 3-79　"排序选项"对话框

④ 返回到"排序"对话框，单击"确定"按钮，该列将按要求排序。从排序结果可以看出，只有选中的列被排序。所以，这种单列排序方法不适合有行、列关系的表格。

（2）对表格内容排序

① 在页面视图中，将指针移到表格上，直至出现表格移动图柄 ⊞，单击表格移动图柄 ⊞，以选定要排序的表格，如图 3-80 所示。

② 在"布局"选项卡的"数据"组中，单击"排序"。

③ 显示"排序"对话框，在其中选择所需的选项。例如，按姓名笔画升序排序，在"主要关键字"下选"姓名"，在"类型"中选"笔画"，选择"升序"，如图 3-81 所示。单击"确定"按钮，表格内容将按要求排序。

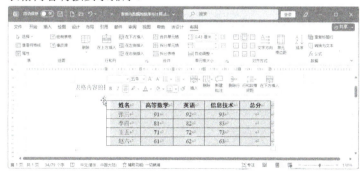

图 3-80　选中表格　　　　　　图 3-81　"排序"对话框

2. 计算

表格内数据的计算，操作步骤如下。

① 单击要放置计算结果的单元格，例如单击高等数学最下面一行的单元格，如图 3-82 所示。

图 3-82　设置计算结果插入点

②　在"布局"选项卡的"数据"组中，单击"公式" f_x 公式。显示"公式"对话框，如果选定的单元格位于一列数值的下方，则在"公式"框中显示"=SUM(ABOVE)"，表示对上方的数值求和，如图 3-83 所示；如果选定的单元格位于一行数值的右侧，则在"公式"框中显示"=SUM(LEFT)"，表示对左侧的数值求和。

③　在"数字格式"列表框中选定"0.00"，因保留一位小数，可改为"0.0"。因要计算平均值，单击"粘贴函数"列表中的"AVERAGE"，"AVERAGE"出现在"公式"框中，如图 3-84 所示。

图3-83　"公式"对话框1　　　　　　　　　　图3-84　"公式"对话框2

④　在"公式"框中删除多余的内容，把公式修改为"=AVERAGE(ABOVE)"，如图 3-85 所示。单击"确定"按钮，计算结果出现在该单元格中。

图3-85　计算数据

用同样方法计算其他列的数值。

3.3.16　将表格转换成文本或将文本转换成表格

1. 将表格转换成文本

①　选择要转换成段落的行或表格，在"布局"选项卡的"数据"组中，单击"转换为文本"按钮，如图 3-86 所示。

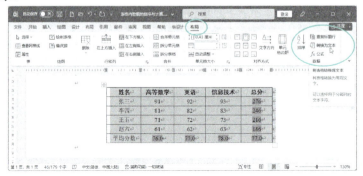

图3-86　"数据"组中的"转换为文本"按钮

② 显示"表格转换成文本"对话框，如图 3-87 所示，在"文字分隔符"下，单击要用于代替表格框线的分隔符对应的选项，默认用制表符，这次改成"逗号"。

③ 单击"确定"按钮，则该表格转换成文本，数据之间用逗号分隔，如图 3-88 所示。

2．将文本转换成表格

有些文本具有明显的行、列特征，例如使用制表符、逗号、空格等分隔的文本，可以把这类文本自动转换为表格中的内容。如果没有明显的行、列特征，则先在需要转换为表格的文本中插入分隔符（例如逗号或制表符），以指示将文本分成列的位置，使用段落标记指示要开始新行的位置。

图 3-87　"表格转换成文本"对话框

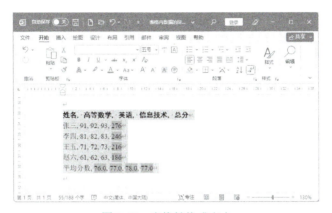

图 3-88　表格转换成文本

① 选定要转换的文本，如图 3-89 所示，是以逗号（必须为半角字符）分隔的文本。

② 在"插入"选项卡的"表格"组中，单击"表格"，从下拉列表中单击"将文本转换成表格"，如图 3-89 所示。

③ 显示"将文字转换成表格"对话框，如图 3-90 所示，在"文字分隔位置"下单击在文本中使用的分隔符对应的选项。在"列数"框中，选择列。如果未看到预期的列数，则可能是文本中的一行或多行缺少分隔符。选择需要的其他选项。

图 3-89　选定要转换的文本

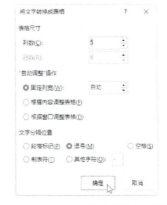

图 3-90　"将文字转换成表格"对话框

④ 单击"确定"按钮，转换成的表格如图 3-91 所示。

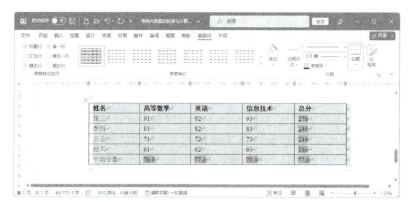

图 3-91　转换成的表格

3.4　编排文摘周报

本节介绍的知识点主要是插图、文本框、艺术字、绘图、分栏等。

3.4.1　任务要求

文摘周报共两页，如图 3-92 所示。

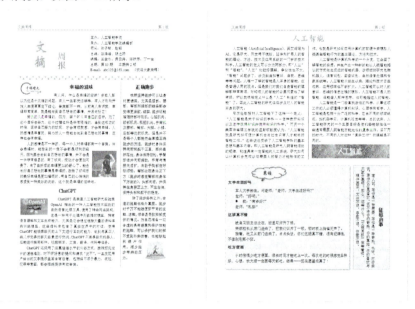

图 3-92　文摘周报的整体排版效果

任务要求如下。

1）A4 纸张，纵向，页边距"中等"，即上 2.54 厘米，下 2.54 厘米，左 2.50 厘米，右 2.50 厘米。

2）页眉中的文字设置为黑体、五号、红色。

3）短文文章的正文为宋体、五号、首行空 2 字，短文标题为黑体、4 号、居中。

4）文摘周报为艺术字，华文新魏、竖排、初号等。

5）第 1 版用表格布局，第 2 版用分栏和文本框布局。

6）版面中加入形状和图片。

3.4.2　页面设置

在 Word 中创建的内容都以页为单位显示或打开到页上。前面所做的文档编辑，都是在默认的页面设置下进行的，即套用 Normal 模板中设置的页面格式。但这种默认页面设置在多数情况下并不符合用户要求，因此需要用户根据自己的需求对其调整。设置版面就是根据作品对版面的要求设置页面的纸张大小、页边距等。

新建 Word 文档"文摘周报 2025-13.docx"。根据版面要求设置页面，页面设置一般在新建文档后，输入内容前设置。操作步骤如下。

1．选择纸张大小

先要选择纸张大小和页面方向，在"布局"选项卡的"页面设置"组中单击"纸张大小"，如图 3-93 所示，从下拉列表中选取需要的纸张大小（默认为 A4）。如果要自定义页面，单击列表中的"其他页面大小"选项，显示"页面设置"对话框的"纸张"选项卡，如图 3-94 所示。在"宽度"和"高度"中输入纸张大小。

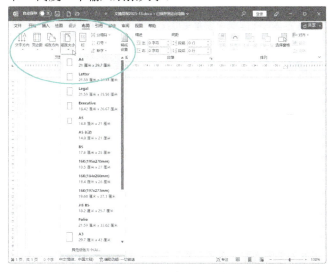

图 3-93　"纸张大小"列表

图 3-94　"纸张"选项卡

2．更改每行字数和每页行数

根据纸型的不同，每页中的行数和每行中的字符数都有一个默认值。调整该值，可以满足用户的特殊需要。在"布局"选项卡的"页面设置"组中单击对话框启动器◢，显示"页面设置"对话框，然后单击"文档网格"选项卡，如图 3-95 所示。调整"每行"字符数和"每页"行数。

3．选择页面方向

可以为部分或全部文档选择纵向（垂直）或横向（水平）方向。

（1）更改整个文档的方向

在"布局"选项卡的"页面设置"组中单击"纸张方向"，从下拉列表中单击"纵向"或"横向"。

（2）在同一文档中使用纵向和横向方向

选定要更改为纵向或横向的页或段落，在"布局"选项卡的"页面设置"组中单击"页边距"，从下拉列表中单击"自定义页边距"。显示"页面设置"对话框的"页边距"选项卡，如图 3-96 所示。在"页边距"选项卡上，单击"纵向"或"横向"；在"应用于"下拉列表中，单击"所选文

字"。如果选择将某页中的部分文本而非全部更改为纵向或横向，Word 将所选文本放在文本所在页上，而将周围的文本放在其他页上。

图 3-95 "文档网格"选项卡　　　　　　　图 3-96 "页边距"选项卡

Word 自动在具有新页面方向的文字前后插入分节符。如果文档已分节，则可在节中单击（或选择多个节），然后只更改所选节的方向。

4. 更改页边距

页边距是页面上打印区域之外四周的空白区域，某些项目放置在页边距区域中，如页眉、页脚和页码等。在"布局"选项卡的"页面设置"组中单击"页边距"，从列表中单击所需的页边距类型，例如"中等"，即上 2.54 厘米，下 2.54 厘米，左 2.50 厘米，右 2.50 厘米，单击所需的页边距类型时，整个文档会自动更改为选择的页边距类型。如果要自定义页边距，从下拉列表中单击"自定义边距"，显示"页面设置"对话框的"页边距"选项卡，如图 3-96 所示，在"上""下""左""右"框中，输入新的页边距值。各种选择都可以通过"预览"框查看设置效果。

另外，还可以用标尺栏来调整页边距，切换至页面视图，将鼠标指向水平标尺或垂直标尺上的页边距边界，待鼠标箭头变成双向箭头⇔或↕后拖动。如果希望显示文字区和页边距的精确数值，在拖动页边距边界时按下〈Alt〉键。

 注意：纸张大小、页边距、每行字符数、字符间距、每页行数、行间距等因素是互相制约的。对一定的纸张大小及其页边距，若调整每行的字符数，将自动调整字符间距以适应每行的字符数。同样地，若调整每页的行数，将自动调整行间距以适应每页行数。

3.4.3 添加或删除页

当文本或图形填满一页时，Word 会插入一个自动分页符，并开始新的一页。也可以随时向文档中添加新的空白页或添加带有预设布局的页；还可以删除不需要的页。

1. 添加空白页

新建文档时自动创建一个空白页，文摘报需要两个版面，因此还要增加一个空白页。在第 1 页按几次〈Enter〉键，插入几个空行，为的是插入文字方便。

单击文档中需要插入空白页的位置，例如第 1 页的第 3 行。在"插入"选项卡上的"页"组中，单击"空白页"或"分页"。在页面视图、打印预览和打印的文档中，分页符后面的文字将出现在新的一页上，如图 3-97 所示。

图 3-97　添加空白页

2．添加封面

Word 提供了预先设计的封面样式库，无论光标出现在文档的什么地方，封面始终插入到文档的开头。在"插入"选项卡上的"页"组中，单击"封面"图标，显示"内置"封面列表。在"内置"列表中选择一个封面布局，然后用自己的内容替换示例文本。

要删除封面，在"封面"中单击"删除当前封面"按钮。

3．删除页

可以通过删除分页符来删除 Word 文档中的空白页，包括文档末尾的空白页；还可以通过删除两页间的分页符来合并这两页。

（1）删除空白页

确保在草稿视图中（在"视图"选项卡中的"文档视图"组中，单击"草稿"图标）。如果看不见非打印字符（如段落标记），在"开始"的"段落"组中单击"显示/隐藏"图标按钮↵。

要删除空白页，请选择页尾的分页符，然后按〈Delete〉键。

（2）删除单页内容

可以选择和删除文档任意位置的单页内容。将光标放在要删除的页面内容中的任何位置，选中该页内容，按〈Delete〉键。

（3）删除文档末尾的空白页

确保在草稿视图或页面视图（在"视图"选项卡的"视图"组）中。如果看不见非打印字符（如段落标记），在"开始"选项卡的"段落"组中单击"显示/隐藏编辑标记"↵。

要删除文档末尾的空白页，选择文档末尾的分页符或任何段落标记，再按〈Delete〉键。

3.4.4　文档分页

Word 提供了自动分页和人工分页两种分页方法，具体操作方法请扫二维码。

分页

3.4.5　页眉和页脚

页眉和页脚是文档中每一个页面顶部和底部的区域。可以在页眉和页脚中插入或更改文本或图形。例如，可以添加页码、时间和日期、公司徽标、文档标题、文件名或作者姓名。

1. 插入或更改页眉或页脚

（1）在整个文档中插入相同的页眉和页脚

在"插入"选项卡的"页眉和页脚"组中，单击"页眉"或"页脚"，从列表中单击所需的页眉或页脚样式，例如在"页眉"列表中单击"空白（三栏）"。切换到"页眉和页脚"视图，并自动添加3个"[在此处键入]"占位符，如图3-98所示。

单击中间的"[在此处键入]"，按〈Delete〉键将其删除。单击左边的"[在此处键入]"，输入文字"文摘周报"；单击右边的"[在此处键入]"，输入文字"第版"。

将插入点置于"第版"两字中间，在"页眉和页脚"选项卡的"页眉和页脚"组中单击"页码"，在下拉列表中单击"当前位置"，从其子菜单中选取"普通数字"，则在"第版"中间插入数字"1"。在"页眉和页脚"组中再次单击"页码"，在下拉列表中单击"设置页码格式"。显示"页码格式"对话框，在"编号格式"下拉列表中选取"一,二,三(简)..."，如图3-99所示，单击"确定"按钮，将"第1版"改为"第一版"。

图3-98　页眉的编辑状态　　　　　　　　　　　　图3-99　"页码格式"对话框

选中页眉中的文字，使用浮动工具栏上的选项设置文本的格式，可以更改字体、字号、字体颜色等，例如把文字设置为黑体、五号、红色。

设置页眉完成后，要退出页眉和页脚编辑状态，在"页眉和页脚"选项卡中单击"关闭页眉和页脚"，返回到文档编辑状态。设置页眉后显示如图3-100所示。

图3-100　输入文字并设置文本格式后的页眉

在"页面视图"中，可以在页眉和页脚视图与页面视图之间快速切换，只要双击灰色的页眉页脚或灰显的文档文本即可。

（2）更改页眉或页脚

在"插入"选项卡的"页眉和页脚"组中单击"页眉"或"页脚"，从下拉列表中单击所需的页眉或页脚样式，整个文档的页眉或页脚都会改变。

2. 对奇偶页、首页使用不同的页眉或页脚

在"布局"选项卡的"页面设置"组中，单击对话框启动器▿，显示"页面设置"对话框，单击"布局"选项卡，选中"奇偶页不同""首页不同"复选框，如图3-101所示。

然后在偶数页上插入用于偶数页的页眉或页脚，在奇数页上插入用于奇数页的页眉或页脚。如果设置了"首页不同"复选框,还要在首页上插入用于首页的页眉或页脚;如果取消"首页不同"复选框,则页眉和页脚将被删除。

3. 更改或删除页眉中的框线

页眉中的线段属于段落框线,可用更改段落框线的方法来设置。在页面视图中,双击页眉区域,进入页眉和页脚视图。在"开始"选项卡的"样式"组中,单击对话框启动器⬎,显示"样式"任务窗格,单击"页眉"后的箭头,如图 3-102 所示,从打开的列表中单击"修改"。

图 3-101 "页面设置"对话框

图 3-102 "样式"任务窗格

显示"修改样式"对话框,单击"格式"按钮,从弹出的列表中单击"边框",如图 3-103 所示。

显示"边框和底纹"对话框,如果要删除页眉线,在"设置"下单击"无"。如果要更改页眉线的类型,在"样式"下单击一种线型,并选择线的"颜色"和"宽度",例如红色、3.0 磅,在"预览"下单击应用边框的位置,例如下边框,"应用于"默认设置为"段落",如图 3-104 所示。

图 3-103 "修改样式"对话框的"格式"列表　　　　图 3-104 "边框和底纹"对话框

单击"确定"按钮，双击页眉页脚以外的区域。最后关闭"样式"任务窗格。

4. 删除页眉或页脚

双击文档中的任何位置，在"插入"选项卡的"页眉和页脚"组中，单击"页眉"或"页脚"，从下拉列表中单击"删除页眉"或"删除页脚"，页眉或页脚即从整个文档中删除。

3.4.6 版面布局

版面布局也称版面设计，是指对版面内的文字字体、图像图形、线条、表格、色块等要素，按照一定的要求进行编排，并以视觉方式艺术地表达出来，使观看者直观地感受到某些要传递的信息。

在 Word 中主要有两种版面布局：一是用表格线分隔；二是用文本框。

1. 第 1 版的版面布局

第 1 版的版面比较简单，比较适合用表格布局，即把第 1 版的版面用表格线分割，给每篇文章划分一个大小合适的单元格，然后把相应的文字放入到对应的单元格中。表格的边框线、底纹都可以修改美化。第 1 版的版面布局如图 3-105 所示。

2. 第 2 版的版面布局

第 2 版上半部分的文章可以采用分栏排版，下半部分的两篇文章可以用文本框布局。通常对于复杂的版面布局，使用文本框来布局更加省时省力、简单、方便，推荐使用文本框对版面布局。还可对文本框的边框、底纹进行修饰。第 2 版的版面布局如图 3-106 所示。

图 3-105 第 1 版的版面布局

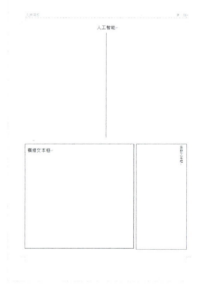

图 3-106 第 2 版的版面布局

3.4.7 用表格布局

用表格布局时，先要绘制表格，然后拆分表格，再修饰表格的边框和底纹，把文字、图片等添加到对应的单元格中，最后调整表格单元格的大小。

① 在"插入"选项卡的"表格"组中单击"表格"，在显示的下拉列表中单击"绘制表格"。此时鼠标指针变为笔形 ✐，在第 1 页沿着版心从页的左上角到右下角绘制一个表格。如果表格出现在第 2 页，请把第 1 页表格外的分段符删掉，使得表格回到第 1 页。另外，在绘制表格时把分页符圈

进来时，分页符会被删除；如果分页符被删除，可以再添加一个分页符。绘制的表格如图 3-107 所示，大概外观相似就可以了，后续添加文字后再调整大小。

② 表格绘制完成后按〈Esc〉键退出绘制表格状态。单击表格左上角的表格移动图柄⊞，选中整个表格，在"表设计"选项卡的"表格样式"组中，单击"边框"按钮的箭头，从下拉列表中单击"无框线"，将表格的实线边框都设置成网格线，再次单击"边框"按钮的箭头，从下拉列表中单击"查看网格线"，使得可以看到以虚线表示的网格线。

③ 按要求设置表格的边框和底纹效果，例如上部单元格中间的边框是波浪样式、橙色、0.75磅，左下角单元格的边框是波浪样式、橙色、1.5 磅，右下方单元格左侧是直线、橙色、2.25 磅。

④ 打开"文摘周报（素材）.docx"文档，把第 1 版文字复制、粘贴到对应的单元格中，删除多余的空行，如图 3-108 所示。

图 3-107　绘制表格

图 3-108　添加文章的表格

> **注意：** 不要让表格的高度太高，或者单元格中的文字太多，而将部分单元格撑满到下一页，也不要将分页符挤到下一页。否则，就要删除部分文字，使之满足版面布局的要求。

3.4.8　分栏

分栏是在页方向上分为几栏，文字逐栏排列，填满一栏后转到下一栏。由于每栏的宽度不大，便于阅读，因此分栏多用于报纸、杂志。第 2 版的上半部分文章采用两栏，栏间加分隔线，把"文摘周报（素材）.docx"中的"人工智能"和"笑话"文章复制、粘贴到第2版。

① 默认文档采用单列一栏排版，如果对全部文档分栏，插入点可在文档中的任何位置；如果要部分段落分栏，要先选定这些段落。例如，选中"人工智能"文章的所有正文，标题除外。

② 在"布局"选项卡的"页面设置"组中，单击"栏"，从下拉列表中选择"一栏""两栏""三栏""偏左"或"偏右"。如果选定"更多栏"，则显示"栏"对话框，在"预设"区选定分栏，或者在"栏数"框中输入分栏数，在"宽度和间距"中设置栏宽和间距。如果需要各栏之间的分隔线，选中"分隔线"复选框。在"应用于"下拉列表中选定应用范围，可以是"所选文字"或"整篇文档"，如图 3-109 所示，单击"确定"按钮。如果"应用于"是"所选文字"，确定后会在所选文字前后自动加上分节符，如图 3-110 所示。

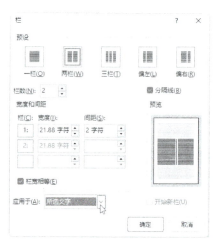

图 3-109　"栏"对话框　　　　　　　　　　　　　图 3-110　分栏后

如果要取消分栏，先选中要取消分栏的段落，然后在"布局"选项卡的"页面设置"组中单击"栏"，从"栏"下拉列表中选"一栏"。取消分栏后，"分节符（连续）"标记仍然存在，若不再需要可手工删除。

3.4.9　用文本框布局

文本框是一种可移动、可调大小的放置文字或图形的容器。文本框可以像图形一样放置在页面中的任何位置，还可以设置样式、边框、阴影等格式，文本框主要用于设计复杂版面。使用文本框，可以在一页上放置多个文字块，或使文字按与文档中其他文字不同的方向排列。

1．绘制文本框

① 选中"笑话"文章的标题和段落，在"插入"选项卡的"文本"组中单击"文本框"，显示文本框列表，单击"绘制横排文本框"，如图 3-111 所示。

② 若要调整文本框的大小，选中的文字段落都放置在文本框内，鼠标指针放置在文本框右边框中间的调整控点○上，当鼠标指针变为双向箭头⇔时，向左调整文本框的大小。

③ 若要移动文本框，把鼠标指针放置在文本框边框上，当鼠标指针变为时，把文本框拖动到页面上的其他位置。

④ 在"插入"选项卡的"文本"组中单击"文本框"，从文本框列表中单击"绘制竖排文本框"。

⑤ 鼠标指针变为十，在文档中需要插入文本框的位置单击或大致拖动出所需大小的文本框，调整文本框的大小和位置。

⑥ 向文本框中添加文本，在文本框内单击，粘贴"文摘周报（素材）.docx"中的"征稿启事"文本，如图 3-112 所示。

若要设置文本框中文本的格式，选中文本，然后在"开始"选项卡的"字体"组中设置。例如，设置文章标题的字体、字号、对齐方式等。

2．插入内置文本框

内置文本框是预设样式的一组文本框模板，使用时只需把文本框中的示例文字替换为所需文字。在文档中单击要放置文本框的位置，在"插入"菜单下的"文本"组中，单击"文本框"旁边的下拉箭头，显示内置的文本框列表。要查看更多的文本框列表，可拖动列表右侧的滚动条。在列表中，单击需要的文本框，将该内置文本框插入到文档中。在文本框中，删除不需要的示例文字，输入或粘贴新的内容（包括文字、图片等），设置文字的格式。然后更改文本框的大小、位置，设置文本框的格式。

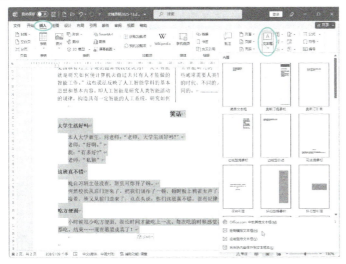

图 3-111　"文本框"按钮　　　　　　　图 3-112　在文本框中添加内容

　　如果绘制了多个文本框，则可将各个文本框链接在一起，以便文本能够从一个文本框延续到另一个文本框。操作方法为单击选中其中一个文本框，然后在"形状格式"选项卡的"文本"组中单击"创建链接"。

3. 更改文本框的样式

　　还可以更改或删除文本框的边框颜色、粗细或样式，也可以删除整个边框。可以把文本框看作特殊的图片，可以像图片一样来操作，例如选定、移动、调整大小、设置或取消边框、填充等。

更改文本框

3.4.10　插入艺术字

　　艺术字是添加到文档中的装饰性文本，是由用户创建的、带有预设效果的文字对象。艺术字不是图形对象，是一种包含文字的特殊文本框。

1. 插入艺术字标题

　　① 选中要设置为艺术字的文字，例如在第 1 版左上角单元格中选中"文摘"。在"插入"选项卡的"文本"组中，单击"艺术字"按钮，从显示的艺术字列表中单击任一艺术字样式，如图 3-113 所示。

　　② 选中艺术字文本框中的文字，在浮动工具栏或"开始"选项卡的"字体"组中，设置字体、字号，例如华文新魏、初号。

　　③ 选中的文字按照艺术字样式显示在文本框中，单击艺术字文本框的边框或艺术字文本框内，在"形状格式"选项卡的"文本"组中，单击"文字方向"，从显示的列表中单击"垂直"，则艺术字文本框中的文字排列方向更改为上下排列，如图 3-114 所示。

　　④ 在文档中单击要插入艺术字的位置，例如第 1 版左上角的单元格。在"插入"选项卡的"文本"组中，单击"艺术字"按钮，单击任一艺术字样式。

　　⑤ 显示艺术字文本框，如图 3-115 所示，输入文字替换艺术字中的文字，例如"周报"。

　　⑥ 重新设置字体、字号、格式、外观、文字方向等，适当调整艺术字文本的位置，如图 3-116 所示。

图 3-113　艺术字列表的艺术字样式

图 3-114　艺术字文本框中的文字排列方向

图 3-115　艺术字文本框

图 3-116　艺术字效果

2. 更改艺术字

在要更改的艺术字文本框的边框上单击，在"形状格式"选项卡中单击需要的选项。例如，在"开始"选项卡的"字体"组中更改字体、字号、字形、颜色，在"形状样式"组中更改形状外观，在"文本"组中更改"文字方向"等。

3.4.11　插入形状

形状是一些预设的矢量图形对象，包括线条、基本形状、箭头总汇、公式形状、流程图、星与旗帜和标注等。

1. 向文档中添加形状

单击文档中要创建形状的位置，例如"笑话"后，在"插入"选项卡的"插图"组中，单击"形状"按钮，显示预设的形状列表。如图 3-117 所示，列表中提供了 8 种形状：线条、基本形状、箭头总汇、公式形状、流程图、星与旗帜和标注。单击所需形状，例如在"标注"中选"思想气泡：云"，接着单击文档中的任意位置，然后拖动以放置形状。要创建规范的正方形或圆形（或限制其他形状的尺寸），在拖动的同时应按下〈Shift〉键。

2. 调整形状的大小

要调整形状的大小，单击该形状，然后拖动它的尺寸控点。拖动这些控点可以更改对象的大小。

3. 移动形状

选定要移动的形状，将其拖到新的位置。如果要限制形状只能横向或纵向移动，先按下〈Shift〉键不放再拖动形状。也可以选定形状后，按下〈Alt〉键不放，用鼠标逐像素移动形状。选中形状后，按键盘上的〈→〉〈←〉〈↑〉〈↓〉键也能移动形状。如果要逐像素移动形状，要先按下〈Ctrl〉键不放，再按键盘上的〈→〉〈←〉〈↑〉〈↓〉键。

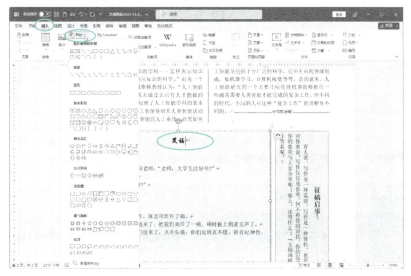

图 3-117　形状列表

4．重调形状

选中形状后，如果形状中包含黄色的调整控点，则可重调该形状。如果某些形状没有调整控点，则只能调整大小。将鼠标指针置于黄色的调整控点上，指针将变为，按下鼠标左键，然后拖动控点以重调形状。

5．更改形状的样式

还可以像更改文本框边框样式一样，更改形状的样式。例如，把插入的"思想气泡：云"形状样式更改为无填充，轮廓为黑色、0.75 磅，偏移右下阴影。

6．向形状添加文字

如果形状中有段落标记↵，则在形状中单击；如果形状中没有段落标记，则右击要向其添加文字的形状，从快捷菜单中单击"添加文字"。插入点出现在形状中，然后输入文字，设置文字的字体、字号、颜色、段落格式等。把"笑话"标题删除，但是要保留标题段的段落标记，如图 3-118 所示。添加的文字将成为形状的一部分，如果旋转或翻转形状，文字也会随之旋转或翻转。

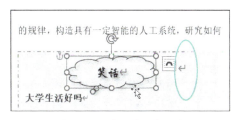

图 3-118　向形状添加文字

7．形状的排列、组合

（1）翻转对象

单击要翻转的形状、图片、剪贴画或艺术字，在"形状格式"选项卡的"排列"组中，单击"旋转" 旋转 后的箭头，然后从列表中选取"向右旋转 90°""向左旋转 90°""垂直旋转""水平旋转"或"其他旋转选项"。

（2）叠放对象

单击图形，如果看不到叠放中的某个对象，可以按〈Tab〉键向前循环（或按〈Shift+Tab〉组合键向后循环）对象，直到选定该对象。在"形状格式"选项卡的"排列"组中，单击 上移一层 或 下移一层 后的箭头，从列表中单击"置于顶层""置于底层""上移一层"或者"下移一层"；或者右键单击对象，从快捷菜单中指向"置于顶层"或"置于底层"后的箭头，再单击子菜单中的选项。

（3）组合对象

组合对象是将多个对象组合在一起，以便将它们作为一个对象来进行移动、缩放等。先按下〈Shift〉键不放，单击需组合的各个对象，右键单击图形，从快捷菜单中指向"组合"，单击子菜单中的"组合"，或者在"形状格式"选项卡的"排列"组中，单击"组合"。

取消对象组合方式的方法为：右键单击已组合的对象，从快捷菜单中指向"组合"，单击子菜单中的"取消组合"。

3.4.12　插入图片和调整图片

图片是由其他程序创建的图像，可以将保存在本地硬盘中的图片、图像集或联机图片插入或复制到文档中，在文档中可以调整图片的布局类型、大小、修饰等。

1．插入图片

（1）插入来自本地存储设备的图片

① 在文档中单击要插入图片的位置，例如"幸福的滋味"后。在"插入"选项卡的"插图"组中，单击"图片"，从下拉列表中单击"此设备"。显示"插入图片"对话框，如图 3-119 所示，找到要插入的图片，双击要插入的图片。

② 此时图片出现在插入点位置，如图 3-120 所示。默认情况下，插入到文档中的图片布局类型是嵌入型。

图 3-119　"插入图片"对话框　　　　　　图 3-120　插入到文档中的嵌入型图片

（2）插入图像集或联机图片

图像集和联机图片均联机到微软的网站，本机需要联网才能使用。图像集由 Office 提供，可以直接使用；联机图片由 Bing 搜索得到，图片的使用权由使用者负责。

在文档中单击要插入图片的位置，在"插入"选项卡的"插图"组中，单击"图片"，从下拉列表中单击"图像集"或"联机图片"。显示"图像集"或"联机图片"对话框，选取图片的分类或者输入描述所需图片的词语。选中一幅或多幅图片，单击"插入"按钮。

（3）复制、粘贴网页中的图片

在网页上右击要插入的图片，从快捷菜单中单击"复制图像"。切换到 Word 文档，右击要插入图片的位置，从快捷菜单中单击"粘贴选项"下的"图片"。

2．选中图片

单击文档中的图片，图片边框会出现 8 个尺寸控点和 1 个旋转柄，图片右上角外出现"布局选项"浮动按钮，表示已选中该图片，同时功能区出现"图片格式"选项卡，利用图片的尺寸、旋转控点、浮动按钮和"图片格式"选项卡，可以设置图片的格式。

3．调整图片大小

（1）粗略调整图片大小

单击选中图片，将鼠标指针置于其中的一个控点上，鼠标指针变为 $\updownarrow$、$\leftrightarrow$、$\nwarrow$ 或 $\nearrow$，如图 3-120 所示。如果要按比例缩放图片，则拖动四个角上的控制点；如果要改变高度或宽度，则拖动上、下或左、右边的控制点。当图片大小合适后，松开鼠标。

（2）精确调整图片大小

单击选中图片，在"图片公式"选项卡的"大小"组中，单击"高度" 2.86 厘米 或"宽度" 5.79 厘米 ，调整图片的大小；或者单击"大小"组的对话框启动器 ；或者鼠标右击图片，从快捷菜单中单击"大小和位置"。显示"布局"对话框的"大小"选项卡，如图 3-121 所示，选中"锁定纵横比"可保持图片不变形，调整"缩放"下的"高度"或"宽度"，可以精确缩放图片，单击"重置"按钮则图片复原。

图 3-121　"大小"选项卡

4．更改图片的环绕方式

插入到文档中的图片有两种方式：嵌入型和文字环绕型。

嵌入型图片在文档中的性质与文字相同，是随行和段落排版的，可保持其相对于文本部分的位置，默认情况下以嵌入型插入图片。若要确保图片和引用它的文字（例如，图片上方的说明）保持在一起，请以嵌入型图片方式放置图片。

文字环绕型图片是插入绘图层的图形，可在页面上任意放置，使其位于文字或其他对象的上方或下方。文字环绕型图片保持其相对于页面的位置，并随分布在其周围的文字在该位置浮动。

单击选中图片，在"图片格式"选项卡的"排列"组中单击"环绕方式"或"位置"，或单击图片右上角外出现的"布局选项"浮动按钮 ，显示选项，如图 3-122 所示，执行下列操作之一。

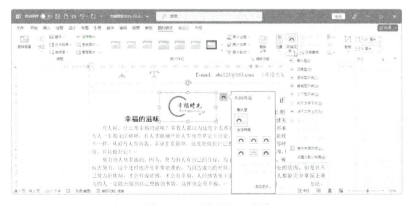

图 3-122　图片布局选项

- 若要将嵌入型图片更改为文字环绕型图片，选中任一"文字环绕"选项。
- 若要将文字环绕型图片更改为嵌入型图片，选中"嵌入型"。
- 单击"其他布局选项"，显示"布局"对话框的"文字环绕"选项卡，如图 3-123 所示，单击需要的环绕方式。

图 3-123 "文字环绕"选项卡

5. 旋转图片

单击选中图片，图片边框出现 8 个尺寸控点和 1 个旋转柄⟲，将鼠标指针放到旋转柄上，鼠标指针变为⟲，按下鼠标左键不放，鼠标指针变为↻，拖动鼠标旋转图片，如图 3-124 所示，旋转合适后，松开鼠标。

图 3-124 旋转图片

6. 图片的复制或删除

① 单击图片，执行下列操作之一。

- 要复制图片，按〈Ctrl+C〉组合键；或者单击"开始"选项卡"剪贴板"组中的"复制"按钮；或者右击图片，从快捷菜单中单击"复制"。
- 要剪切图片，按〈Ctrl+X〉组合键；或者单击"开始"选项卡"剪贴板"组中的"剪切"按钮；或者右击图片，从快捷菜单中单击"剪切"。
- 要删除图片，按〈Delete〉键。

② 将插入点置于要放置图片的位置，按〈Ctrl+V〉组合键；或者单击"开始"选项卡"剪贴板"组中的"粘贴"按钮；或者右击插入点，从快捷菜单的"粘贴选项"下单击"图片"。

7. 裁剪图片

（1）裁剪图片的边缘

裁剪操作通过减少垂直或水平边缘来删除或屏蔽不希望显示的图片区域。

① 双击要裁剪的图片，在"图片格式"选项卡的"大小"组中单击"裁剪"按钮。

② 将鼠标指针置于裁剪控点上，鼠标指针将变为├、┬、┴、┤、┌、┐、┘或└，执行下列操作之一。

● 若要裁剪某一侧，将该侧的中心裁剪控点向里拖动，如图 3-125 所示。

图 3-125　裁剪图片

● 若要同时均匀地裁剪两侧，按下〈Ctrl〉键的同时将任一侧的中心裁剪控点向里拖动。
● 若要同时均匀地裁剪全部四侧，按下〈Ctrl〉键的同时将一个角的裁剪控点向里拖动。
● 若要向外裁剪（或在图片周围添加页边距），可将裁剪控点拖离图片中心。
③ 若要放置裁剪，请移动裁剪区域（通过拖动裁剪方框的边缘）或图片。
④ 完成后按〈Esc〉键或再次单击"裁剪"按钮上部，或文档的其他位置。

若要将图片裁剪为精确尺寸，右击该图片，从快捷菜单上单击"设置图片格式"。Word 窗口右侧显示"设置图片格式"任务窗格，在"图片"下展开"裁剪"，在"裁剪位置"下输入所需数值，如图 3-126 所示，裁剪后可关闭任务窗格。

还可将图片裁剪为特定形状、通用纵横比，通过裁剪来填充或适合形状。

图 3-126　"设置图片格式"任务窗格

（2）删除图片的裁剪区域

在裁剪图片中的某部分后，裁剪部分仍将作为图片文件的一部分保留。删除图片文件中的裁剪部分不仅可以减少文件大小，还有助于防止

裁剪图片

其他人查看已删除的图片部分。注意，此操作不可撤销。因此，仅当确定已经进行所需的全部裁剪和更改后，才执行此操作。

选中要丢弃不必要信息的一张或多张图片，在"图片格式"选项卡的"调整"组中，单击"压缩图片" 。显示"压缩图片"对话框，如图 3-127 所示。在"压缩选项"下，选中"删除图片的裁剪区域"复选框。若仅删除文件中选定图片（而非所有图片）的裁剪部分，则选中"仅应用于此图片"复选框。

（3）关闭图片压缩

为了保证最佳图片质量，可以对文件中的所有图片关闭压缩。但是，关闭压缩会导致文件很大。单击"文件"菜单，单击"选项"，显示"Word 选项"对话框，单击"高级"，在"图像大小和质量"旁边，单击要关闭其图片压缩的文件；选中"不压缩文件中的图像"复选框，如图 3-128 所示。注意，此设置仅适用于当前文件或在"图像大小和质量"旁边的列表中选定的文件中的图片。

图 3-127 "压缩图片"对话框　　　　图 3-128 "Word 选项"对话框中的"高级"

8. 修饰图片

可通过为图片添加阴影、发光、映像、柔化边缘、凹凸和三维旋转等效果来增强图片的感染力，也可以在图片中添加艺术效果或更改图片的亮度、对比度或模糊度。注意，有些操作需要把文档保存为.docx 格式，而不能保存为早期的文件格式.doc。

（1）添加图片预设样式

选中图片，在"图片格式"选项卡的"图片样式"组中，单击"图片样式"后的其他按钮，从列表中选取需要的预设样式，如图 3-129 所示，可以将鼠标指针移至任何效果上，实时预览在应用该效果后图片的外观，然后再单击所需的效果。

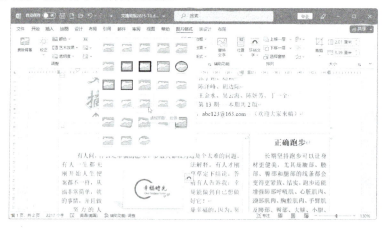

图 3-129 图片样式

（2）给图片添加边框

单击要添加边框的图片，在"图片格式"选项卡的"图片样式"组中，单击"图片边框"，从下拉列表中分别单击"颜色""粗细""草绘"和"虚线"。若要取消图片的边框，单击"无轮廓"。

（3）添加图片效果

单击要添加效果的图片，若要将同样的效果添加到多张图片中，请单击第一张图片，然后按下〈Ctrl〉键的同时单击其他图片（必须是浮动图片）。在"图片格式"选项卡的"图片样式"组中，单击"图片效果"，从列表中选取需要的图片效果，执行一项或多项操作。

9. 校正图片

可以调整图片的亮度、对比度、饱和度、色调等，选中图片，在"图片格式"选项卡的"调整"组中，单击"校正"，从列表中单击所需的缩略图。

若要微调图片，在列表底部单击"图片修正选项"，显示"设置图片格式"任务窗格的"图片校正"，如图 3-130 所示，移动滑块或在滑块旁边的框中输入一个数值。

图 3-130　"设置图片格式"任务窗格

也可以在"调整"组中单击"颜色""艺术效果"或"透明度"，从列表中单击所需的缩略图。

10. 重设图片

如果对图片所设置的格式不满意，可单击选定图片，在"图片格式"选项卡的"调整"组中，单击"重设图片"后的箭头，从列表中选取"重置图片"或"重置图片和大小"，将取消对图片所做的设置。

3.5　练习题

一、单选题

1. 当前编辑的 Word 文件名为"报告"，修改后另存为"总结"，则（　　　）。
　　A."报告"是当前文档
　　B."总结"是当前文档
　　C."报告"和"总结"都被打开
　　D."报告"改为临时文件

2. 当用户在 Word 中输入文字时，在（　　　）模式下，随着输入新的文字，后面原有的文字将会被覆盖。
　　A. 插入　　　　　　B. 改写　　　　　　C. 自动更正　　　　　　D. 断字

3. 在 Word 中，段落标记是在文本输入时按下（　　　）键形成的。
　　A. Shift　　　　　　B. Enter　　　　　　C. Alt　　　　　　D. Esc

4. 在 Word 文档中，每个段落都有自己的段落标记，段落标记的位置在（　　　）。

A．段落的首部 　　　　　　　　　　　　B．段落的结尾部
C．段落的中间位置 　　　　　　　　　　D．段落中，但用户找不到

5．在 Word 的编辑状态下，进行"粘贴"操作的组合键是（　　　）。

A．Ctrl+X 　　　　B．Ctrl+C 　　　　C．Ctrl+V 　　　　　　D．Ctrl+A

6．在编辑 Word 文档时，文字下面有红色波浪下画线表示（　　　）。

A．已修改过的文档 　　　　　　　　　　B．对输入的确认
C．可能是拼写错误 　　　　　　　　　　D．可能的语法错误

二、操作题

试对"网络通信协议"文字进行编辑、排版和保存（文档 1.docx），具体要求如下：

① 将标题段（"网络通信协议"）文字设置为三号、红色、黑体、加粗、居中，字符间距加宽 3 磅，并添加阴影效果，阴影效果的"预设"值为"内部右上角"。首行缩进 0 字符。

② 将正文各段落（"所谓网络……交谈沟通。"）文字设置为 5 号宋体；设置正文各段落左、右各缩进 4 字符，首行缩进 2 字符。

③ 在页面底端（页脚）居中位置插入页码，并设置起始页码为"III"。

④ 将文中后 4 行文字转换为一个 4 行 5 列的表格，设置表格居中，表格列宽为 4.5 厘米、行高为 0.7 厘米，表格中所有文字"水平居中"。

⑤ 设置表格外框线为 1.5 磅绿色单实线、内框线为 0.5 磅绿色单实线；按"平均成绩"列（依据"数字"类型）降序排列表格内容。

网络通信协议

所谓网络通信协议是指网络中通信的双方进行数据通信所约定的通信规则，如何时开始通信、如何组织通信数据以使通信内容得以识别、如何结束通信等。这如同在国际会议上，必须使用一种与会者都能理解的语言（如英语），彼此才能进行交谈沟通。

学生成绩名单

姓名	英语	语文	数学	平均成绩
张甲	69	87	76	
李乙	89	72	90	
王丙	92	89	78	

三、实训题

参考下面样张，设计一张班报。纸张可设置为 A3 横放，如图 3-131 所示。

图 3-131　班报

第 4 章

Excel 2021 表格处理的使用

Excel 是 Microsoft Office 办公套件中用于数据处理的表格软件，它提供了表格设计、数据处理、图表等功能。本章介绍 Excel 2021 的常用功能和数据处理的常用方法等内容。

学习目标： 掌握工作表的基本操作，掌握数据的录入、排序和筛选，掌握统计和分析，掌握图表的制作等。

重点难点： 重点掌握数据的录入、排序和筛选，难点统计和分析。

4.1 Excel 的基本操作

本节将介绍 Excel 2021 的启动和退出，窗口组成和基本操作，文档的保存和打开，工作簿和工作表的基本操作等内容。

4.1.1 Excel 的启动和关闭

Excel 2021 的启动、关闭与 Word 2021 相同。

1. 启动 Excel 2021

最常用的启动 Excel 的方法是单击"开始"按钮 ，在"已固定"或"所有应用"中单击"Excel"。显示 Excel 2021 的"新建"菜单，如图 4-1 所示，选择"空白工作簿"模板。

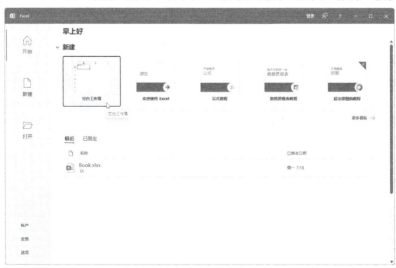

图 4-1　Excel 2021 的"新建"菜单

打开 Excel 2021 的编辑窗口，同时新建名为"工作簿 1"的空白工作表，如图 4-2 所示。

图 4-2 Excel 2021 窗口的组成

2. 关闭工作簿与结束 Excel

（1）关闭工作簿

如果要关闭当前正在编辑的工作簿，在功能区左端单击"文件"，显示"文件"视图，从菜单中单击"关闭"。显示是否保存对话框，如图 4-3 所示，单击"保存"或"不保存"按钮，若不关闭文档仍继续编辑，则单击"取消"按钮。

图 4-3 是否保存对话框

（2）结束 Excel

如果要结束 Excel，单击 Excel 窗口右上角的"关闭"按钮⊠。如果该文档没有保存，也将显示如图 4-3 所示的对话框，询问用户是否保存，选择单击"保存"或"不保存"后，结束 Excel，关闭 Excel 窗口。

4.1.2 Excel 的窗口组成

下面主要介绍 Excel 2021 窗口与 Word 2021 窗口不同的部分。

1. 单元格编辑栏

单元格编辑栏也称公式函数栏，用于输入、编辑或显示当前单元格中的值、公式或函数，包括单元格名称框、数据按钮和编辑栏三部分。数据按钮在非编辑状态时显示"浏览公式结果"按钮和"插入函数"按钮，在编辑状态时则显示"取消"按钮、"输入"按钮和"插入函数"按钮，如图 4-4 所示。

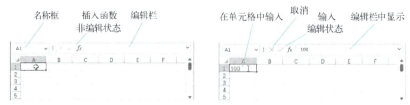

图 4-4 单元格编辑栏

2. 工作表标签栏

一个工作簿包括多个工作表，工作表标签栏包括标签滚动按钮< >、工作表标签 Sheet1 Sheet2 Sheet3 和"新建工作表"按钮+，单击不同的工作表标签可以切换不同的工作表，其中只能有一个工作表是当前编辑的工作表。当工作表太多以致无法显示全部的工作表标签时，单击标签滚动按钮可以显示其他工作表标签。

3. 工作簿和工作表

一个 Excel 文件就是一个工作簿。而工作表是工作簿中包含的"页"，默认情况下一个新建的 Excel 工作簿中包含 3 张工作表，系统默认将其命名为 Sheet1、Sheet2 和 Sheet3。用户通过单击工作表标签栏中相应工作表的标签实现它们之间的切换。一个工作簿中包含的工作表数量没有限制，仅与当前计算机配置的内存大小有关。

4. 工作表编辑区

工作表编辑区显示当前编辑的工作表，用户输入和编辑的文字、表格、图形、图片等都显示在编辑区中，计算结果也显示在编辑区中。鼠标指针在编辑区显示为十字➕，在某个单元格上单击则选中该单元格；在某单元格上双击鼠标，则鼠标指针变为"Ⅰ"，不断闪烁的插入点光标"|"出现在该单元格中，输入的数据将出现在插入点位置。

5. 列标号、行标号

工作表中的列标号用 A～Z，AA～ZZ 等表示，一个工作表中最多允许有 16384 列。

工作表中的行标号用连续的数字表示，一个工作表中最多允许有 1048576 行。

6. 单元格

一个 Excel 工作簿由若干张工作表组成，每张工作表又由众多单元格组成。单元格是保存数据的最小单位，单元格是工作表中的一个"格"，每个单元格都有一个由其列标号和行标号组成的名称。例如，B3 单元格表示位于工作表第 B 列第 3 行的单元格。

如果要对某个单元格操作，单击该单元格，则选中的单元格称为当前单元格或活动单元格。当前单元格以加粗边框显示，用户输入的各类数据只能被当前单元格接收。当前单元格的名称显示在名称框中。例如，单击 B3 单元格，名称框中显示单元格名称 B3，如图 4-5 所示。

图 4-5　单元格名称和当前单元格

4.1.3　文件的操作

Excel 的文件操作包括新建工作簿文件、保存工作簿文件和打开已存在的工作簿文件。

1. 新建工作簿文件

可以新建一个空的工作簿文件，也可以使用模板建立具有相关结构内容的工作簿文件。

（1）新建空白的工作簿文件

可以通过以下方法之一建立新的空白工作簿文件。

- 在启动 Excel 程序时新建工作簿文件。通过"开始"菜单或其他快捷方式，启动 Excel 程序。显示 Excel 的"新建"菜单，如图 4-1 所示，单击"空白工作簿"模板，则打开 Excel 的编辑窗口，并新建名为"工作簿 1"的空白工作簿文件，如图 4-2 所示。
- 在打开的现有工作簿中新建工作簿文件。如图 4-2 所示，在 Excel 的编辑窗口中需要新建工作簿时，在功能区左端单击"文件"。显示"文件"菜单，如图 4-6 所示，在左侧选项中单击"新建"，右侧显示"新建"选项卡，如图 4-6 所示，单击"空白工作簿"，显示一个新的 Excel 窗口，同时创建名为"工作簿 2"的空白工作簿文件。

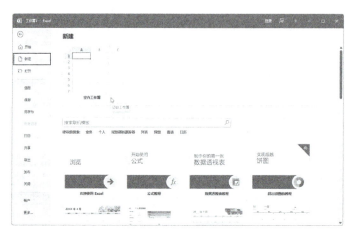

图 4-6　"新建"选项卡

- 通过快速访问工具栏新建工作簿。如果快速访问工具栏上显示有"新建"按钮，单击该按钮，则直接打开一个新的 Excel 窗口，如图 4-6 所示，同时创建名为"工作簿 3"的空白工作簿文件。

（2）使用模板新建工作簿

在"新建"选项卡中，如图 4-6 所示，单击需要的模板，例如"每周家务安排表"模板，显示"每周家务安排表"模板对话框，如图 4-7 所示，单击"创建"，则新建一个 Excel 窗口，按该模板创建的工作簿出现在编辑窗口中，如图 4-8 所示。如果显示安全警告"宏已被禁用"，单击"启用内容"按钮，然后在编辑区替换文字，输入内容。

图 4-7　模板对话框

2. 保存工作簿

有三种保存工作簿的方法。

- 在快速访问工具栏上单击"保存"按钮 ⊟。如果是第一次保存该文档，则显示"另存为"选项，如图 4-9 所示，左侧是文件菜单，右侧显示"另存为"的可选项，默认显示"最近"使用的文件夹，单击"今天""上周"等下面的文件夹名。如果要保存到其他文件夹，则单击"浏览"，显示"另存为"对话框，如图 4-10 所示，浏览到要保存文件的文件夹，输入一个能说明文件内容的文件名，建议采用工作簿文件的默认类型".xlsx"。

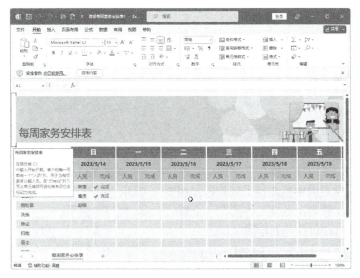

图 4-8　按模板创建的文档

图 4-9　"另存为"选项

图 4-10　"另存为"对话框

如果文档已经命名，单击"保存"按钮不会出现"另存为"对话框，直接用原文件名在原位置上保存，当前编辑状态保持不变，可继续编辑文档。

- 单击"文件"菜单，再单击"保存"或"另存为"。
- 按〈Ctrl+S〉键保存。

3. 打开工作簿文件

打开工作簿文件常用以下方法。

（1）在 Excel 窗口中打开工作簿文件

单击"文件"，在"文件"菜单中单击"打开"，显示"打开"选项，如果要打开的文件显示在最近使用文件列表中，双击该文件名，则该文件显示到一个新的 Excel 窗口中。

如果要打开其他文件夹中的文件，则单击"浏览"，显示"打开"对话框，浏览到文件所在的文件夹，双击要打开的文件名，则该工作簿在一个新的 Excel 窗口中显示。

（2）在未进入 Excel 前打开工作簿文件

还可以通过下列方法之一打开 Excel 文件。

- 在 Windows 的"开始"菜单中列出了最近使用过的文档，单击该文件名，将在打开 Excel 程序的同时打开该文件。
- 在文件资源管理器中，双击要打开的工作簿文件，将在 Excel 程序中打开该文件。

4.1.4　工作表的基本操作

在工作簿中对工作表的基本操作主要如下。

1. 向工作簿中插入工作表

向工作簿中添加工作表，有以下几种方法。

- 在工作簿窗口左下角的工作表标签列表后面，单击"插入工作表"按钮+，如图 4-11 所示，则在当前选定工作表后插入一张新的空白工作表，工作表名依次默认为 Sheet4、Sheet5……
- 在工作簿窗口左下角的某个工作表标签上右击，在快捷菜单中单击"插入"，如图 4-12 所示，显示"插入"对话框，在"常用"选项卡中单击"工作表"，如图 4-13 所示，单击"确定"按钮，则插入新的空白工作表。
- 在"开始"选项卡的"单元格"组中，单击"插入"后的箭头，从列表中单击"插入工作表"，如图 4-14 所示，则插入新的空白工作表。

图 4-11　方法 1

图 4-12　方法 2

图 4-13　"插入"对话框

图 4-14　方法 3

2．选择工作表

进入 Excel 时，当前工作表是上次关闭该工作簿时的当前工作表，如果有多个工作表，想查看其他工作表，则必须要使其成为当前工作表，具体操作如下。

- 选中一个工作表：在工作簿窗口左下角的某个工作表标签上单击，使其成为当前工作表，当前工作表的名字以白底显示。
- 选中多个相邻的工作表：单击第一个工作表标签，然后按下〈Shift〉键不松开，并单击另一个工作表标签，则两个工作表之间的所有工作表都被选中。
- 选中多个不相邻的工作表：按下〈Ctrl〉键不松开，并单击要选中的工作表标签。
- 选中全部工作表：鼠标右键单击某个工作表标签，从快捷菜单中单击"选定全部工作表"。

如果同时选定了多个工作表，其中只有一个工作表是当前工作表，对当前工作表的某个单元格输入数据，或者进行单元格格式设置，相当于对所有选定工作表同样位置的单元格做了相同的操作。

3．重命名工作表

为了更直观地表现工作表中数据的含义，可将其重命名为便于理解的名称，如"同学通信录""期末成绩表"等。右键单击希望重命名的工作表标签，在快捷菜单中单击"重命名"，使原工作表名称处于可编辑状态，输入新的名称，然后按〈Enter〉键或用鼠标单击工作表标签以外的任何地方。

4．移动、复制和删除工作表

工作表的移动是指调整工作表的排列顺序或将工作表整体迁移到一个新的工作簿中。复制工作表指的是建立指定工作表的副本，以便在此数据基础上快速建立一个新的工作表。例如，复制"期中考试"到"期末考试"，通过部分数据的修改可大幅度提高工作效率。

（1）在同一个工作簿中复制或移动工作表

在工作簿中移动或复制工作表可使用以下方法。

- 移动：选中要移动的一个或多个工作表，按下鼠标左键拖动工作表标签，此时鼠标指针变为 或 ，工作表列表上边沿出现一个黑色箭头，表示当前位置，拖动到目标位置，松开鼠标。
- 复制：选中要移动的一个或多个工作表，按下〈Curl〉键不松开，按下鼠标左键拖动工作表标签，此时鼠标指针变为 或 ，松开鼠标就复制选中的工作表，新工作表和原工作表内容一样，新工作表名后会加上"(2)"。

（2）在不同工作簿中复制或移动工作表

在不同工作簿中复制工作表，要使用快捷菜单，操作步骤如下。

① 打开准备复制工作表的工作簿和目标工作簿。

② 鼠标右键单击准备复制工作表的标签，从快捷菜单中选择"移动或复制"。

③ 显示"移动或复制工作表"对话框，"将选定工作表移至工作簿"列表框中显示当前工作簿

文件名，例如"练习 1.xlsx"，如图 4-15 左图所示，直接在"将选定工作表移至工作簿"列表框中选择目标工作簿，例如"练习 2.xlsx"，然后在"下列选定工作表之前"列表框中选择要复制的具体位置，如图 4-15 右图所示；如果不勾选"建立副本"就是移动工作表，如果勾选则是复制工作表。

图 4-15　设置目标工作簿和工作表

④ 单击"确定"按钮，即可完成移动或复制工作表，窗口中显示移动或复制的工作表。

5. 删除工作表

若要从工作簿中删除某一工作表，鼠标右击该工作表标签，在快捷菜单中单击"删除"。

6. 设置工作表标签的颜色

可将工作表标签设置成不同的颜色，以使工作表的名称更加醒目。右击工作表名称，在快捷菜单中单击"工作表标签颜色"，在图 4-16 所示的颜色列表中选择希望更改的颜色。

图 4-16　设置工作表标签的颜色

7. 保护工作表和工作簿

对于保存保密数据的工作簿和工作表，Excel 提供了一些专用的安全功能来保护这些数据。单击"文件"菜单，在左侧单击"信息"，显示"信息"选项卡，单击"保护工作簿"按钮，显示列表，如图 4-17 所示，这些功能有"用密码进行加密""保护当前工作表""保护工作簿结构"等。

保护功能

图 4-17　保护工作簿和工作表

4.1.5　选定单元格

在编辑单元格前，首先要选定单元格或单元格区域。

1. 选定一个单元格

有下面几种方法选定一个单元格。

● 鼠标指针在工作表的编辑区上方时显示为✛，单击某一个单元格，该单元格的边框线变成粗线，则此单元格处于选定状态，也称为当前单元格，当前单元格的地址显示在"名称框"中。

● 在"名称框"中输入某一个单元格的地址，例如 C5，按〈Enter〉键，则选定 C5 单元格。

● 使用键盘上的〈↑〉〈↓〉〈←〉〈→〉方向键，可以选定单元格。

2. 选定连续的单元格区域

若要对多个单元格进行相同的操作，可以先选定单元格区域。有下面几种方法选定单元格区域。

● 单击要选定区域的左上角单元格，按下〈Shift〉键不松开，同时按要选定区域的右下角单元格。选定的单元格区域深色显示，且边框变成粗线。

● 鼠标指针放置在要选定区域的左上角单元格上，按下鼠标左键不松开，拖拽至要选定区域的右下角单元格。

● 在"名称框"中输入单元格区域名称，格式为"开始单元格名称:结束单元格名称"，例如 A3:E5，按〈Enter〉键则选定该单元格区域。

表是指整个工作表，就是一个 Sheet；而区域是指在工作表中选定的一部分。

3. 选定不连续的单元格区域

选定不连续的单元格区域也就是选定不相邻的单元格或单元格区域。操作方法如下。

● 按上面方法选定第一个单元格或单元格区域，按下〈Ctrl〉键不松开，选定第 2 个单元格或单元格区域，仍然按下〈Ctrl〉键不松开，选定其他单元格或单元格区域。选定的单元格区域为深色。

4. 选定行或列的单元格区域

可以快速选定一行或多行，一列或多列。配合〈Shift〉键、〈Ctrl〉键，可以同时选定连续、不连续的行、列，以及单元格、单元格任意区域。把鼠标指针移动到行标签或列标签上时，当鼠标指针变为➡或⬇后，用下面几种方法选定行、列。

- 单击鼠标左键，即可选中该行或列。
- 按下鼠标左键不松开，鼠标拖拽移动，则选定多行或多列。
- 选定开始行或列后，按下〈Shift〉键不松开，单击其他行标签或列标签，可选中连续的行、列或区域。
- 选定开始行或列后，按下〈Ctrl〉键不松开，单击其他行标签、列标签，或拖动区域，可选中不连续的行、列或区域，如图 4-18 所示。

5. 选定所有单元格

选定所有单元格就是选定当前工作表的所有单元格或称选定整个工作表有以下两种操作方法。

- 单击工作表左上角行与列交汇处的"选定全部"按钮 ◢，则选定整个工作表，如图 4-19 所示。
- 按〈Ctrl+A〉组合键，选定整个工作表。

图 4-18　选定行、列区域　　　　　　　　图 4-19　选定所有单元格

6. 取消选定单元格

选定的单元格区域为深色，这时对选定的单元格区域进行字体、对齐方式等格式设置时，有效范围是整个区域。如果要取消选定的单元格或单元格区域，有以下两种操作方法。

- 用鼠标单击任何单元格。
- 按一下键盘上的〈↑〉〈↓〉〈←〉〈→〉方向键。

此时，原来的单元格或单元格区域选定被取消，单击或按键盘方向键的单元格被选定，即至少选定一个单元格。

4.1.6　添加、删除或复制工作表中的行、列和单元格

1. 在工作表中插入行

在工作表中插入新行，则当前行向下移动。插入一行或多行的方法有以下几种。

- 在工作表中单击行号选择某行，在"开始"选项卡的"单元格"组中单击 插入 按钮，如图 4-20 所示，则在当前行上方插入一个空白行，并在插入的空行下方显示"插入选项"按钮 ，单击该按钮显示选项列表，如图 4-21 所示，默认选择"与上面格式相同"。

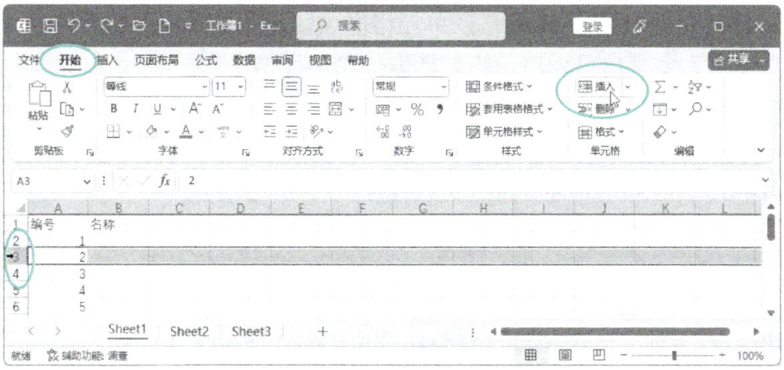

图 4-20　插入行

图 4-21　"插入选项"按钮

- 在工作表中单击要插入行的任意一个单元格,在"开始"选项卡的"单元格"组中单击 插入 按钮后的下拉按钮,从下拉列表中单击"插入工作表行",则在当前行上方插入一个空白行。
- 用鼠标右键单击工作表中某行的行号,在快捷菜单中单击"插入",则在当前行的上方插入一个新的空白行。
- 如果希望在工作表中某行的上方一次插入多行,首先在该行处向下选择与要插入的行数相同的若干行,然后右键单击这些行的区域,在快捷菜单中单击"插入",则插入选定数量的行数。

2. 在工作表中插入列

在工作表中插入新列,当前列则向右移动,可以通过以下几种方法实现。

- 在工作表中单击列标号选择某列,在"开始"选项卡的"单元格"组中单击插入按钮,则新插入的列位于当前列,插入前的选定列向右移动。
- 在工作表中单击要插入列的任意一个单元格,在"开始"选项卡的"单元格"组中单击 插入 按钮后的下拉按钮,从下拉列表中单击"插入工作表列",则在当前列插入一个空白列。原来这个列号上的列向右移动。
- 用鼠标右键单击工作表中某列的列号,在快捷菜单中单击"插入",则在当前列号上插入一个新的空白列,原来这个列号上的列向右移动。
- 如果希望在工作表中某列一次插入多列,可先在该列处向右选择与要插入的列数相同的若干列,然后右键单击这些列的列号区域,在快捷菜单中单击"插入"。

3. 在工作表中插入空白单元格

可把新单元格插入到当前单元格的位置上,原来这个位置上同一行右方的单元格右移,同一列的这个位置下方的单元格下移。操作步骤如下:

① 选中要插入新空白单元格的单元格或单元格区域，选中的单元格数量应与要插入的单元格数量相同。例如，要插入 3 个空白单元格，需要选取 3 个单元格。

② 在"开始"选项卡的"单元格"组中，单击"插入" 插入 ﹀ 按钮后的下拉按钮，在下拉列表中单击"插入单元格"，也可以用鼠标右键单击选定的单元格或区域，在快捷菜单中单击"插入"，显示"插入"对话框，如图 4-22 所示，选取插入方式。

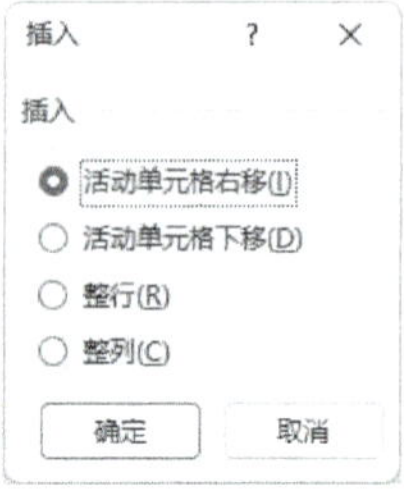

图 4-22　"插入"对话框

4．删除单元格、行或列

删除工作表中单元格、行或列的方法有多种，常用的方法如下。

- 选中要删除的行或列，右键单击，从快捷菜单中单击"删除"。选中的行或列被删除后，其下或后面的行或列，移到当前行或列。
- 在要删除的行或列中单击一个单元格，右键单击，在快捷菜单中单击"删除"，显示"删除"对话框，选中"整行"或"整列"，然后单击"确定"按钮。
- 选中一个或多个单元格，在"开始"选项卡的"单元格"组中单击"删除"后的下拉按钮，从下拉列表中单击"删除单元格"。显示"删除"对话框，选中"右侧单元格左移"或"下方单元格上移"，然后单击"确定"按钮。

5．复制或移动单元格、行或列

在 Excel 中复制或移动单元格、行或列，最简单的操作方法就是直接用鼠标拖动。

- 移动操作。选定单元格、行、列或区域后，将鼠标靠近所选范围的边框处，当鼠标指针变成双十字箭头时，按下鼠标左键将其拖动到目标位置。
- 复制操作。选定单元格、行、列或区域后，按下〈Ctrl〉键不松开，将鼠标靠近所选范围的边框处，当鼠标指针旁出现加号时，按下鼠标左键将其拖动到目标位置。

需要说明的是，如果希望将某行（列）移动到某个包含数据的行（列）前，应首先在目标位置插入一个新的空白行（列）。否则，目标位置的原有数据将会被覆盖。

4.1.7　调整列宽和行高

在 Excel 2021 工作表中，默认列宽为 8.11 个字符，可以将列宽指定为 0～255 个字符。当单元格的高度或宽度不足时，会导致单元格中的内容显示不完整，这时就需要调整行高或列宽。如果列宽设置为 0，则隐藏该列。默认行高为 13.8 点（1 点约等于 1/72 英寸），可以将行高指定为 0～409 点。如果将行高设置为 0，则隐藏该行。

1．快速更改列宽和行高

在工作表中更改列宽、行高，比较快捷的方法是用鼠标拖动列号或行号之间的边界线。

- 调整单行或单列。选定要调整的行或列，把鼠标指向列号或行号的边界线，当鼠标指针变成 ╋（调整列宽）或 ╪（调整行高）时，按下鼠标左键拖动即可实现列宽或行高的调整，拖动时显示像素值。
- 调整多行或多列。选定要调整的多列或多行，用鼠标拖动选定范围内任一列号右侧边界线或行号下边界线，可同时调整选中的所有列宽或行高到相同的值。
- 调整整个工作表的行高或列宽。单击"全选"按钮，然后拖动任意行号或列号的边界，调整行高或列宽。

2．精确设置列宽和行高

如果希望将列宽或行高精确设置成某一数值，可按如下两种方法进行操作。

- 选定要调整的一行或多行、一列或多列，用鼠标右键单击选定的行或列或范围，在快捷菜单中单击"行高"或"列宽"，显示"行高"或"列宽"对话框，输入值，单击"确定"按钮。

● 选定要调整的一行或多行、一列或多列，在"开始"选项卡的"单元格"组中单击"格式"按钮 格式，后的下拉按钮，在下拉列表中单击"行高"或"列宽"。显示"行高"或"列宽"对话框，输入值，单击"确定"按钮。

3. 自动调整列宽和行高

可以把行高与列宽设置为根据单元格内容自动调整行高或列宽。常用下面两种操作方法。

● 在列号或行号上，当鼠标指针变为 ✚ 或 ✚ 时，双击列号右侧或行号下面的边界线，可使列宽或行高自动匹配单元格中的数据宽度或高度。例如，单元格中数值数据超过了单元格宽度时会显示成一串"#"号，双击该单元格列号右侧边线即可自动调整列宽，使数据完整显示。

● 选中需要自动调整的列或行后，在"开始"选项卡的"单元格"组中单击"格式"按钮 格式，在下拉列表中单击"自动调整行高"或"自动调整列宽"。

4.1.8　向工作表中输入数据

在单元格中可以输入多种类型的数据。单元格中的数据会根据数据的特征按照一定的形式显示，也可以更改数据的显示形式。

1. 输入文本类型的数据

单元格中的文本类型数据包括汉字、英文、数字、符号等，每个单元格中最多可以包含 32767 个字符。

（1）输入文本

首先单击要在其中输入数据的单元格，从键盘上输入数据，此时当前单元格中出现插入点光标，如图 4-23 所示。在向单元格中输入数据的过程中，可移动插入点光标到其他位置以方便插入新的字符，按〈Delete〉键删除光标后一个字符，按〈Backspace〉键删除光标前一个字符。

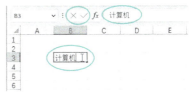

图 4-23　向单元格中输入文本

输入的数据会同步显示到单元格编辑栏中，并且在编辑栏左侧出现用于确认〈✓〉和取消〈✕〉输入的按钮。在当前单元格中完成数据输入后，有下面几种确定输入的方式：

● 单击 ✓ 按钮确认输入，当前单元格不变。

● 单击 ✕ 按钮或按〈Esc〉键，取消输入到单元格中未确认输入的内容，当前单元格不变。

● 按〈Enter〉键，确认输入，当前单元格切换到下一行相同列位置。

● 按〈Tab〉键，确认输入，当前单元格切换到同一行右侧单元格。

● 按键盘上的〈↑〉〈↓〉〈←〉〈→〉方向键，确认输入，当前单元格切换到方向键移到的单元格。

当确定这个单元格中的数据输入后，Excel 自动识别数据类型，文本数据默认设置为左对齐。

注意，单元格在初始状态下有一个默认的宽度，只能显示一定长度的字符。如果输入的字符超出了单元格的宽度，仍可继续输入，表面上它会覆盖右侧相邻单元格中的数据，实际上仍属本单元格内容。确定输入后，如果右侧相邻单元格为空，则此单元格中的文本会跨越单元格完整显示，如图 4-24 所示。如果右侧相邻单元格不为空，则只能显示一部分字符，超出单元格列宽的文本将不显示，但在编辑区中会显示完整的文本，如图 4-25 所示。

图 4-24　右侧单元格无数据

图 4-25　右侧单元格有数据

（2）输入由数字组成的字符串

输入的数据一般按"常规"方式处理，在常规方式下，Excel 按照输入的数据自动转换成默认的数据类型，例如，数字则按数字类型，一般的非数字按文本类型。有时需要把一些数字串当作文本类型数据（例如，电话号码、身份证号等），文本类型数据是不参加数学运算的数字串。输入手机号码时，也会将其默认为数字数据而右对齐，如图 4-26 所示。为避免直接输入这些纯数字串之后自动按数字类型处理，需要将这些数字设置为文本格式。设置方法有以下两种。

图 4-26　文本按数字处理

- 在数字串前添加一个英文的单引号"'"。可指定后续输入的数字串为文本格式，如图 4-27 所示。使用这种方法输入文本格式的数字串后，选中该单元格，在其左侧会出现一个"警告"标记 ⚠，单击该标记显示操作菜单，如图 4-28 所示。一般情况下不用理会该标记或选忽略错误，继续后续操作。

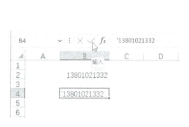

图 4-27　使用"'"号

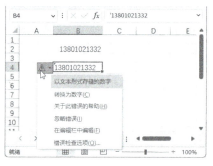

图 4-28　警告处理菜单

- 将需要输入数字的单元格、列、行或区域设置为文本格式。首先选中单元格、列、行或区域，在"开始"选项卡的"数字"组中，单击"数字格式"列表框右侧的箭头，从列表中选择"文本"，如图 4-29 所示。该操作表示在选定的单元格、列、行或区域中输入的任何数据都按文本数据处理，而不必再在每个数据前逐一添加"'"号。

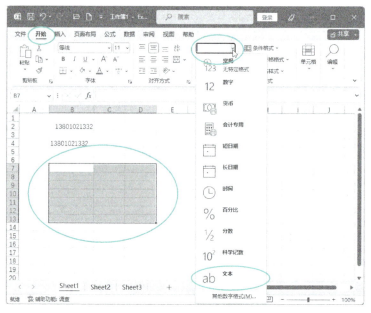

图 4-29　更改选定区域的数据格式

2．输入数字类型的数据

数字（数值）型数据可以是整型、小数或科学计数，在数字型数据中可以出现的数学符号包括负号"-"、百分号"%"、指数符号"E"等。

在单元格中输入数字型数据，并确认后，Excel 自动按数字类型处理，将数字的对齐方式设置为右对齐。在工作表中输入数值型数据的规则如下。

- 当输入数字串的长度超过 11 位时以科学计数法表示，并且会自动加大单元格的宽度，以容下输入的数字。例如，输入 123456789012，确认后单元格中显示 1.23457E+11，表示 1.23457×10^{11}。"编辑栏"中仍然显示完整的数字，如图 4-30 所示。当缩小单元格的宽度小于数字的宽度时，也将用科学计数法显示。

图 4-30　单元格宽度与数字宽度

- 当输入的数字长度超过 15 位时，由于 Excel 数值精度为 15 位，超出 15 位的部分，强制修改为 0。例如，输入"1234567890123456789"，确认后单元格中显示"1.235E+18"，编辑栏中显示"1234567890123450000"。
- 当数字所占宽度超过了单元格的宽度时，则数字将以一串"#"代替，从而避免产生阅读错误。拖动单元格列号右侧边线调整单元格列宽后，数字可恢复正常显示，如图 4-27 所示。
- 在单元格中输入正数时，前面的"+"号可以省略，负数的输入可以用"-"开始，也可以用数字加括号的形式，例如，"-13"可以输入为"(13)"。
- 输入分数时，必须先以零或整数开头，然后按一下空格键，再输入分数。如，"0 1/2"（表示 ½）、"1 1/2"（表示 1½）。
- 在输入纯小数时，可以省略小数点前面的"0"。例如，"0.13"可输入".13"。此外，为增强数值的可读性，在输入数值时允许加分节符，如，"1234567"可输入为"1,234,567"。
- 若在数值尾部加"%"符号，表示该数除以 100，例如，"83%"，在单元格内显示 83%，但实际值是 0.83。

3．输入货币型数据

在输入表示货币的金额数值时，需要设置单元格格式为货币，如果输入的数据不多，可以直接在单元格中输入带有货币符号的金额。例如，$100.03。货币符在计算时不受影响。

为了输入人民币符"￥"，单击要输入的单击格，在"开始"选项卡的"数字"组中，单击"数字格式" 常规 后的下拉按钮 ，在列表中单击"货币"，然后输入数字，确认输入后，数字前出现货币符号。货币型数据右对齐。

4．输入日期和时间型数据

Excel 内置了一些日期与时间的格式，当输入的数据与这些格式相匹配时，Excel 会自动将它们识别为日期或时间型数据。日期和时间也可以参加运算。

（1）输入日期类型数据

在单元格中输入日期的格式为"年-月-日"或"年/月/日"。例如，"2023 年 11 月 3 日"日期的输入格式为 2023-11-3、23-11-3、2023/11/3、23/11/3、3/Nov/23、3-Nov-23。若要在单元格中输入当前日期，按〈Ctrl+；（分号）〉组合键。

（2）输入时间类型数据

在单元格中输入时间的格式为"时:分:秒"。例如，"8:31:5"。若要输入当前时间，按〈Ctrl + Shift +;〉组合键。

Excel 默认对时间数据采用 24 小时制，若要输入 12 小时制的时间数据，可在时间数据后输入一个空格，然后输入 AM（上午）或 PM（下午）。

如果要在同一单元格中同时输入日期和时间，则应在日期和时间之间用空格分隔。

在单元格中输入日期或时间时，它的显示格式既可以是默认的日期或时间格式，也可以是在输入日期或时间之前应用于该单元格的格式。

Excel 默认的日期或时间格式取决于 Windows "设置"中"时间和语言"选项下"语言和区域"中"国家或地区""区域格式"的设置。如果这些设置发生了更改，则工作簿中所有未设置专用格式的现有日期、时间数据格式也会随之更改。

4.1.9 快速填充数据

利用 Excel 的自动填充功能，可以方便快捷地输入有规律的数据，有规律的数据是指相同数据、相同的计算公式或函数、等差数据、等比数据、系统预定义的数据填充序列、用户自定义的序列。

1. 在多个单元格中输入相同的数据

如果需要在多个单元格中输入相同的数据，其快速输入法为：

① 按下鼠标左键拖动选择要在其中输入相同数据的多个单元格。如果这些单元格不相邻，可在选择了第一个连续单元格组成的区域后，再按下〈Ctrl〉键不松开，同时拖动鼠标选择其他单元格。

在多个单元格中输入相同的数据

② 在活动单元格中输入数据后按〈Ctrl+Enter〉键，刚才所选的单元格都将被填充同样的数据，如果前面选定的单元格中已经有数据，则这些数据将被覆盖。

2. 重复数据的自动完成

自动完成功能可以帮助用户实现重复数据的快速录入。如果在单元格中输入的文本字符（不包括数值和日期时间类型数据）的前几个字符与该列上一行中已有的单元格内容相匹配，会自动输入其余的字符。例如，当前列上一行单元格的内容为"计算机"，当输入"计"后，"算机"会自动出现在单元格中。要接受建议的内容可按〈Enter〉键，如果不想采用自动提供的字符，可继续输入文本的后续部分。

在"文件"菜单中单击"选项"。显示"Excel 选项"对话框，单击"高级"，在"编辑选项"中选中或取消"为单元格值启用记忆式键入"和"自动快速填充"复选框，可启用或关闭"自动完成"功能，如图 4-31 所示。

图 4-31 "Excel 选项"对话框

3．相同数据的自动填充

如果需要在相邻的若干个单元格中输入完全相同的文本或数字，可以使用自动填充功能。

在某单元格中输入了数据后，将鼠标移动到单元格右下角的"填充柄"（右下角的方块标记）上，当鼠标指针变成黑色十字标记 ✚ 时，如图 4-32 所示，向上、下、左或右方拖动鼠标即可完成相同数据的快速输入，填充结果如图 4-33 所示。

图 4-32　鼠标移到填充柄上

图 4-33　自动填充的结果

自动填充完成后，会显示"自动填充选项"图标 ，单击该图标显示菜单，如图 4-34 所示，用户可使用其中提供的命令设置自动填充选项，从菜单中可以看出自动填充不仅可以实现数据的填充也可以实现数据格式的填充，或者在填充数据时忽略数据的格式设置。

注意，对于不同的数据类型，提供的自动填充选项也不同。

图 4-34　自动填充选项菜单

4．序列的自动填充

当要输入按某种规律变化的序列（例如，一月、二月……；星期一、星期二……；1，2，3，…）时，可使用自动填充功能录入序列。Excel 中已经预定义了一些常用的序列，也允许用户按照自己的需要添加新的序列。在"文件"菜单中单击"选项"，显示"Excel 选项"对话框，单击"高级"，如图 4-35 所示，在"常规"中单击"编辑自定义列表"。显示"自定义序列"对话框，如图 4-36 所示，若需要创建新的序列，在"输入序列"框中按每行一项的格式逐个输入各序列项，输入完毕后单击"添加"按钮。如果希望添加的序列已经输入到了工作表中，单击 按钮把对话框折叠起来，在工作表中拖动鼠标选择包含数据序列各项的一些连续的单元格，单击 返回对话框后单击"导入"按钮，将其添加到自定义序列列表中。

图 4-35　"Excel 选项"对话框

图 4-36　"自定义序列"对话框

使用已定义的序列进行自动填充操作时，可首先输入序列中的一个项（不要求一定是第一个项），例如"星期三"，而后将鼠标移动到"填充柄"上，当鼠标指针变成 ✚ 时，按下左键向希望的方向拖动鼠标进行填充，如图 4-37 所示的是填充序列"星期三、星期四……"时得到的结果。从图 4-37 中看到，填充是从用户输入的某个序列项开始，逐个填充后续项。当填充完序列中的最后一项时，周而复始，继续填充直到用户停止拖动鼠标为止。

如果对自动填充的序列不满意，单击"自动填充选项"图标，单击相关选项修改。例如，图 4-37 中是星期序列填充的选项，如果单击其中"以工作日填充"，则序列中将不再有"星期六"和"星期日"项。

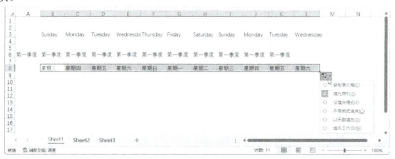

图 4-37　填充序列

5. 自学习序列填充

如果在连续的 3 个单元格中分别输入了序列，例如"张三""李四""王五"，再选中这 3 个单元格，拖动"填充柄"执行自动填充操作，能自动将"张三""李四""王五"学习为一个序列，填充结果如图 4-38 所示。

图 4-38　自学习序列填充

6. 规律变化的数字序列填充

制作表格时经常会遇到需要输入众多规律变化的数字序列的情况，Excel 默认按等差数列的方式自动填充数字序列。

例如，希望在工作表中填充行号，可在第一行输入"1"，第二行输入"2"，如图 4-39 所示，拖动鼠标选中这两个单元格，将鼠标移动到所选区域右下角的"填充柄"上。如图 4-40 所示，按下鼠标左键向下拖动鼠标，Excel 能自动推算出用户希望得到的数字序列为"1，2，3，4，…"，并显示出当前的填充数值情况，图中显示的数字"8"表示该位置填充的数字为"8"。图 4-41 所示为放开鼠标后得到的填充结果。

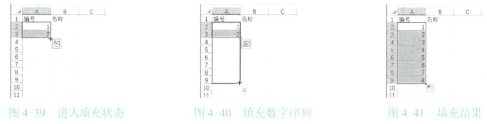

图 4-39　进入填充状态　　　图 4-40　填充数字序列　　　图 4-41　填充结果

由于 Excel 默认按等差数列方式填充数字序列，若第一个和第二个数字分别是"2"和"4"，执行自动填充时得到的结果就是"2，4，6，8，…"。

4.1.10　编辑单元格中的数据

1. 单元格内数据的选定、复制、粘贴或删除

在工作表中，单击某一个单元格，则该单元格的边框线变成粗线，此单元格为当前单元格，当

前单元格的地址显示在"名称框"中；当前单元格中的数据，或公式、函数，显示在"编辑栏"中，鼠标指针在工作表上方显示为✛。如果该单元格中有数据，通过键盘输入字符，将清除原来单元格中的数据。

① 在当前单元格上双击鼠标，则插入点放置在单元格内部。如果该单元格中有数据，可以用鼠标选中单元格中的部分或全部数据，如图 4-42 所示。

② 然后在"开始"选项卡中，通过"剪贴板"组中的命令按钮，或者通过快捷键〈Ctrl+C〉〈Ctrl+X〉〈Ctrl+V〉〈Delete〉等来执行"复制""剪切""粘贴""删除""移动"等操作。可以在单元格内部执行这些操作，也可以粘贴到单元格上，如图 4-43 所示。

图 4-42 在单元格内部选定部分数据

图 4-43 粘贴数据到单元格

注意，如果复制或剪切的是单元格，则不能在单元格内部执行粘贴操作。

2. 在单元格中换行

（1）自动换行

默认情况下，单元格中的文本只能显示在同一行中，如果要在一个单元格中显示多行文本，在"开始"选项卡的"对齐方式"组中单击"自动换行"按钮，如图 4-44 所示。再次单击该按钮可取消自动换行。

在单元格中换行

（2）强制换行

在单元格中按〈Alt+Enter〉组合键，可在单元格中当前插入点光标处实现强制换行，此时，无论输入到单元格中的文本是否够一行，后续文本都将另起一行显示，如图 4-45 所示。注意，这些行属于同一单元格。该单元格强制换行时，"自动换行"按钮显示为被选中；取消该按钮的选中，可取消该单元格中的强制换行。

图 4-44 自动换行

图 4-45 强制换行

4.1.11 单元格的引用方式

单元格地址的作用在于唯一地表示工作簿上的单元格或区域。在公式中引入单元格地址，其目的在于指明所使用的数据存放位置，而不必关心该位置中存放的具体数据是多少。

如果某个单元格中的数据是通过公式或函数计算得到的，那么对该单元格进行移动或复制操作时，就不是简单移动和复制了。当进行公式的移动和复制时，就会发现经过移动或复制后的公式有时会发生变化。Excel 之所以有如此功能是由单元格的相对引用和绝对引用所致。因此，在移动或复制时，用户可以根据不同的情况使用不同的单元格引用。

当用户向工作表中插入、删除行或列时，受影响的所有引用都会相应地做出自动调整，不管它们是相对还是绝对引用。

1. 单元格的相对引用

单元格的相对引用是指在引用单元格时直接使用其名称的引用（如 E2、A3 等），这也是 Excel 默认的单元格引用方式。

若公式中使用了相对引用方式，则在移动或复制包含公式的单元格时，相对引用的地址将相对目的单元格自动进行调整。

如图 4-46 所示，单元格 G3 中的公式为"=D3*0.5+E3*0.2+F3*0.3"。现将 G3 单元格复制到单元格 I4 后，其中的公式变化为"=F4*0.5+G4*0.2+H4*0.3"，如图 4-47 所示。这是因为目的位置相对源位置发生变化，导致参加运算的对象分别做出了相应的自动调整。也正是由于这种能进行自动调整的引用存在，才可使用自动填充功能来简化计算操作。但自动调整引用也可能不是用户希望的，而造成错误。

图 4-46 相对地址引用单元格的公式　　　　　　　　图 4-47 相对引用示例

2. 绝对地址引用

绝对引用表示单元格地址不随移动或复制的目的单元格的变化而变化，即表示某一单元格在工作表中的绝对位置。绝对引用地址的表示方法是在行号和列标前加一个$符号。

把成绩表 G5 单元格中的公式改为"=$D$5*0.5+$E$5*0.2+$F$5*0.3"，如图 4-48 所示。然后将 G5 单元格复制到 J6 单元格，复制后的公式没有发生任何变化，如图 4-49 所示。

图 4-48 绝对地址引用单元格的公式　　　　　　　　图 4-49 绝对引用示例

3. 混合引用

如果单元格引用地址一部分为绝对引用，另一部分为相对引用，例如$A1 或 A$1，则这类地址称为混合引用地址。如果"$"符号在行号前，则表明该行位置是绝对不变的，而列位置仍随目的位置的变化做相应变化。反之，如果"$"符号在列标前，则表明该列位置是绝对不变的，而行位置仍随目的位置的变化做相应变化。

4. 引用其他工作表中的单元格

Excel 允许在公式或函数中引用同一工作簿其他工作表的单元格，此时，单元格地址的一般书写形式为：

工作表名! 单元格地址

如"=D3+E5-Sheet3!F6"，表示计算当前工作表中 D3、E5 之和，再减去工作表 Sheet3 中 F6 单元格的值，并将计算结果显示到当前单元格。

4.2　成绩表的录入、排序与筛选

本节用到的知识点有数据录入、数据类型、单元格的设置、公式与函数、多工作表、单元格的引用、数据排序、数据筛选等。

4.2.1　任务要求

制作学生成绩表，包括 4 门课程，本节要做的任务是输入单科成绩，合并工作表，制作各科成绩汇总表，计算总分、名次、平均分和最高分、最低分，成绩表的排序，成绩表的筛选，用主题统一表格风格。

4.2.2　录入成绩表

1．新建工作簿文件

启动 Excel，新建一个空白工作簿，保存工作簿的文件名为"高等数学-成绩表.xlsx"。

2．自动填充学号

由于学号有一定规律，而且是连续的，故可以采用自动填充的方法。操作步骤如下。

① 在 Sheet1 工作表中，单击 A1 单元格，输入"高等数学成绩表"；单击 A2 单元格，输入"学号"；单击 B2 单元格，输入"姓名"；单击 C2 单元格，输入"性别"。

② 在 A 列的列标签上单击选中该列，从"开始"选项卡的"单元格"组中单击"数字格式"列表，在下拉列表中单击"文本"，使得在该列中输入的数字都按文本类型处理。

自动填充学号

③ 单击 A3 单元格，输入"667788001"，按〈Enter〉键。

④ 把鼠标指针放到 A 列标签与 B 列标签的分隔线上，待光标变为 ✛时，向右拖动使得单元格的宽度合适。

⑤ 单击 A3 单元格，把鼠标指针指向该单元格的填充柄，当鼠标指针变为✚时，按住鼠标左键不松开向下拖动填充柄，如图 4-50 所示。拖动到目标单元格 A42 时松开鼠标左键，填充结果如图 4-51 所示。

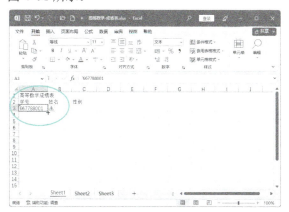

图 4-50　开始拖动填充柄

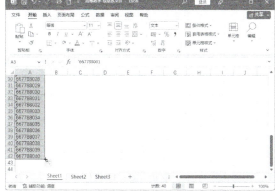

图 4-51　填充结果

3．输入姓名

单击"姓名"列的单元格，依次分别输入与学号对应的姓名。

4．输入性别

性别只有"男""女"两个值，可以采用填充实现快速输入。操作步骤如下。

① 因为该班女生多，所以这里先输入"女"。单击 C3 单元格，在 C3 单元格中输入"女"，如图 4-52 所示。

② 双击 C3 单元格的填充柄，这时"性别"列中的单元格内容全部自动填充为"女"，如图 4-53 所示。

图 4-52　输入"女"　　　　　　　　图 4-53　双击填充柄自动填充

③ 首先单击任意一个应该改为"男"的单元格，按下〈Ctrl〉键不松开，分别单击其他要更改性别的单元格，如图 4-54 所示。在被选中的最后一个单元格中输入"男"，按〈Ctrl+Enter〉键，则所有被选中单元格的内容同时变为"男"，如图 4-55 所示。

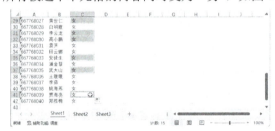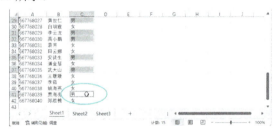

图 4-54　选中单元格　　　　　　　　图 4-55　更改性别

5．输入成绩

输入平时成绩、期中考试成绩和期末考试成绩。由于需要输入的成绩多，在输入的过程中很容易看错行而输错数据。为了减少输入错误，采用选定单元格区域的方法，例如每次选定 3 行 3 列。请打开素材"高等数学-成绩表-素材.xlsx"文件，对照着输入。

① 单击 D2 单元格，输入"平时成绩"；单击 E2 单元格，输入"期中考试"；单击 F2 单元格，输入"期末考试"；单击 G2 单元格，输入"总成绩"。

② 单击 D3 单元格，向右下拖动到 F5 单元格，此时选中 D3:F5 单元格区域，其中 D3 单元格是活动单元格，如图 4-56 所示。

③ 在 D3 单元格中输入 93，按〈Tab〉键移动活动单元格到右边的 E3 单元格，输入 87。再次按〈Tab〉键，在 F3 单元格中输入 90，再按〈Tab〉键时，活动单元格移到下一行的第一个单元格 D4，输入数据。同样的操作，完成区域中剩余单元格的数据输入，如图 4-57 所示。

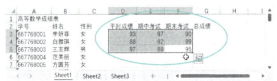

图 4-56　选定输入数据的区域　　　　　　图 4-57　在区域中输入数据

在选定单元格区域中输入数据时，只能使用〈Tab〉键（向右移动）、〈Shift+Tab〉键（向左移动）、〈Enter〉键（向下移动）和〈Shift+Enter〉键（向上移动）。不能使用鼠标单击任何单元格，不能用方向键移动（↑、↓、←、→键），否则选定的单元格区域将被取消。

④ 按照上面介绍的方法，选定其他需要输入成绩的区域，输入成绩。

6. 计算总成绩

总成绩的计算公式是：平时成绩*50%+期中考试成绩*20%+期末考试成绩*30%。

① 单击 G3 单元格，在单元格中输入"="，如图 4-58 所示。

② 继续在 G3 单元格中输入公式"d3*0.5+e3*0.2+f3*0.3"，如图 4-59 所示，公式中不区别大小写。注意，输入法要切换到英文半角。

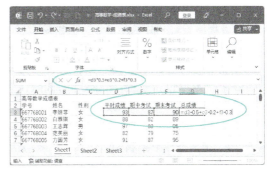

图 4-58　输入"="　　　　　　　　　　　　　　图 4-59　输入公式

也可以在输入"="后，单击 D3 单元格，然后输入"*0.5+"；再单击 E3 单元格，然后输入"*0.2+"；最后单击 F3 单元格，然后输入"*0.3"。

③ 单击"编辑栏"上的"输入"按钮✓，或者按〈Enter〉键，确认输入。此时该单元中将显示计算结果，如图 4-60 所示。

④ 双击 G3 单元格的填充柄，把 G3 单元格的计算公式复制到该列的其他单元格中，如图 4-61所示。

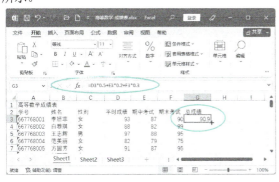

图 4-60　计算结果　　　　　　　　　　　　　　图 4-61　复制公式

注意：公式必须以等号"="开头，且输入的必须是英文的等号。通常在单元格中只能看到计算结果，单击相应的单元格就可以在编辑栏中看到公式。

7. 把总成绩改为整数

如果要求总成绩必须是整数，则可以通过减少小数位数来实现。选中 G3:G42 单元格区域，在"开始"选项卡的"数字"组中，单击"减少小数位数"按钮，把小数改为整数。

8. 更改工作表名称

在 Excel 窗口左下角双击工作表标签"Sheet1"，输入新的工作表名称"高等数学"，输入完成后按〈Enter〉键。

9. 保存工作簿文件

单击快速访问工具栏上的"保存"按钮🖫。

4.2.3　合并工作表

合并工作表就是把一个工作簿中的工作表复制到另一个工作簿中。

1. 新建工作簿文件

新建一个空白工作簿，保存工作簿的文件名为"68 班第 1 学期各科成绩表.xlsx"。

2. 复制或移动工作表

把"程序设计-成绩表.xlsx"工作簿文件中的考试成绩，复制到"68 班第 1 学期各科成绩表.xlsx"工作簿文件中。操作步骤如下。

① 分别打开"68 班第 1 学期各科成绩表.xlsx"和"程序设计-成绩表.xlsx"文件。

② 把"程序设计-成绩表.xlsx"的 Sheet1 作为当前工作表，在 Sheet1 标签上右击，显示快捷菜单，在快捷菜单上单击"移动或复制"。

③ 显示"移动或复制工作表"对话框，如图 4-62 所示。单击"工作簿"下拉列表框，选定"68 班第 1 学期各科成绩表.xlsx"；在"下列选定工作表之前"列表框中，选定"移至最后"，同时选中"建立副本"复选框，如图 4-63 所示，单击"确定"按钮。

图 4-62　"移动或复制工作表"对话框　　　　图 4-63　选定后的"移动或复制工作表"对话框

④ 这时自动切换到"68 班第 1 学期各科成绩表.xlsx"工作簿的最后一个工作表，其内容为复制过来的程序设计的成绩，右击该工作表名，例如"Sheet1(2)"，从快捷菜单中单击"重命名"，输入新的工作表名称"程序设计"，按〈Enter〉键确认，如图 4-64 所示。

⑤ 关闭"程序设计-成绩表.xlsx"文件。

3. 复制和粘贴工作表

复制和粘贴是最常用的复制工作表的方法。操作步骤如下。

① 分别打开"68 班第 1 学期各科成绩表.xlsx"和"大学英语-成绩表.xlsx"文件。

② 在"大学英语-成绩表.xlsx"的 Sheet1 中，单击工作表左上角的"全选"按钮，按〈Ctrl+C〉键把选中的内容复制到剪贴板，被选中的工作表区域边框出现虚线框。

③ 在"68 班第 1 学期各科成绩表.xlsx"中，单击 Sheet1 空白工作表，单击 A1 单元格，设置开始复制的单元格。按〈Ctrl+V〉键，把数据粘贴到当前工作表中。

④ 把当前工作表的名称改为"大学英语"，如图 4-65 所示。

⑤ 关闭"大学英语-成绩表.xlsx"文件。

图 4-64　复制过来的成绩

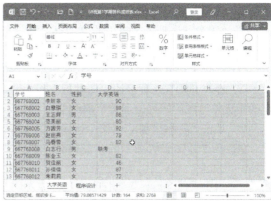

图 4-65　粘贴工作表并修改名称

4. 在不同工作簿之间拖动工作表

如果同时打开了两个工作簿窗口，并且在屏幕上同时可见，可以使用鼠标拖动的方法在不同工作簿之间复制或移动工作表。

① 分别打开"68 班第 1 学期各科成绩表.xlsx"和"大学语文-成绩表.xlsx"文件。

② 从"大学语文-成绩表.xlsx"窗口中拖动 Sheet1 标签向"68 班第 1 学期各科成绩表.xlsx"窗口的工作表标签列表移动，鼠标指针变为，松开鼠标则该工作表移动过来；如果要复制该工作表，拖动该工作表时按下〈Ctrl〉键。

③ 在"68 班第 1 学期各科成绩表.xlsx"中，更改该工作表名为"大学语文"，如图 4-66 所示。

④ 关闭"大学语文-成绩表.xlsx"文件。

5. 复制"高等数学-成绩表"

用任意一种方法把"高等数学-成绩表.xlsx"中的"高等数学"工作表复制到"68 班第 1 学期各科成绩表.xlsx"工作簿中。"高等数学"工作表如图 4-67 所示。

图 4-66　拖动过来的工作表

图 4-67　"高等数学"工作表

4.2.4　制作各科成绩汇总表

为了便于计算各科的成绩，需要把学号、姓名、各科总成绩放在一个工作表中。

1. 插入工作表

① 打开"68 班第 1 学期各科成绩表.xlsx"工作簿文件。

② 插入一个工作表，把新插入的工作表标签名改为"各科成绩汇总表"。

2．单元格数据的复制与粘贴

把"大学英语"工作表中的"学号""姓名""性别"和"大学英语"数据复制到"各科成绩汇总表"工作表中。操作步骤如下。

① 在"大学英语"工作表中，选定要复制的单元格区域 A1:D41。

② 在"开始"选项卡的"剪贴板"组中，单击"复制"按钮，或者直接按〈Ctrl+C〉键。选定的单元格区域的四周出现一个虚线框。

③ 单击"各科成绩汇总表"标签，切换到该工作表，在该工作表中单击 A1 单元格。

④ 在"开始"选项卡的"剪贴板"组中，单击"粘贴"按钮。复制过来的数据如图 4-68 所示。

⑤ 由于"程序设计"工作表中的学生顺序与"大学英语"工作表中的学生顺序完全相同，所以可以把"程序设计"工作表"程序设计"列的数据复制到"各科成绩汇总表"中。在"程序设计"工作表中选中 D1:D41 单元格区域，按〈Ctrl+C〉键，把选定区域复制到剪贴板上。

⑥ 切换到"各科成绩汇总表"工作表，单击 E1 单元格，按〈Ctrl+V〉键，把剪贴板内容粘贴到当前工作表中。

⑦ 把"大学语文"成绩列复制到"各科成绩汇总表"工作表的 F 列，如图 4-69 所示。

图 4-68　粘贴单元格区域　　　　图 4-69　复制过来的"大学语文"列

3．公式数据的复制与粘贴

把"高等数学"工作表"总成绩"列的数据复制到"各科成绩汇总表"工作表中。

① 在"各科成绩汇总表"工作表中，单击 G1 单元格，输入"高等数学"，然后单击 G2 单元格。

② 在"高等数学"工作表中选定 G3:G42 单元格区域，按〈Ctrl+C〉键，如图 4-70 所示。

③ 切换到"各科成绩汇总表"工作表，单击目标单元格 G2，按〈Ctrl+V〉键，粘贴过来的单元格出现错误结果，如图 4-71 所示。第一种错误是，在图 4-70 中，G3 单元格的值是 91，而在图 4-71 中，G3 单元格中的值是 88，其他单元格中的值也都被改变了；第二种错误是，在图 4-71 中，G7、G9 等单元格中显示"#VALUE!"。

为什么这一列出现了错误呢？这是因为"总成绩"列含有计算公式。当复制或移动包含公式的单元格时，将会对目标单元格产生影响。将公式粘贴到目标区域后，会自动将源区域的公式调整为目标区域相对应的单元格。例如，在"高等数学"工作表 G3 单元格中包含的公式为"=D3*0.5+E3*0.2+F3*0.3"，而粘贴到"各科成绩汇总表"中的 G2 单元格后，该公式更改为"=D2*0.5+E2*0.2+F2*0.3"，G2 单元格的值是按这个公式计算得到的，而不是"高等数学"中的值，此时 D2 的值是"大学英语"的值，E2 的值是"程序设计"的值。对于 G7、G9 单元格，由于计算公式单元格有文本型数据"缺考"，不能参与数值计算，于是给出"#VALUE!"的错误提示。

图 4-70　复制选定的单元格区域

图 4-71　复制后显示错误结果

对于包含公式的单元格，至少有值和公式两种属性。在图 4-70 中，G2 单元格中显示值为 88，在"编辑栏"中显示的计算公式是"=D2*0.5+E2*0.2+F2*0.3"；在 G7 单元格中显示值为"#VALUE!"，在"编辑栏"中显示的计算公式是"=D7*0.5+E7*0.2+F7*0.3"。

使用"选择性粘贴"可以实现粘贴"值"属性或者"公式"属性。

④ 在"各科成绩汇总表"工作表中，单击快速访问工具栏上的"撤销粘贴"按钮，撤销刚才的粘贴。

⑤ 在"高等数学"工作表中的"总成绩"列选定 G3:G42 单元格区域，按〈Ctrl+C〉键复制该列区域。

⑥ 在"各科成绩汇总表"中，单击目标单元格 G2。

⑦ 在"开始"选项卡的"剪贴板"组中单击"粘贴"下拉按钮，如图 4-72 所示，从下拉菜单中单击"值"。

⑧ 在目标单元格区域中显示粘贴的"总成绩"数据，其值和格式与源单元格一致，如图 4-73 所示，已经没有"公式"属性。

⑨ 把"各科成绩汇总表"中的列名和其他单元格中的文本对齐方式改为居中。单击文档窗口左上角的全选按钮，选中全部单元格；在"开始"选项卡的"对齐方式"组中，单击"居中"按钮，则选中的单元格内容都居中显示。

图 4-72　"粘贴"菜单

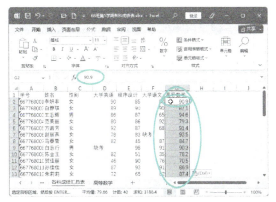
图 4-73　粘贴的值

4.2.5　计算总分、名次、平均分和最高分、最低分

1. 计算总分
在"各科成绩汇总表"工作表中，计算每位学生的总分，操作步骤如下。

① 添加"总分"列，单击 H1 单元格，在 H1 单元格中输入"总分"。

② 单击 H2 单元格，在"开始"选项卡的"编辑"组中单击"求和"按钮Σ，单元格中显示求和函数 SUM，并自动选定了求和范围，如图 4-74 所示。如果自动选定的范围正确，则单击"编辑栏"左侧的"输入"按钮√或按〈Enter〉键，该单元格中即显示计算结果。如果自动选定的范围不正确，则重新选定正确的范围。

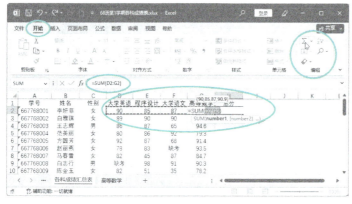

计算总分

图 4-74　自动求和

③ 双击 H2 单元格的填充柄，则当前行下面的所有总分被计算。

SUM 函数的格式为 SUM(Number1, Number2, …)，功能是计算单元格区域中所有数据的和，参数最多 30 个。例如，SUM(A3, B2, E9)计算 A3、B2 和 E9 单元格中数据的和，SUM(D2:G2)计算 D2 到 G2 单元格区域中数据的和，SUM(E3:F10)计算该区域中数据的和。

2．计算总分排名

在"各科成绩汇总表"工作表中按总分从多到少计算名次，操作步骤如下。

① 添加"名次"列，单击 I1 单元格，输入"名次"。

② 单击 I2 单元格，单击"编辑栏"左侧的"插入函数"按钮fx，如图 4-75 所示。

③ 显示"插入函数"对话框，单击"或选择类别"下拉列表，选择其中的"统计"；然后在"选择函数"列表框中单击选定"RANK.EQ"，如图 4-76 所示，单击"确定"按钮。

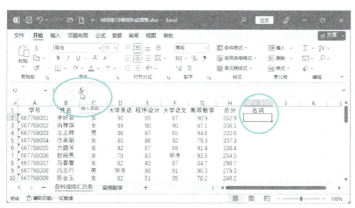

图 4-75　"插入函数"按钮

图 4-76　"插入函数"对话框

④ 显示"函数参数"对话框，单击"Number"（数值）框，从当前工作表中单击 H2 单元格；单击"Ref"（引用）框，从当前工作表中选中 H2:H41 单元格区域。由于单元格区域 H2:H41 表示所有学生的总分，不应该随着单元格的复制而变化，成绩范围单元格区域应该用"绝对引用"把单元

格范围改为$H$2:$H$41，如图 4-77 所示，单击"确定"按钮。

⑤ 在 I2 单元格中显示计算结果 5，双击 I2 单元格的填充柄，计算并显示所有学生的总分排名，如图 4-78 所示。

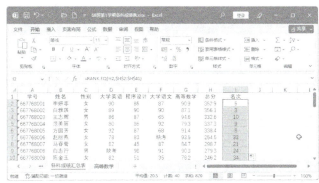

图 4-77　"函数参数"对话框　　　　　　　　　　　图 4-78　总分排名

3. 计算各科平均分

在"各科成绩汇总表"工作表中计算各科成绩的班级平均分，操作步骤如下。

① 单击 A42 单元格，输入"班级平均分"。

② 单击 D42 单元格，在"公式"选项卡的"函数库"组中，单击"自动求和"按钮后的箭头 ∑ 自动求和 ，从列表中选择"平均值"。

③ 单元格中出现平均值函数 AVERAGE，并自动选定参数范围，如图 4-79 所示，由于自动选定的范围是错误的，需要在编辑栏中修改为 D2:D41 或重新选定计算范围，单击"输入"按钮 √，则 D42 单元格中显示计算结果。

④ 向右拖动 D42 单元格的填充柄到 G42 单元格，计算其他科的平均成绩，如图 4-80 所示。

图 4-79　计算平均值　　　　　　　　　　　　　　图 4-80　拖动填充柄

4. 计算最高分、最低分

在"各科成绩汇总表"工作表中计算各科成绩的班级最高分、最低分。

① 单击 A43 单元格，输入"班级最高分"；单击 A44 单元格，输入"班级最低分"。

② 单击 D43 单元格，输入公式"=MAX(D2:D41)"，按〈Enter〉键，计算该单元格范围内的最大数，如图 4-81 所示。向右拖动 D43 单元格的填充柄到 G43，计算其他科的最高分。

③ 单击 D44 单击格，输入公式"=MIN(D2:D41)"，按〈Enter〉键，计算该单元格范围内的最小数。向右拖动 D44 单元格的填充柄，计算其他科的最低分，如图 4-82 所示。

图 4-81 计算最高分

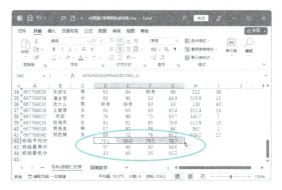

图 4-82 班级各科的最高分、最低分的计算结果

5. 平均分数的四舍五入

在"各科成绩汇总表"工作表中，把班级平均分四舍五入，保留 1 位小数。

① 单击 D42 单元格，"编辑栏"中显示"=AVERAGE(D2:D41)"。

② 在"编辑栏"中修改为"=ROUND(AVERAGE(D2:D41),1)"，如图 4-83 所示，然后按 〈Enter〉键确认。

③ 拖动 D42 单元格的填充柄到 G42 单元格，最后结果如图 4-84 所示。

 注意：ROUND 函数与"减少小数位数"按钮的区别为，ROUND 函数是四舍五入函数，而用 "减少小数位数"按钮得到的小数只是显示形式的改变，其值并没有四舍五入。

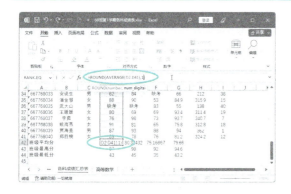

图 4-83 编辑平均分数的四舍五入函数

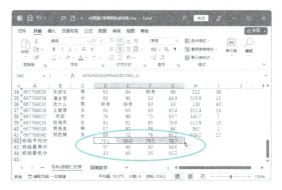

图 4-84 平均分数的四舍五入

4.2.6 成绩表的排序

1. 数据清单的概念

当工作表中的数据是由一系列数据行组成的二维表，也就是每一列中的数据是同一类型的数据，来自同一个域，每一列称为一个字段；每一行称作一条数据记录，多行组成一个数据表，这样的数据表被称作数据清单，例如成绩表。数据清单应该尽量满足以下条件。

1）每一列必须有列名，而且每一列中的数据必须是相同的类型。

2）避免在一个工作表中有多个数据清单。

3）在一个工作表中，数据清单与其他数据之间至少留出一个空白列和一个空白行。

在执行数据库操作时，例如排序、筛选、分类汇总等，自动把数据清单作为数据库来操作。数据清单中的列是数据库中的字段，数据清单中的列标题是数据库中的字段名。数据清单中的每一行对应数据库中的一条记录。

2. 一列数据的排序

在"高等数学"工作表中，把"总成绩"列的成绩从高到低排列。

① 在"高等数学"工作表中，单击"总成绩"列中的任意一个单元格。

② 在"数据"选项卡的"排序和筛选"组中，单击"降序"按钮Z↓，则数据清单以记录为单位按"总成绩"列的成绩从高分到低分的方式排序，如图 4-85 所示。

注意，只需单击排序列中的任意一个单元格，不要全选该列。如果全选该列，则只排序选定的列，其他列的数据保持不变，就会造成错行，破坏原始工作表的数据结构。

③ 单击数据清单中的任意一个单元格，在"开始"选项卡的"样式"组中，单击"套用表格格式"按钮，从下拉列表中单击"橙色，表样式浅色 10"。

④ 显示"创建表"对话框，如果要显示列名，则选中"表包含标题"复选框；选中的单元格区域用虚线框表示，如果自动选定的单元格区域不正确，请重新选定单元格区域，更改单元格区域为$A\$2:\$G\$42$，如图 4-86 所示；如果自动选定的范围正确，则单击"确定"按钮。

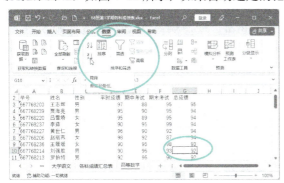

图 4-85　一列数据的排序　　　　　图 4-86　"创建表"对话框

⑤ 选定的表格区域按样式显示，单击表格区域中的任意单元格，在"表设计"选项卡的"工具"组中，单击"转换为区域"按钮，如图 4-87 所示。

⑥ 显示"是否将表转换为普通区域？"对话框，如图 4-88 所示，单击"确定"按钮，把表格转换为普通区域。

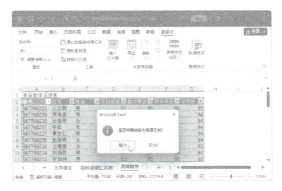

图 4-87　"转换为区域"按钮　　　　　图 4-88　"是否将表转换为普通区域？"对话框

3. 多列数据的排序

在"大学英语"工作表中，以"大学英语"列为主要关键字降序排列，以"学号"为第 2 关键字升序排序，以"性别"为第 3 关键字降序排列，操作步骤如下。

① 在"大学英语"工作表中单击数据清单中的任意一个单元格。

② 在"数据"选项卡的"排序和筛选"组中，单击"排序"按钮。

③ 显示"排序"对话框，在"列"下的下拉列表中选择"大学英语"，在"排序依据"下拉列表框中选择"单元格值"，在"次序"下拉列表框中选择"降序"，单击"添加条件"按钮，如图 4-89 所示。

图 4-89　主要关键字

④ 显示"次要关键字"条件选项，从其下拉列表框中选择"学号"，"排序依据"下拉列表框仍然是"单元格值"，"次序"下拉列表框中选择"升序"，单击"添加条件"按钮，如图 4-90 所示。

⑤ 重复④的步骤，分别选择"性别""单元格值""降序"，"排序"对话框中选定的条件如图 4-91 所示。如果添加的条件多了或者不再需要，可以先选定要删除的条件，单击"删除条件"按钮。所有条件选定后，单击"确定"按钮。

图 4-90　次要关键字　　　　　　　　　　　图 4-91　选定的条件

⑥ 显示"排序提醒"对话框，如图 4-92 所示，单击"确定"按钮，工作表中即按要求显示排序结果，如图 4-93 所示。

图 4-92　"排序提醒"对话框　　　　　　　图 4-93　排序结果

不同类型的数据有着不同的排序方式，以升序排序为例说明如下（降序正好相反）。

● 数字：按照从最小负数到最大正数进行排序。

● 日期：按照从距离当前最远的日期到最近的日期进行排序。

● 文本：按照特殊字符、数字（0～9）、小写英文字母（a～z）、大写英文字母（A～Z）、汉字（以拼音顺序）排序。

● 空白单元格：总是排在最后。

4. 用套用表格排序和计算平均分

在"程序设计"工作表中，把"程序设计"列的成绩按降序排列，并利用套用表格的汇总行计算班级平均分。

① 在"程序设计"工作表中，单击数据清单区域中的任意一个单元格。在"开始"选项卡的"样式"组中，单击"套用表格样式"按钮，从列表中单击"蓝色，表格样式浅色 9"。

② 显示"创建表"对话框，选中"表包含标题"复选框。如果自动选定的范围正确，则单击"确定"按钮，如图 4-94 所示。

③ 单击"程序设计"右侧的筛选按钮 ，如图 4-95 所示，在下拉列表中单击"降序"。

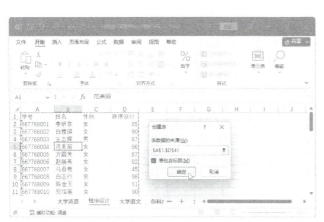

图 4-94　"创建表"对话框

图 4-95　降序排列

④ 单击数据清单中任意一个单元格，在"表设计"选项卡的"表格样式选项"组中，选中"汇总行""最后一列"复选框，如图 4-96 所示。

⑤ 汇总结果显示在 A42 单元格，默认为计数，单击 D42 单元格选中，单击 D42 单元格右侧的下拉按钮 ，从下拉选项中单击"平均值"，如图 4-97 所示。

图 4-96　选中"汇总行""最后一列"复选框

图 4-97　"平均值"选项

4.2.7　成绩表的筛选

筛选分为自动筛选和高级筛选。自动筛选在同一列内可以实现"与"或者"或"的运行，通过多次自动筛选也可以实现多个列之间的"与"运算，但无法实现多个列之间的"或"运算。高级筛选可以实现多个列之间的"或"运算。

1. 自动筛选

筛选出同时满足条件"性别"为"女"、姓"白"或者姓名中包含"美"字、"大学语文"成绩在85～100之间、"名次"在前10名的记录，操作步骤如下。

① 因为执行自动筛选后将破坏原始表的排列顺序，所以先复制一份"各科成绩汇总表"，在新复制得到的工作表中实现自动筛选。按下〈Ctrl〉键不松开，向右拖动"各科成绩汇总表"，松开鼠标左键和〈Ctrl〉键。

② 把"各科成绩汇总表（2）"工作表名重新命名为"自动筛选-汇总表"。在"自动筛选-汇总表"工作表中，在"数据"选项卡的"排序和筛选"组中，单击"筛选"按钮 。

③ 所有列标题右侧自动显示一个筛选按钮 ，单击"性别"列右侧的筛选按钮 ，从下拉列表中取消选中"全选"复选框，然后选中"女"复选框，如图 4-98 所示，单击"确定"按钮。"性别"列右侧的筛选按钮变成了 。

如果要清除筛选，单击"性别"列右侧的筛选按钮 ，从下拉列表中选中"（全选）"复选框，如图 4-98 所示。还可以右键单击"性别"列下的任意一个单元格，从快捷菜单中单击"筛选"→"从'性别'中清除筛选器"。

④ 单击"姓名"列右侧的筛选按钮 ，从下拉列表中单击"文本筛选"→"自定义筛选"，如图 4-99 所示。

图 4-98 筛选女同学

图 4-99 "文本筛选"菜单

⑤ 显示"自定义自动筛选"对话框，第一个条件的两个下拉列表分别是"开头是""白"；选择第二个条件的两个下拉列表分别是"包含""美"；选择这两个条件的关系为"或"，如图 4-100 所示，单击"确定"按钮。

⑥ 筛选结果如图 4-101 所示，设置了条件的按钮变成了 ，被筛选出来的满足条件的行号变成了蓝色。

图 4-100 "自定义自动筛选"对话框

图 4-101 筛选结果

⑦ 单击"大学语文"后的筛选按钮，从下拉选项中单击"数字筛选"→"介于"。

⑧ 显示"自定义自动筛选"对话框，在"大于或等于"后输入 85，在"小于或等于"后输入 100，选中"与"单选按钮，如图 4-102 所示，单击"确定"按钮。

⑨ 单击"名次"列后的筛选按钮，从下拉选项中单击"数字筛选"→"前 10 项"。

⑩ 显示"自动筛选前 10 个"对话框，设置条件为"最小"、10、"项"，如图 4-103 所示，单击"确定"按钮。

图 4-102　"自定义自动筛选"对话框　　　　　图 4-103　"自动筛选前 10 个"对话框

满足条件的最终筛选结果显示在表格中，如图 4-104 所示。在一个数据清单中多次筛选时，这次的筛选是在上次筛选结果的基础上进行的，各次筛选的条件是"与"的关系，即同时满足条件。

图 4-104　最终筛选结果

如果要取消某一列的筛选，单击该列标题后的筛选按钮，在下拉列表中单击"从'XXX'中清除筛选"（XXX 为列名）。

如果要取消所有列的筛选，在"数据"选项卡的"排序和筛选"组中，单击"清除"按钮，将清除所有筛选条件，但保留筛选状态。

如果要撤销数据清单中的自动筛选状态，并取消所有的自动筛选设置，在"数据"选项卡的"排序和筛选"组中，单击"筛选"按钮。"筛选"按钮是一个开关按钮，可以在设置"自动筛选"和取消"自动筛选"之间切换。但是，已经设置的"自动筛选"条件不可恢复。

2. 高级筛选

筛选出总分大于 350 分并且高等数学成绩大于 90 分的学生，或者总分大于 350 分并且程序设计成绩大于 80 分的学生，操作步骤如下。

① 把"各科成绩汇总表"复制一份，重命名为"高级筛选-汇总表"。

② 首先构造筛选条件，在数据清单外面（至少空一行或一列）作为条件区域，例如 L6:N8。

③ 执行高级筛选，单击数据清单中的任意一个单元格。在"数据"选项卡的"排序和筛选"组中单击"高级"按钮。

④ 显示"高级筛选"对话框，数据清单区域周围出现虚线选定框，其中的"班级平均分""班级最高分"和"班级最低分"不属于数据清单，所以要重新选定列表区域，把鼠标指针定位到"列表区域"文本框中，选定列表区域为"'高级筛选-汇总表'!$A$1:$I$41"。在"条件区域"文本框中单击，选定条件区域为"'高级筛选-汇总表'!$K$6:$M$8"。

在"高级筛选"对话框中，选定"将筛选结果复制到其他位置"单选按钮，单击"复制到"后的按钮，单击起始单元格为 A48。

如图 4-105 所示，单击"确定"按钮。列表的筛选结果如图 4-106 所示。

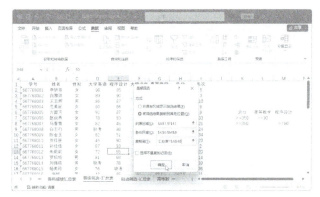

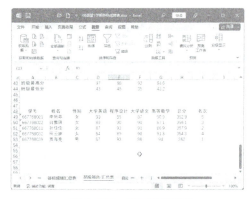

图 4-105 "高级筛选"对话框   图 4-106 高级筛选结果

4.2.8 用主题统一表格风格

主题是一组预设的样式，包括字体（标题字体和正文字体）、颜色和效果，具体操作方法请扫二维码学习。

使用主题

4.3 成绩表的统计与分析

统计是收集、分析、解释数据并从数据中得出结论的科学。统计分析是指运用统计方法及相关的知识，定量与定性相结合对统计资料进行研究的活动。

4.3.1 任务要求

本节要在 4.2 节完成的"各科成绩汇总表"基础上实现"成绩统计表""各科成绩等级表"的制作，如图 4-107、图 4-108 所示。

图 4-107 成绩统计表   图 4-108 各科成绩等级表

4.3.2 制作成绩统计表

1. 创建"各科成绩统计表"工作簿

把 4.2 节完成的"68 班第 1 学期各科成绩表.xlsx"工作簿中的"各科成绩汇总表"工作表，复制到新建的"各科成绩统计表.xlsx"工作簿文件中。

① 打开"68 班第 1 学期各科成绩表.xlsx"文件，右击"各科成绩汇总表"工作表标签，从打

开的快捷菜单中单击"移动或复制",如图 4-109 所示。

②　显示"移动或复制工作表"对话框,单击"工作簿"后的箭头,在列表中选择"(新工作簿)",并选中"建立副本"复选框,如图 4-110 所示,单击"确定"按钮。

图 4-109　工作表的快捷菜单

图 4-110　"移动或复制工作表"对话框

③　新建一个"工作簿 n"(n 是一个数字)窗口,在快速访问工具栏上单击"保存"按钮■,显示"另存为"对话框,浏览到保存成绩的文件夹,在"文件名"文本框中输入新的工作簿名称"各科成绩统计表.xlsx",单击"保存"按钮。

④　删掉"名次"列。单击列标"I"选中该列,在"开始"选项卡的"单元格"组中单击"删除"按钮右端的箭头■ 删除 ,如图 4-111 所示,从列表中单击"删除工作表列"。

⑤　在数据清单中单击,在"开始"选项卡的"样式"组中,单击"套用表格格式"后的箭头,从"中等色"中单击"金色,表样式中等深浅 12"。

⑥　显示"创建表"对话框,在"表数据的来源"框中输入或选定区域$A$1:$H$41,单击确定按钮。

⑦　在"表设计"选项卡的"工具"组中,单击"转换为区域"。显示"是否将表转换为普通区域?"对话框,如图 4-112 所示,单击"是"按钮。转换为普通区域后,列名后的筛选按钮消失,不再具有筛选的作用,而是变为带有选定格式的单元格区域。

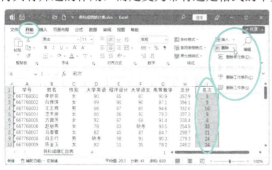

图 4-111　删除列

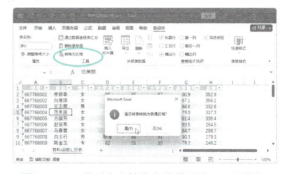

图 4-112　"是否将表转换为普通区域?"对话框

2. 建立"统计表"

在"各科成绩统计表.xlsx"工作簿文件中新建"统计表"工作表。

①　在工作表名称栏右侧单击"新工作表"按钮＋,插入一个工作表,改名为"统计表"。

②　在 A1 单元格输入"成绩统计表",在 A2 单元格输入"课程名"。

③　从"各科成绩汇总表"工作表中,复制 D1:G1 单元格,然后粘贴到"统计表"工作表的 B2:E2 单元格。

④　由于粘贴过来的"大学英语""程序设计""大学语文""高等数学"带有格式,为了与当前工作表的格式一致,单击"粘贴选项"按钮■(Ctrl)▼,在下拉列表中单击"值"■,如图 4-113 所示;或

者使用"格式刷"✐把粘贴过来的单元格格式改成 A2 单元格的格式。

⑤ 选中 A1:E1 单元格区域，在"开始"选项卡的"对齐方式"组中，单击"合并后居中"按钮，如图 4-114 所示。

图 4-113　"粘贴选项"按钮的菜单

图 4-114　合并单元格

⑥ 增加"2"行的行距，双击 A1 单元格，在"课程名"后单击，按〈Alt+Enter〉键在该单元格内换行，输入"统计项目"。

⑦ 在 A3:A15 单元格输入相应的统计项目名称，并适当改变列距，设置单元格内的文本垂直居中对齐；把 A1 单元格的标题改为"黑体""14"，A2:E2 区域单元格改为"黑体""12"，A3:A15 单元格区域改为"黑体""11"，如图 4-115 所示。

⑧ 把 A2:E2 单元格的"填充颜色"改为"橙色"，把 A3:A15 单元格的"填充颜色"改为"金色"，如图 4-116 所示。

图 4-115　输入统计项目名称并设置字体

图 4-116　设置标题单元格的填充颜色

3. 引用各科课程的计算结果

因为 4 门课程的"班级平均分""班级最高分""班级最低分"已经在"各科成绩汇总表"工作表中计算出来，所以只需把这些数据引用到"统计表"工作表中的相应单元格。

① "各科成绩汇总表"中的记录行比较多，为了在浏览后面的记录时仍然显示列名，可以冻结首行。在"各科成绩汇总表"中，单击任何一个单元格。在"视图"选项卡的"窗口"组中，单击"冻结窗格"按钮，在列表中单击"冻结首行"，如图 4-117 所示。

若要取消冻结，在"冻结窗格"列表中选择"取消冻结窗格"。

② 在"统计表"中，单击目标单元格 B3，输入"="，如图 4-118 所示。

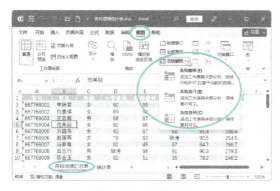

图 4-117　冻结首行

图 4-118　在单元格 B3 中输入 "="

③ 单击"各科成绩汇总表"工作表标签，在此工作表中单击该课程对应的"班级平均分"单元格 D42，如图 4-119 所示，单击 ✓ 或按〈Enter〉键。

④ 自动切换回"统计表"，B3 单元格中显示其值为"79.1"，同时编辑栏中的公式为"=各科成绩汇总表!D42"，如图 4-120 所示。

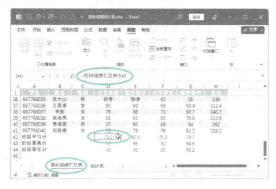

图 4-119　选择被引用的单元格

图 4-120　引用的单元格

⑤ 向右拖动 B3 单元格的填充柄到 E3，得到 4 门课程的"班级平均分"，如图 4-121 所示。

⑥ 选中 B3:E3 单元格区域，向下拖动该区域的填充柄到 E5 单元格，得到 4 门课程的"班级最高分""班级最低分"，如图 4-122 所示。

图 4-121　得到 4 门课程的班级平均分

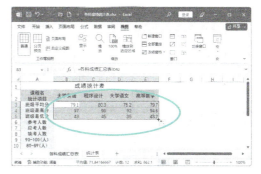

图 4-122　得到最高分和最低分

4. 计算"参考人数"和"应考人数"

COUNT 函数返回参数列表中包含数字的单元格数目，不包括"缺考"的单元格，所以可以计算"参考人数"。COUNTA 函数返回参数列表中非空值的单元格数目，包括"缺考"的单元格，所以可以计算"应考人数"，操作步骤如下。

① 在"统计表"中，单击 B6 单元格。在"开始"选项卡的"编辑"组中，单击"求和"按钮

后的箭头，在列表中单击"计数"，如图 4-123 所示。显示如图 4-124 所示，被计数的区域用虚线框包围，由于自动选中的计数区域不是需要的，所以要重新选择。

图 4-123　"求和"按钮的菜单　　　　　　　　　　　　图 4-124　自动计数

② 单击"各科成绩汇总表"工作表标签，重新选择参数范围 D2:D41 单元格区域，此时编辑栏中的公式为"=COUNT(各科成绩汇总表!D2:D41)"，如图 4-125 所示，单击 ✓ 或按〈Enter〉键。

③ 自动切换回"统计表"工作表，拖动 B6 单元格的填充柄，至 E6 单元格，得到 4 门课程的"参考人数"，如图 4-126 所示。

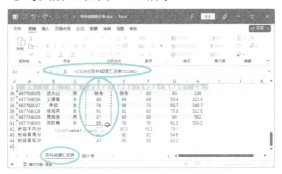
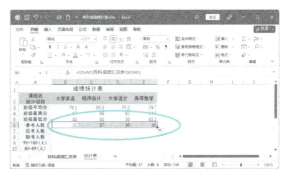

图 4-125　选择参数范围　　　　　　　　　　　　图 4-126　计算"参考人数"

④ 在"统计表"工作表中，单击目标单元格 B7。单击编辑栏左侧的"插入函数"按钮 f_x，显示"插入函数"对话框，单击"或选择类别"右侧的箭头，在列表中单击"统计"；在"选择函数"列表框中选择"COUNTA"，如图 4-127 所示，单击"确定"按钮。

⑤ 显示"函数参数"对话框，插入点在"Value1"（值 1）文本框中，删除文本框中的默认参数，在工作表标签栏中单击"各科成绩汇总表"，该文本框中自动填入"各科成绩汇总表!"，在"各科成绩汇总表"工作表中选中 D2:D41 单元格区域，"Value1"中出现选定的单元格区域，如图 4-128 所示，单击"确定"按钮。

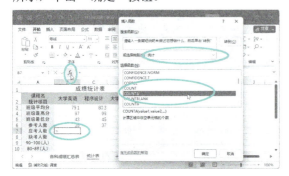
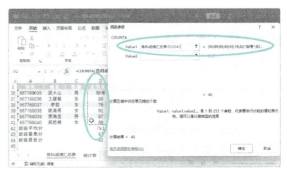

图 4-127　"插入函数"对话框　　　　　　　　　　　图 4-128　选定参数后的"函数参数"对话框

⑥ B7 单元格中显示计算结果，如图 4-129 所示。拖动 B7 单元格的填充柄到 E7 单元格，计算出 4 门课程的"应考人数"，如图 4-130 所示。

图 4-129　B7 单元格中显示计算结果　　　　　图 4-130　计算出 4 门课程的"应考人数"

5. 计算"缺考人数"

使用 COUNTIF 函数计算"缺考人数"，操作步骤如下。

① 在"统计表"中，单击目标单元格 B8。在"公式"选项卡的"函数库"组中，单击"插入函数"按钮。

② 显示"插入函数"对话框，在"或选择类别"下拉列表中单击"统计"，在"选择函数"列表框中选择"COUNTIF"，如图 4-131 所示，单击"确定"按钮。

③ 显示"函数参数"对话框，"Range"（区域）表示被统计的单元格范围，单击"各科成绩汇总表"工作表标签，该文本框中自动填入"各科成绩汇总表!"，在该工作表中选定 D2:D41 单元格范围，被选定的区域出现在该文本框中；"Criteria"（条件）表示统计条件，输入"缺考"，如图 4-132 所示，单击"确定"按钮。

图 4-131　选择"COUNTIF"　　　　　　　　　图 4-132　"函数参数"对话框

④ B8 单元格中显示计算结果，如图 4-133 所示。拖动 B8 单元格的填充柄到 E8 单元格，计算出其他 3 门课程的"缺考人数"，如图 4-134 所示。

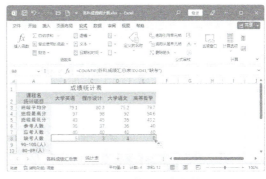

图 4-133　计算结果　　　　　　　　　　　　　图 4-134　计算"缺考人数"

6．计算>=90、<60 分数段的人数

计算>=90、<60 分数段的人数也使用 COUNTIF 函数，操作步骤如下。

① 在"统计表"中，单击 B9 单元格，输入"="，"名称框"中会出现刚才用过的 COUNTIF 函数，如图 4-135 所示，单击"名称框"。

② 显示 COUNTIF 函数的"函数参数"对话框，插入点在"Range"中，单击"各科成绩汇总表"工作表，在"各科成绩汇总表"中选定 D2:D41 单元格范围；在"条件"中，输入">=90"，如图 4-136 所示，单击"确定"按钮。

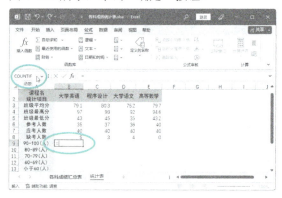

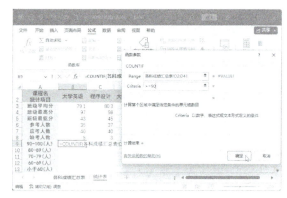

图 4-135　在 B9 单元格中输入"="　　　　　　　　　　图 4-136　"函数参数"对话框

③ B9 单元格中显示计算结果，如图 4-137 所示。拖动 B9 单元格的填充柄到 E9 单元格，计算出其他 3 门课程的"90～100(人)"。

④ 单击 B13 单元格，按上述操作步骤计算"小于 60(人)"分数段的人数，如图 4-138 所示。

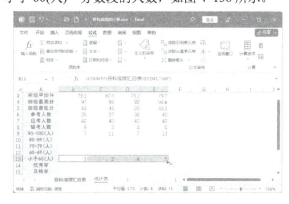

图 4-137　计算>=90　　　　　　　　　　　　　　　图 4-138　计算<60

7．计算 80～89(人)、70～79(人)、60～69(人)分数段的人数

当条件是一个范围时，其实是两个条件，例如 70～79 的条件是>=70 并且<=79。使用 COUNTIFS 函数可以同时满足多个条件的统计，操作步骤如下。

① 在"统计表"中，单击 B10 单元格。在"开始"选项卡的"编辑"组中，单击"求和"按钮后的箭头，在下拉列表中单击"其他函数"。

② 显示"插入函数"对话框，单击"或选择类别"右侧的箭头 ，在下拉列表中单击"统计"；在"选择函数"列表框中选择"COUNTIFS"，如图 4-139 所示，单击"确定"按钮。

③ 显示 COUNTIFS 函数的"函数参数"对话框，在"Criteria_range1"（条件区域 1）中，单击"各科成绩汇总表"工作表，在其工作表中选中 D2:D41 单元格范围或输入 D2:D41，在"Criteria1"

（条件 1）中，输入"＞=80"。在"Criteria_range2"中，仍然选择"各科成绩汇总表"的 D2:D41 单元格范围，在"Criteria2"中，输入"<=89"，如图 4-140 所示，单击"确定"按钮。B10 单元格中显示计算结果，如图 4-141 所示。

④ 按上述操作步骤分别计算"70～79(人)""60～69(人)"分数段的人数。

⑤ 在"统计表"工作表中，选中 B10:B12 单元格区域，拖动该区域的填充柄到 E12 单元格，统计出来其他 3 门课程各分数段的人数，如图 4-142 所示。

图 4-139 "插入函数"对话框

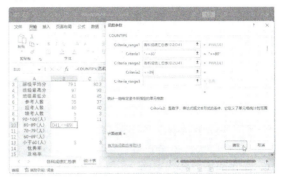

图 4-140 "函数参数"对话框

图 4-141 B10 单元格中显示计算结果

图 4-142 计算各分数段人数

8. 计算"优秀率"和"及格率"

① 在"统计表"工作表中，单击 B14 单元格，在编辑栏中输入优秀率计算公式：

=COUNTIF(各科成绩汇总表!D2:D41,"＞=90")/COUNT(各科成绩汇总表!D2:D41)

为了快速输入上面公式，先单击 B13 单元格，选中编辑栏中的公式"=COUNTIF(各科成绩汇总表!D2:D41,"<60")"，按〈Ctrl+C〉键复制；先按〈Esc〉键，再单击 B14 单元格，在编辑栏中，按〈Ctrl+V〉键粘贴，把"<60"改为"＞=90"；光标移动到公式尾部，输入"/"；再次按〈Ctrl+V〉键粘贴，删除多余的"="号，删除 COUNTIF 中的 IF，删除","<60""。当编辑栏中输入的公式修改正确后，按〈Enter〉键或单击编辑栏左侧的"输入"按钮 √，B14 单元格中即可显示"优秀率"的计算结果，如图 4-143 所示。

② 拖动 B14 单元格的填充柄到 B15 单元格。单击 B15 单元格，在编辑栏中修改为计算及格率的公式，把"＞=90"改为"＞=60"。按〈Enter〉键或单击"输入"按钮 √，B15 单元格中即可显示"及格率"的计算结果。

③ 选中 B14:B15 单元格，在"开始"选项卡的"数字"组中，单击"数字格式" 常规 后的箭头，在下拉列表中单击"百分比"，如图 4-144 所示。

图 4-143　输入公式计算"优秀率"

图 4-144　改为百分比显示方式

④ 拖动 B14:B15 单元格区域的填充柄到 E15 单元格，计算出其他课程的优秀率和及格率，如图 4-145 所示。设置百分比的字体、字号与其他数字相同，设置百分比显示为整数。选中所有数据，在"开始"选项卡的"对齐"组中单击"居中"，如图 4-146 所示。

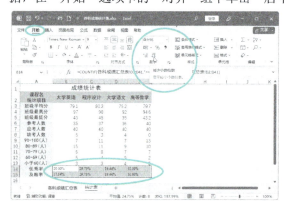

图 4-145　填充优秀率和及格率

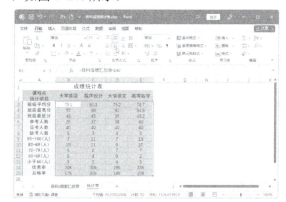

图 4-146　计算完成的优秀率和及格率

计算优秀率和及格率最简单的方法是利用现有的计算结果，例如，计算优秀率，在 B14 单元格中输入"=B9/B6"（B9 为 90～100 分的人数，B6 为参考人数）；计算及格率的公式是在 B15 单元格中输入"=1−B13/B6"（B13 是不及格人数，1−不及格率=及格率）。

4.3.3　制作等级表

1. 新建"等级表"

① 单击"各科成绩汇总表"工作表标签，按下〈Ctrl〉键不松开，拖动"各科成绩汇总表"工作表标签到右端，最后松开〈Ctrl〉键。

② 把复制的"各科成绩汇总表（2）"工作表命名为"等级表"。

2. 单元格数据的删除与清除

删除课程列中的分数，清除"总分"列，删除分数统计的单元格区域，操作步骤如下。

① 删除 4 门课程列中的分数。在新建的"等级表"工作表中，选中成绩区域 D2:G41，按〈Delete〉键，则清除了单元格的内容，而单元格的格式仍然保留，如图 4-147 所示。

② 清除"总分"列。在 H 列标上单击，选中 H 列。在"开始"选项卡的"编辑"组中单击"清除"按钮◇﹀，从下拉菜单中单击"全部清除"，如图 4-148 所示，此时 H 列中的内容和格式全部被清除。

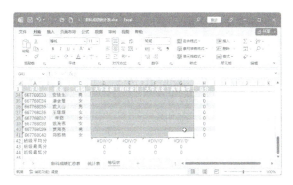

图 4-147　清除单元格的内容

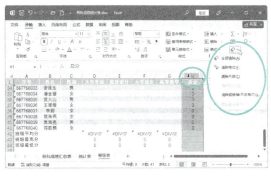

图 4-148　全部清除

③ 清除 A42:G43 单元格区域。选中 A42:G43 单元格区域，在"开始"选项卡的"编辑"组中单击"清除"按钮，从下拉菜单中单击"全部内容"，该区域的内容被清除，但单元格并没有被删除，如图 4-149 所示。

④ 删除 A42:G43 区域。选定 A42:G43 单元格区域，在"开始"选项卡的"单元格"组中单击"删除"按钮，如图 4-150 所示。

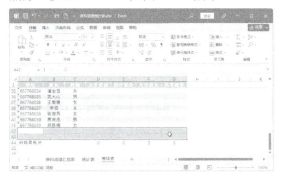

图 4-149　清除全部内容

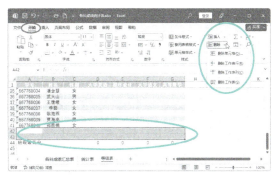

图 4-150　"删除"按钮的下拉菜单

⑤ 显示"删除文档"对话框，如图 4-151 所示，选定"下方单元格上移"，单击"确定"按钮。该区域的单元格被删除，内容由后面的单元格内容替代，如图 4-152 所示。

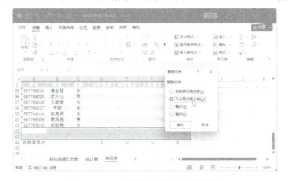

图 4-151　"删除文档"对话框

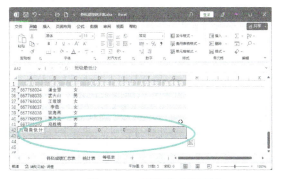

图 4-152　删除单元格区域

⑥ 删除 A42:G42 区域。

3. 把"大学语文"成绩改为"及格"或"不及格"

在"等级表"工作表中，判断"各科成绩汇总表"工作表中的"大学语文"成绩，如果分数在 60 分及以上，则在"等级表"工作表中的对应单元格中写入"及格"，否则写入"不及格"，操作步骤如下。

① 在"等级表"工作表中，单击目标单元格 F2。在"公式"选项卡的"函数库"组中单击

"逻辑"按钮 ![逻辑] ，从下拉菜单中单击"IF"函数，如图4-153所示。

② 显示"函数参数"对话框，单击"Logical_test"（测试条件）框，在工作表标签中单击"各科成绩汇总表"，此时"各科成绩汇总表!"出现在"Logical_test"（测试条件）框中，在其后输入"F2>=60"，该文本框中为"各科成绩汇总表!F2>=60"；在 Value_if_true（真值）框中输入"及格"，在 Value_if_false（假值）框中输入"不及格"，如图4-154所示，单击"确定"按钮。

图4-153　逻辑菜单

图4-154　"函数参数"对话框

③ F2单元格中显示"及格"，如图4-155所示。双击F2单元格的填充柄，使F列复制公式，如图4-156所示。

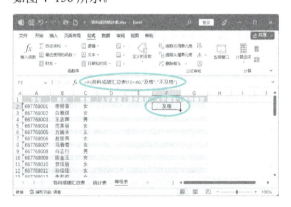

图4-155　F2单元格中显示"及格"

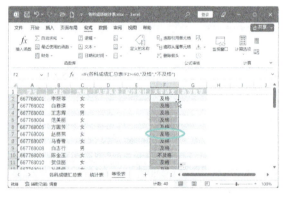

图4-156　F列复制公式

检查发现，在"各科成绩汇总表""大学语文"列中为"缺考"的学生，在"等级表"中被判断为"及格"。这是因为"缺考"的内部码值大于60造成的，显然这种成绩有三种情况（及格、不及格或缺考），而采用两种情况（及格或不及格）的判断方法不正确。

4. 把"大学语文"成绩改为"及格""不及格"或"缺考"

① 在"等级表"工作表中，单击目标单元格F2，此时编辑栏中显示公式"=IF(各科成绩汇总表!F2>=60,"及格","不及格")"，如图4-155所示。

② 在编辑栏中，选中"="以后的内容，按〈Ctrl+X〉键把选中的内容剪切到剪贴板。单击"名称框"中的"IF"。

③ 显示"函数参数"对话框，在"Logical_test"中设置"各科成绩汇总表!F2="缺考""，在"Value_if_true"文本框中输入""缺考""，在"Value_if_false"文本框中按〈Ctrl+V〉键粘贴以实现两个IF函数的嵌套，如图4-157所示，单击"确定"按钮。

④ 双击 F2 单元格的填充柄，复制公式可以看到"缺考"已经出现在 F 列，如图 4-158 所示。

图 4-157　"函数参数"对话框

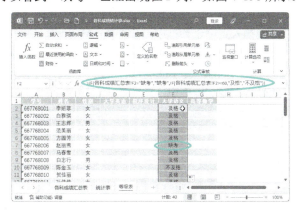

图 4-158　嵌套 IF 函数的计算结果

5．根据分数转换为成绩等级

将"各科成绩汇总表"中学生的各科成绩转换成成绩等级，把成绩等级写入"等级表"中。分数与成绩等级的对应关系见表 4-1。

表 4-1　分数与成绩等级的对应关系

分数	成绩等级
分数>=90 且分数<=100	优
分数>=80 且分数<90	良
分数>=70 且分数<80	中
分数>=60 且分数<70	及格
分数<60	不及格
缺考	缺考

① 在"等级表"中，单击 D2 单元格，输入"="，单击"名称框"中的"IF"，如图 4-159 所示。

② 显示"函数参数"对话框，在"Logical_test"框中设置"各科成绩汇总表!D2<60"，在"Value_if_true"框中输入"不及格"。在"Value_if_false"框中单击，使插入点位于该框中，如图 4-160 所示。

图 4-159　在 D2 输入"="

图 4-160　"函数参数"对话框

③ 第 2 次单击"名称框"中的"IF"，第 2 次显示"函数参数"对话框，在"Logical_ test"框中设置"各科成绩汇总表!D2<70"，在"Value_if_true"框中输入"及格"。在"Value_if_false"框中单击，使插入点位于该框中，如图 4-161 所示。

④ 第 3 次单击"名称框"中的"IF"，第 3 次显示"函数参数"对话框，在"Logical_test"框中设置"各科成绩汇总表!D2<80"，在"Value_if_true"框中输入"中"。在"Value_if_false"框中单击，使插入点位于该框中，如图 4-162 所示。

图 4-161　第 2 次显示"函数参数"对话框　　　　图 4-162　第 3 次显示"函数参数"对话框

⑤ 第 4 次单击"名称框"中的"IF"，第 4 次显示"函数参数"对话框，在"Logical_test"框中设置"各科成绩汇总表!D2<90"，在"Value_if_true"框中输入"良"。在"Value_if_false"框中单击，使插入点位于该框中，如图 4-163 所示。

⑥ 第 5 次单击"名称框"中的"IF"，第 5 次显示"函数参数"对话框，在"Logical_test"框中设置"各科成绩汇总表!D2<=100"，在"Value_if_true"框中输入"优"。在"Value_if_false"框中输入"缺考"，如图 4-164 所示，单击"确定"按钮。

图 4-163　第 4 次显示"函数参数"对话框　　　　图 4-164　第 5 次显示"函数参数"对话框

从 D2 单元格的编辑栏中看到，其函数嵌套如下：

=IF(各科成绩汇总表!D2<60,"不及格",IF(各科成绩汇总表!D2<70,"及格",IF(各科成绩汇总表!D2<80,"中",IF(各科成绩汇总表!D2<90,"良",IF(各科成绩汇总表!D2<=100,"优","缺考")))))

⑦ 拖动 D2 单元格的填充柄到 G2 单元格，再拖动 D2:G2 单元格区域的填充柄到 G41 单元格，得到所有学生 4 门课程的成绩等级。

⑧ 在数据清单中单击任意单元格，在"开始"选项卡的"样式"组中，单击"套用表格格式"按钮，从下拉菜单中单击"蓝色，表样式中等深色 2"，如图 4-165 所示。

⑨ 显示"创建表"对话框，如图 4-166 所示，文本框中自动选中单元格区域，选中的单元格区域出现虚线框，直接单击"确定"按钮。

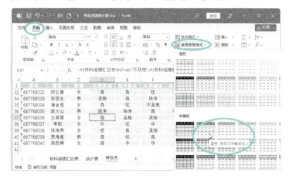

图 4-165　"套用表格格式"下拉列表

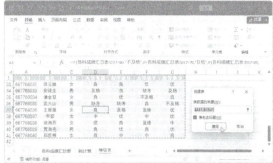

图 4-166　"创建表"对话框

⑩ 列名后出现筛选按钮▼，单击该按钮显示下拉菜单，可以选择升序或降序、文本筛选等，如图 4-167 所示。

⑪ 如果该工作表不需要筛选，可以将其转换为普通区域。在"表设计"选项卡的"工具"组中，单击"转换为区域"按钮。显示"是否将表转换为普通区域？"对话框，如图 4-168 所示，单击"确定"按钮。转换为普通区域后，原来工作表列名后的筛选按钮就消失了。

图 4-167　"筛选"按钮的下拉菜单

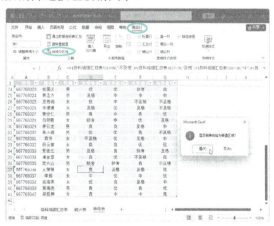

图 4-168　"是否将表转换为普通区域？"对话框

6. 按成绩等级显示不同的颜色

利用条件格式功能可以使不同的成绩等级显示不同的颜色，操作步骤如下。

① 复制一份"等级表"，重命名为"等级表-不同颜色"。

② 在"等级表-不同颜色"工作表中，选中 D2:G41 单元格区域。在"开始"选项卡的"样式"组中，单击"条件格式"按钮，从下拉菜单中单击"突出显示单元格规则"→"等于"，如图 4-169 所示。

③ 显示"等于"对话框，在"为等于以下值的单元格设置格式"框中输入"缺考"，在"设置为"下拉列表中选择"浅红填充色深红文本"，如图 4-170 所示，单击"确定"按钮，该工作表中的"缺考"单元格按设置的格式显示。

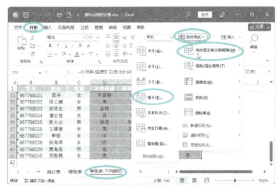

图 4-169　"条件格式"菜单

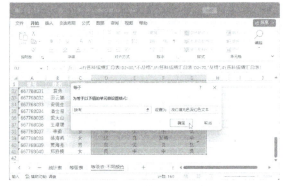

图 4-170　"等于"对话框

④ 再次在"开始"选项卡的"样式"组中单击"条件格式"按钮，从下拉菜单中单击"管理规则"。

⑤ 显示"条件格式规则管理器"对话框，如图 4-171 所示，单击"新建规则"按钮。

⑥ 显示"新建格式规则"对话框，在"选择规则类型"框中选中"只为包含以下内容的单元格设置格式"选项；在"编辑规则说明"选项组中，设置"单元格值"为"等于"，在其右边的文本框中输入"不及格"，如图 4-172 所示，单击"格式"按钮。

图 4-171　"条件格式规则管理器"对话框

图 4-172　"新建格式规则"对话框

⑦ 显示"设置单元格格式"对话框，单击"字体"选项卡，在"颜色"下拉列表中选择红色，在"字形"列表中选中"加粗"，如图 4-173 所示。打开"填充"选项卡，在"背景色"选项组中选择"黄色"，如图 4-174 所示，单击"确定"按钮。

图 4-173　"字体"选项卡

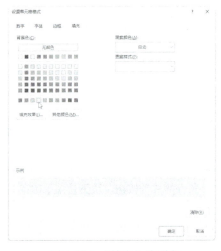

图 4-174　"填充"选项卡

⑧ 返回"新建格式规则"对话框，单击"确定"按钮。返回"条件格式规则管理器"对话框，如图 4-175 所示。单击"新建规则"按钮。

⑨ 重复⑤～⑧步骤。设置"优""良""中""及格"的条件格式，如图 4-176 所示。所有规则创建完成后，单击"确定"按钮。单元格中条件格式的设置效果，如图 4-177 所示。

如果需要清除单元格中条件格式的设置规则，在"开始"选项卡的"样式"组中，单击"条件格式"按钮→"清除规则"→"清除所选单元格的规则"或"清除整个工作表的规则"。

图 4-175　新建的规则

图 4-176　完成的规则

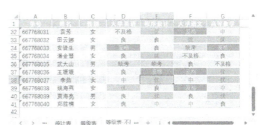

图 4-177　条件格式的效果

7. 成绩等级按"图标集"方式显示

"大学语文"的成绩，如果>=85 分则显示为对号图标，如果>=60 分则显示为感叹号图标，如果小于 60 分则显示为叉号图标。操作步骤如下。

① 新建工作表，命名为"汇总表-图标集"。

② 在"各科成绩汇总表"工作表中，选中 A2:H41 单元格区域，按〈Ctrl+C〉键。

③ 切换到"汇总表-图标集"工作表，单击 A1 单元格，按〈Ctrl+V〉键。

④ 在"汇总表-图标集"工作表中，选中 F2:F41 单元格区域。在"开始"选项卡的"样式"组中单击"条件格式"按钮，在下拉菜单中单击"图标集"→"标记"→"✓ ❗ ✗（无圆圈）"，如图 4-178 所示。

图 4-178　"图标集"的"标记"选项

⑤ 选中的单元格区域显示如图 4-179 所示，发现并没有按要求的条件显示标记。这时需

要修改规则，在"开始"选项卡的"样式"组中单击"条件格式"，从下拉菜单中单击"管理规则"。

⑥ 显示"条件格式规则管理器"对话框，如图 4-180 所示，单击"编辑规则"按钮。

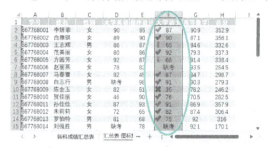

图 4-179　显示错误的标记

图 4-180　"条件格式规则管理器"对话框

⑦ 显示"编辑格式规则"对话框，在"根据以下规则显示各个图标"区域中，先在"类型"下拉列表中选"数字"，然后在 ✔ 后将值设置为"85"；在 ❗ 后将值设置为"60"，如图 4-181 所示，单击"确定"按钮。

⑧ 返回"条件格式规则管理器"对话框，如图 4-182 所示，单击"确定"按钮。

图 4-181　"编辑格式规则"对话框

图 4-182　"条件格式规则管理器"对话框

可以看到，该列中的图标已经按要求的规则表示数值，如图 4-183 所示。

请读者按表 4-1，把"程序设计"设置为"条件格式"→"图标集"→"五等级"；把"大学英语"设置为" ✓!✗（有圆圈）"，条件是成绩>=60 显示对号，<60 时选择叉号，第 3 个图标选择"无单元格图标"，显示如图 4-184 所示。

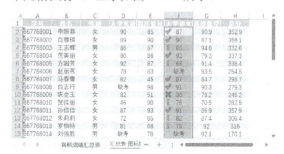

图 4-183　条件格式的显示

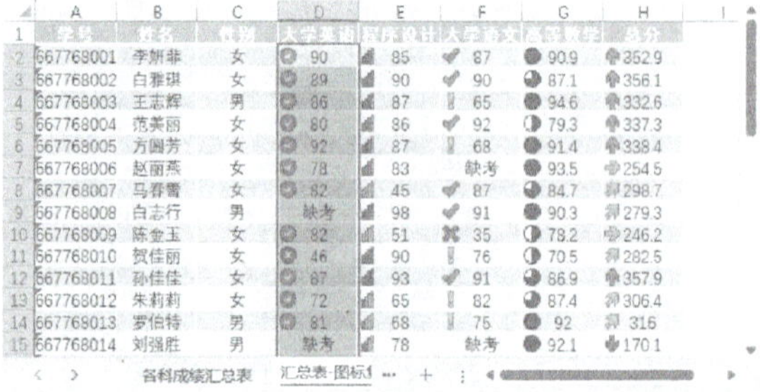

图 4-184　图标显示

4.4 成绩统计图的制作

Excel 提供了常用的标准图表类型和自定义图表类型，例如柱形图、层次结构图、折线图、饼图、散点图、层次结构图等，每种图中还有一些子类型图。通过创建图表可以使工作表中的数据更加直观地表示出数据的变化趋势及各类数据之间的关系。

4.4.1 任务要求

根据"统计表"中的数据制作柱形图和饼图，如图 4-185 所示。创建图表的要求：先根据"统计表"工作表中各分数段的人数、缺考人数制作柱形图，然后修改图表的样式，删除图表中的"缺考人数"；将柱形图更改为饼图，将饼图移动到新的工作表中。

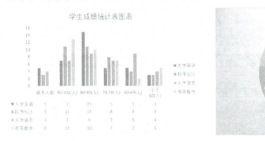

图 4-185 柱形图和饼图

4.4.2 创建统计表图表

根据"统计表"中各分数段的人数、缺考人数制作图表，操作步骤如下。

① 打开"各科成绩统计表.xlsx"工作簿文件，在"统计表"工作表中，选中数据源单元格区域 A8:E13。

② 在"插入"选项卡的"图表"组中，单击"插入柱形图或条形图"按钮，如图 4-186 所示，在列表单击"更多柱形图"。

③ 显示"插入图表"对话框的"柱形图"选项，如图 4-187 所示，双击"簇状柱形图"。

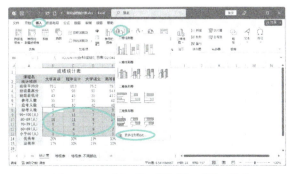

图 4-186 "插入柱形图或条形图"菜单

图 4-187 "插入图表"对话框

④ 生成的图表如图 4-188 所示，切换到"图表设计"选项卡，单击图表的边框选中图表，数据源单元格区域自动出现蓝色线条。

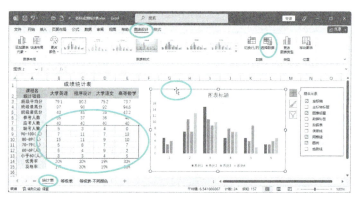

图 4-188　生成的柱形图

⑤ 图表下侧的图例以"系列 1""系列 2"等名称代替列名，下面修改为列标题名，单击选中图表，在"图表设计"选项卡中，单击"数据"组中的"选择数据"按钮。

⑥ 显示"选择数据源"对话框，如图 4-189 所示，工作表中选定区域出现一个闪动的虚线框，对话框中"图标数据区域"文本框中即为该选中的数据源区域。

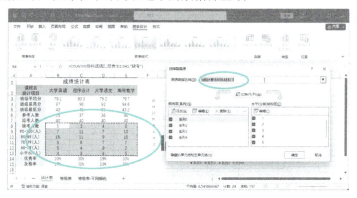

图 4-189　"选择数据源"对话框

先选中 A8:E13 单元格区域，按下〈Ctrl〉键不松开再选中 A2:E2 单元格区域。这时工作表中两个选中的区域都出现闪动的虚线框，选中的两个单元格区域以绝对地址的形式显示在"选择数据源"对话框的"图表数据区域"框中，并以","分隔两个单元格区域。新增的标题区域替换了"系列 1""系列 2"等图例名称，如图 4-190 所示，单击"确定"按钮。

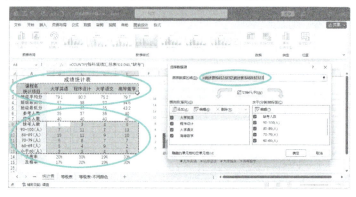

图 4-190　替换图例

在工作表中有两处蓝色框标出的选定的单元格区域，修改后的图表如图 4-191 所示。

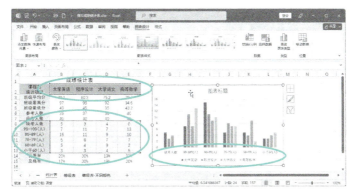

图 4-191　修改后的图表

4.4.3　修改统计表图表

创建图表后，可以修改图表的样式、数据源、布局、大小和位置等。

① 单击要修改图表的边框，选中图表。

② 如果要把生成的图表改成其他图表样式，在"图表设计"选项卡的"图表样式"组中，单击"其他"按钮⌄，展开"图表样式"列表框，单击选定需要的图表样式，如图 4-192 所示。

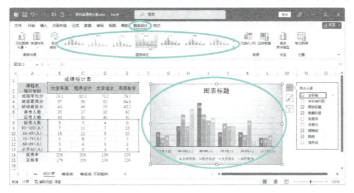

图 4-192　"图表样式"列表框

③ 在"图表布局"组中单击"添加图表元素"按钮，在列表中单击"数据表"→"显示图例项标示"，如图 4-193 所示。

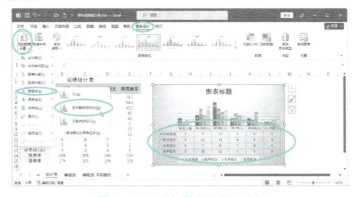

图 4-193　"添加图表元素"列表

④ 再次在"添加图表元素"列表中单击"图例"→"右侧"，如图 4-194 所示。

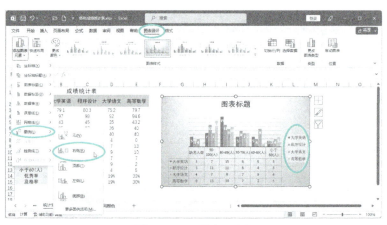

图 4-194　"图例"列表

⑤ 在图表上的"图表标题"内部单击，把插入点放置在该文本框中，输入标题"学生成绩统计表图表"，如图 4-195 所示。

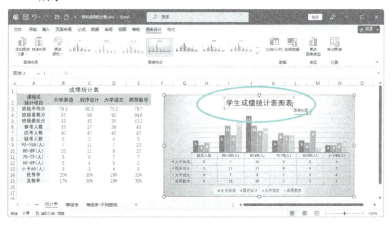

图 4-195　插入图表的标题

⑥ 当添加图表元素后，图表中的图形、数据系列等内容会被挤压，这时可以调整图表的大小，使之完整、美观地显示。在图表激活状态下，把鼠标指针放置在图表边框的 8 个控制点之一上，当鼠标指针变为↕、↔、↖或↗后，拖动图表的边框到合适的大小。

如果要把图表移动到其他位置，把鼠标指针放置在图表边框上，当鼠标指针变为 时，拖动到其他位置。如果要移动图表中的个别对象，先单击该对象，当该对象出现 8 个控制点后，将鼠标指针放置在该对象的边框上，待鼠标指针变为 时，拖动该对象到其他位置。

4.4.4　更改统计表图表的类型

将"统计表"工作表中的图表类型更改为"饼图"，具体操作方法见二维码文件。

更改图表类型

4.5　练习题

一、单选题

1. Excel 电子表格系统不具有（　　　）功能。

A．数据库管理　　　　　　　　　　　B．自动编写摘要

C．图表　　　　　　　　　　　　　　D．绘图

2．当启动 Excel 后，系统将自动打开一个名为（　　　）的工作簿。

A．文档 1　　　　　B．Sheet1　　　　　C．Book1　　　　　D．EXCEL1

3．在 Excel 中，一个新建的工作簿中默认包含有（　　　）个工作表。

A．1 个　　　　　　B．10 个　　　　　C．3 个　　　　　D．5 个

4．使用自动筛选时，若首先执行"数学>70"，再执行"总分>350"，则筛选结果是（　　　）。

A．所有数学>70 的记录　　　　　　　B．所有数学>70 并且总分>350 的记录

C．所有总分>350 的记录　　　　　　 D．所有数学>70 或者总分>350 的记录

5．在 Excel 工作表中，若要同时选择多个不相邻的单元格区域，可以在选择第一个区域后，在按住（　　　）键的同时用鼠标拖动，依次选择其他区域。

A．〈Tab〉　　　　　B．〈Alt〉　　　　　C．〈Shift〉　　　　D．〈Ctrl〉

二、操作题

Excel 常用计算方法练习。

具体要求如下。

① 按图 4-196 所示，在 Excel 中创建一个用于统计学生成绩的表格。

序号	姓名	数学	语文	英语	总分	平均分	综合分	名次
1	李大海	78	85	75				
2	王高山	45	68	85				
3	何南	67	69	68				
4	刘军	82	93	67				
5	王梦	96	37	71				
6	赵云飞	67	85	34				
7	席红旗	53	81	78				
8	程树	75	43	84				
9	司琴	80	70	90				
10	吉利	70	84	95				

图 4-196　学生成绩登记表

② 使用自动求和函数 SUM 计算"总分"一列的数据。

③ 使用算术平均值计算函数"AVERAGE"计算"平均分"一列的数据，保留 1 位小数。

④ 使用公式计算"综合分"一列的数据，并保留 1 位小数。设计算方法为：

数学×40%＋英语×38%＋语文×22%

⑤ 利用 Excel 的排序功能填写"名次"一列的数据。要求"名次"由"总分"的高低决定，"总分"相同时由"数学"分数决定。注意，不得打乱原有"序号"的排列（提示："名次"可首先按"总分"和"数学"排序，填充名次，再按"序号"排序恢复为原样）。

第5章 PowerPoint 2021 演示文稿的使用

PowerPoint 是 Microsoft Office 办公套件用于演示文稿的软件，它在教学、学术交流、演讲、工作汇报、产品演示、广告宣传等方面有着非常广泛的应用。本章介绍 PowerPoint 的基本操作及制作静态演示文稿、动态演示文稿的方法等内容。

学习目标： 掌握 PowerPoint 的基本操作，掌握插入各种版式的幻灯片，掌握编辑幻灯片中的各种对象，掌握美化幻灯片，掌握统一幻灯片整体风格的方法，掌握制作动态演示文稿的基本方法等。

重点难点： 重点掌握 PowerPoint 的基本操作、统一幻灯片整体风格的方法，难点是动态演示文稿的制作。

5.1 PowerPoint 的基本操作

PowerPoint 的基本操作包括启动、关闭、新建、保存和打开演示文稿、编辑演示文稿、演示文稿版式应用、向演示文稿中插入或删除演示文稿、在演示文稿中复制和移动演示文稿、放映演示文稿等内容。

5.1.1 PowerPoint 的启动和关闭

PowerPoint 2021 的启动、关闭与 Word 2021、Excel 2021 相同。

1. 启动 PowerPoint 2021

最常用的启动 PowerPoint 的方法是单击"开始"按钮▦，在"已固定"或"所有应用"中单击"PowerPoint"。显示 PowerPoint 2021 的"新建"菜单，如图 5-1 所示，单击"空白演示文稿"模板。

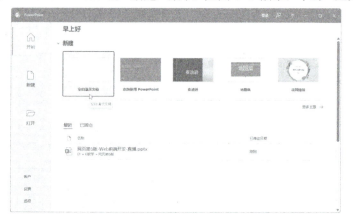

图 5-1　PowerPoint 2021 的"新建"菜单

打开 PowerPoint 2021 的编辑窗口，同时新建名为"演示文稿 1"的空白演示文稿，如图 5-2 所示。

图 5-2　PowerPoint 2021 窗口的组成

2. 关闭演示文稿与结束 PowerPoint

（1）关闭演示文稿

如果要关闭当前正在编辑的演示文稿，在功能区左端单击"文件"，显示"文件"视图，从菜单中单击"关闭"。显示是否保存对话框，单击"保存"或"不保存"按钮，若不关闭文档仍继续编辑，则单击"取消"按钮。

（2）结束 PowerPoint

如果要结束 PowerPoint，单击 PowerPoint 窗口右上角的"关闭"按钮⊠。如果该文档没有保存，也将显示是否保存对话框，单击"保存"或"不保存"后，结束 PowerPoint，关闭 PowerPoint 窗口。

5.1.2　PowerPoint 窗口组成

PowerPoint 与其他 Microsoft Office 相似的有标题栏、快速启动工具栏、功能区、状态栏等。PowerPoint 窗口独特的窗口部件是幻灯片编辑区、幻灯片浏览窗格或大纲浏览窗格、备注窗格等。

1. 演示文稿与幻灯片

演示文稿是由 PowerPoint 制作的、以.pptx 为文件扩展名的文件，而幻灯片是演示文稿中的一个页面，一份完整的演示文稿由若干张相互联系并按一定顺序排列的幻灯片组成。

2. 幻灯片浏览窗格或大纲浏览窗格

在普通视图中，PowerPoint 窗口左侧区域是幻灯片浏览窗格，显示所有幻灯片的缩略图列表，可用于在幻灯片之间导航；在大纲视图中，PowerPoint 窗口左侧区域显示大纲浏览窗格。

3. 幻灯片编辑区

在普通视图中，在左侧幻灯片浏览窗格中单击选中一张幻灯片缩略图，右侧幻灯片编辑区显示选中的一张幻灯片。幻灯片编辑区是添加幻灯片内容的主要区域，用户可以在其中输入文本、插入图片、设置动画等。

4. 文本占位符

在幻灯片编辑区页面中，有若干个文本占位符（外观与文本框相似）。占位符是指幻灯片中一种带有虚线的矩形框，大多数幻灯片包含一个或多个占位符，用于放置标题、正文、图片、图表和表格等对象。

5. 备注窗格

在备注窗格中输入该幻灯片的备注，备注只显示在放映者的屏幕上。

5.1.3　添加新幻灯片

PowerPoint 启动后，会自动创建一个仅包含一张幻灯片的演示文稿，且这张幻灯片通常被用作整个演示文稿的"封面"。可用下面方法之一向演示文稿中添加新幻灯片。

- 在"开始"选项卡的"幻灯片"组中，单击"新建幻灯片"按钮的上半部分，将按当前主题设置，在当前幻灯片的后面添加一张"标题和内容"版式的新幻灯片。
- 在"开始"选项卡的"幻灯片"组中，单击"新建幻灯片"按钮的下半部分，在下拉列表中显示当前可用的幻灯片版式，如图 5-3 所示，根据需要在列表中选择，例如，"标题和内容"版式。选择后将在当前幻灯片的后面，添加一张指定版式的新幻灯片。

图 5-3　"新建幻灯片"下拉列表

- 在幻灯片浏览窗格中，右键单击幻灯片缩略图或者空白位置，在快捷菜单中单击"新建幻灯片"，如图 5-4 所示，将按当前主题设置，在当前幻灯片的后面添加一张新幻灯片。

图 5-4　幻灯片浏览窗格中的快捷菜单

幻灯片版式用于确定幻灯片所包含的对象及各对象之间的位置关系。版式由占位符组成，而不同的占位符中可以放置不同的对象。例如，标题和文本占位符可以放置文字，内容占位符可以放置表格、图表、图片、形状、剪贴画和媒体剪辑等对象。

5.1.4　设置演示文稿的主题

PowerPoint 提供了大量用于自动设置幻灯片外观的主题。主题是为演示文稿设计的一套外观，包括项目符号、字体的类型和大小、占位符的大小和位置、背景设计和填充、配色方案，以及幻灯片母版和可选的标题母版。主题可以应用于所有的或选定的幻灯片，也可以在单个演示文稿中应用多种类型的主题。

在"设计"选项卡的"主题"组中，可以任选一种主题应用到当前演示文稿中，如图 5-5 所示，若要查看其他主题可单击其右侧的滚动条上下箭头按钮。当用户将鼠标指向某一主题时，该主题的应用效果会立即显示到当前幻灯片上，鼠标移开时幻灯片恢复原状。单击某主题时，可将该主题真正应用到当前幻灯片。

图 5-5　"设计"选项卡中"主题"组

主题颜色由幻灯片主题中使用的若干种颜色（用于背景、文本、线条、阴影、标题文本、填充、强调和超链接等对象中）组成。通过这些颜色的设置可以使幻灯片的色彩更加鲜明，更易于观看。在"设计"选项卡的"变体"组中，可以更改选定主题的颜色、字体、效果、背景样式。

5.1.5　编辑幻灯片中的文字

1. 向幻灯片中添加文字

在 PowerPoint 中文字只能添加到文本框中。添加到演示文稿中的幻灯片会根据所选版式的不同，在幻灯片中自动安排一个或多个文本框（也称为"占位符"）。

当要改变文字在幻灯片中的位置时，就需要移动文本框，移动鼠标靠近文本框边界，当鼠标变成双十字箭头样式时，按下鼠标左键将其拖到新的位置。如果在拖动文本框时按下了〈Ctrl〉键，则可实现文本框及其中文字的复制。

2. 设置文字和段落的格式

（1）设置文字格式

与 Word 相似，PowerPoint 中的文字可以通过"开始"选项卡"字体"组或者浮动工具栏中提供的各工具设置其格式，如图 5-6 所示。

若需要更多的字体格式设置，可以单击"字体"组右下角的对话框启动器按钮，显示"字体"对话框，并通过其中"字体"及"字符间距"选项卡中提供的功能设置。

（2）设置段落格式

"开始"选项卡的"段落"组中提供了用于段落设置的工具，例如，项目符号和编号、对齐方式、行距调整等。若需要更多的段落格式设置，可单击"段落"组右下角的按钮，显示"段落"

对话框，在"缩进和间距"和"中文版式"选项卡中设置对齐方式、间距等段落格式。

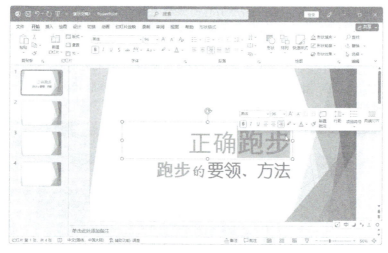

图 5-6　用"开始"选项卡的"字体"组设置字体

3．使用艺术字

使用艺术字可以增强文字的表现力，使幻灯片整体更具美感。与普通文字不同，艺术字实际上是一种图形对象。在 PowerPoint 中可以创建带有阴影、扭曲、旋转或拉伸效果的艺术字。在"插入"选项卡的"文本"组中，单击"艺术字"，从下拉列表中选项艺术字样式。

4．在幻灯片中添加备注

幻灯片的备注是为制作者提供注释的地方，在编辑某一张幻灯片时，如果要为该幻灯片添加备注，则单击 PowerPoint 窗口状态栏上的"备注"图标 备注，在幻灯片下部出现备注区域，输入备注内容。

5.1.6　使用模板新建演示文稿

PowerPoint 提供了许多模板，如果要新建空白演示文稿之外的演示文稿，操作步骤如下。

① 如果在启动 PowerPoint 时，在"开始"菜单中单击"新建"，如果在 PowerPoint 窗口中，则单击"文件"菜单，再单击"新建"，显示"新建"窗口，如图 5-7 所示。

图 5-7　"新建"窗口

②　单击选定一种模板，显示模板确认对话框，如图 5-8 所示，单击"创建"。

图 5-8　模板确认对话框

③　将用该模板新建一个演示文稿，并打开新建演示文稿的编辑窗口，用具体的内容代替文稿中的内容，或者删除不合适的内容，添加需要的内容。

5.1.7　选定、删除、复制、移动幻灯片

在演示文稿中选定、删除、复制或调整幻灯片的排列顺序，是演示文稿的基本编辑方法。

1．选定幻灯片

在幻灯片浏览窗格中单击某个幻灯片缩略图，则该幻灯片缩略图用粗边框包围，表示被选中。

若希望在幻灯片浏览窗格中选择多张连续排放的幻灯片，可在单击选择了第一张后，按下〈Shift〉键再单击选择最后一张，则这多张连续的幻灯片缩略图被粗边框包围。

若要选定多张不连续的幻灯片，按下〈Ctrl〉键不松开再单击各个幻灯片缩略图。

2．删除幻灯片

在 PowerPoint 窗口左侧的幻灯片浏览窗格中，用鼠标右键单击希望删除的幻灯片，在快捷菜单中单击"删除幻灯片"。在幻灯片浏览窗格中选择了某幻灯片后，按〈Delete〉键也可将其从演示文稿中删除。

如果在幻灯片浏览窗格中选定某幻灯片后，单击"开始"选项卡"剪贴板"组中的"剪切"按钮 ✂ 或按〈Ctrl+X〉组合键，也可将幻灯片从演示文稿中移除。被移除的幻灯片会暂时存放在 Windows 的"剪贴板"中，可以在"剪贴板"组中单击"粘贴"按钮 或按〈Ctrl+V〉组合键，将其粘贴到其他位置。

3．复制或移动幻灯片

将演示文稿中一张或多张幻灯片复制或移动到演示文稿中的其他位置的操作方法有以下两种。

（1）使用剪贴板工具

在幻灯片浏览窗格中单击选定某张幻灯片后，在"开始"选项卡的"剪贴板"组中，单击"复制"按钮 或"剪切"按钮 ✂，将选中的对象复制或移动到 Windows 剪贴板。在幻灯片浏览窗格中选定要复制或移动幻灯片的目标位置后，单击"剪贴板"组中的"粘贴"按钮 即可实现幻灯片的复制或移动。

注意："剪贴板"组中的"复制"和"粘贴"按钮的右侧或下方有一个下拉列表按钮，单击该按钮显示选项列表。在"复制"按钮的列表中单击 复制(C)，表示将对象复制到剪贴板；单击 复制(I) 可将对象直接复制为新幻灯片。在"粘贴"列表中单击 按钮，表示粘贴到当前演示文稿中的幻灯片"使用目标主题"，也就是当前演示文稿应用的主题；单击 按钮表示"保留原格式"，也就是保留幻灯片原有的格式不变；单击 按钮表示将幻灯片粘贴为"图片"；单击 按钮表示只保留文本。

（2）使用鼠标拖动

在幻灯片浏览窗格中使用鼠标拖动的方法可以方便地实现幻灯片的移动和复制。移动幻灯片时，可直接将幻灯片拖动到目标位置（注意，拖动时在幻灯片浏览窗格中会出现一个位置指示线）。

如果希望复制幻灯片，先用鼠标拖动要复制的幻灯片，然后再按下〈Ctrl〉键，此时，鼠标指针旁会出现一个"+"标记，表示当前的操作是复制操作，继续拖动幻灯片到新位置。

5.1.8　演示文稿的视图模式

PowerPoint 的视图模式有普通视图、幻灯片浏览视图、幻灯片阅读视图、幻灯片放映视图、备注页视图等，可将编辑环境切换到更适合处理具体问题的视图窗口中。在不同的视图中会有不同的功能选项卡和编辑窗口。

PPT 视图模式

5.1.9　制作演示文稿的基本过程

利用 PowerPoint 制作演示文稿的基本过程如下。

① 对文档中的内容进行精心筛选和提炼，制作演讲稿大纲。

② 将准备好的演讲稿大纲内容添加到演示文稿中。

③ 通过使用主题、主题颜色、背景样式和母版等方法美化幻灯片的外观。

④ 为幻灯片添加动画效果、设置幻灯片的切换方式。

⑤ 创建交互式演示文稿。

⑥ 浏览修改，直至满意。

5.2　制作基本的演示文稿

本节以制作毕业论文答辩演示文稿为例，介绍使用 PowerPoint 制作演示文稿的基本方法，包括用 Word 大纲快速生成幻灯片、在幻灯片中添加文本、组织演示文稿、插入新的幻灯片和插入其他演示文稿中的幻灯片等内容。

5.2.1　任务要求

毕业论文答辩演示文稿包括封面、目录、引言、正文、结论和致谢等内容，并分为 4 个节。演示文稿文字内容已经录入到 Word 文件，幻灯片大小为全屏显示 16:9。本节只制作文字内容，不设置主题等幻灯片的外观，制作完成的文字版演示文稿如图 5-9 所示。

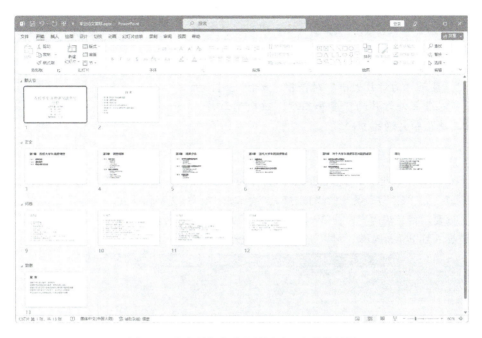

图 5-9　文字版毕业论文答辩演示文稿的效果

5.2.2　新建演示文稿

1. 新建"毕业论文答辩"演示文稿

本节从空白演示文稿创建毕业论文答辩演示文稿，操作步骤如下。

① 启动 PowerPoint，在"开始"窗口或"文件"菜单的"新建"中，单击"空白演示文稿"。在"文件"菜单中单击"另存为"，选择文件保存路径，保存文件名为"毕业论文答辩.pptx"。

② 在"设计"选项卡的"自定义"组中，单击"幻灯片大小"，从下拉列表中单击"宽屏（16:9）"，如图 5-10 所示。

图 5-10　设置幻灯片的大小

说明：幻灯片大小有"标准（4:3）"和"宽屏（16:9）"两种，还可以根据需要自定义。在"设计"选项卡的"自定义"组中单击"自定义幻灯片大小"。显示"幻灯片大小"对话框，如图 5-11 所示，可以设置幻灯片的宽度和高度，改变幻灯片、备注、讲义和大纲的方向。

图 5-11　"幻灯片大小"对话框

2. 用 Word 大纲快速生成幻灯片

用 Word 打开"毕业论文-完成.docx"，另存为"毕业论文-大纲.docx"；保留用标题 1 到标题 4 设置的章、节（如"1.1"）、条（如"1.1.1"）、款（如"1."）文字和样式，删除正文文字、图片、表格、封面、摘要、目录等内容，在 Word 中的显示如图 5-12 所示。使用这个带有标题样式的 Word 文档，通过导入到 PowerPoint，可以快速生成多张幻灯片，操作步骤如下。

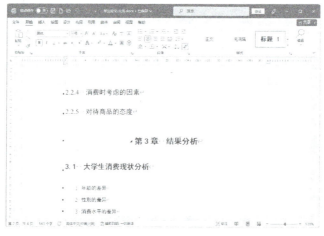

图 5-12　毕业论文-大纲.docx

① 在"开始"选项卡的"幻灯片"组中，单击"新建幻灯片"后的箭头，显示其下拉列表，如图 5-13 所示，单击"幻灯片（从大纲）"。

图 5-13　"新建幻灯片"下拉列表

② 显示"插入大纲"对话框，浏览并选择"毕业论文-大纲.docx"文件，单击"插入"按钮。"毕业论文-大纲.docx"中的内容自动插入到演示文稿中，如图 5-14 所示，在 Word 中所有格式设置为"标题 1"的段落都会生成一张幻灯片，"标题 1"成为每一张幻灯片的标题，格式为"标题 2"

的段落成为该张幻灯片的第一级文本并添加项目符号，依次类推。

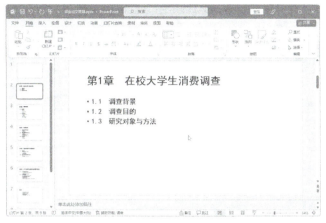

图 5-14　插入大纲文档后的演示文稿

③ 在"视图"选项卡的"演示文稿视图"组中，单击"大纲视图"，在幻灯片左侧大纲浏览窗格中显示所有大纲内容，如图 5-15 所示，便于查看和修改文字内容。

图 5-15　用大纲视图显示演示文稿

④ 在左侧的大纲浏览窗格中，按〈Ctrl+A〉组合键选中所有文本，在"开始"选项卡的"字体"组中单击"清除所有格式"按钮，清除文本所带的 Word 格式，如图 5-16 所示。

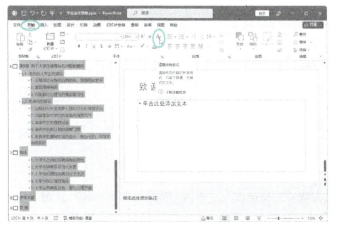

图 5-16　清除文本所带的 Word 格式

⑤ 在左侧的大纲浏览窗格中，按下〈Ctrl〉键，分别单击"参考文献"和"附录"前的图标 ，选中这两个幻灯片，右击鼠标显示其快捷菜单，如图 5-17 所示，单击快捷菜单中的"删除幻灯片"，或者直接按〈Delete〉键。

图 5-17　幻灯片浏览窗格中的快捷菜单

5.2.3　在幻灯片中添加文本

在幻灯片中输入文本，可以采用下面两种方法。

1. 通过文本占位符输入文本

通过文本占位符为第一张幻灯片添加标题和副标题，操作步骤如下。

① 在窗口左侧的大纲浏览窗格或幻灯片浏览窗格中，单击第一张幻灯片。

② 在右侧幻灯片窗格的"标题占位符"中输入论文标题"在校学生消费情况调查与分析"，在"副标题占位符"中输入姓名、班级等内容，每行按〈Enter〉键，如图 5-18 所示。

图 5-18　第一张幻灯片

③ 单击"副标题占位符"的边框，选中该占位符。在"开始"选项卡的"字体"组中单击"字号"按钮后的箭头，将"副标题占位符"中的文本字号设置为 28 磅。

④ 用上述方法，在最后一页的致谢中，在"单击此处添加文本"占位符中，输入致谢。文本占位符默认带有项目符号"•"，如果不需要项目符号，可以单击占位符边框或占位符中的段落，然后在"开始"选项卡的"段落"组中单击"项目符号"按钮 ☰ ∨ 或后面的箭头，从列表中单击"无"，如图 5-19 所示。

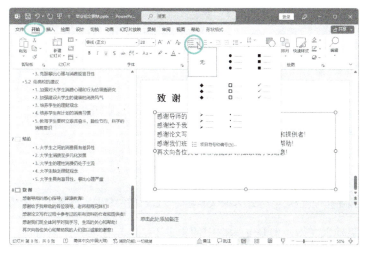

图 5-19　最后一张幻灯片

⑤ 在窗口左上角的快速访问工具栏中，单击"保存"按钮 ⊟，保存演示文稿。

2. 在大纲浏览窗格中输入文本

在大纲视图中，在大纲浏览窗格中输入文本，操作步骤如下。

① 在窗口左侧的大纲浏览窗格中，单击结论幻灯片。

② 在窗口左侧的大纲浏览窗格中，在标题"结论"下面的"1.大学生之间……"前单击，把插入点设置到该列表前，输入"在校学生消费情况调查与分析的结论为："按〈Enter〉键。

③ 在窗口左侧的大纲浏览窗格中，单击"在校学生消费情况调查与分析的结论为："段落，右击鼠标，从快捷菜单中单击"升级"两次，如图 5-20 所示。

图 5-20　大纲浏览窗格的快捷菜单

④ 在窗口左侧的大纲浏览窗格或幻灯片浏览窗格中，选中 1.～5.段落，在"开始"选项卡的"段落"组中单击"降低列表级别"按钮 ☰，如图 5-21 所示。

图 5-21　降低列表级别

> **注意：** 如果继续单击"升级"，将会从该段落新建一个新的幻灯片；而单击"降级"则合并幻灯片。

文本框中也可以输入文本，但是文本框中的文本不会显示在大纲浏览窗格中，所以尽量不要把段落文本写在文本框中。

5.2.4　组织演示文稿

在大纲浏览窗格中，可以方便地组织演示文稿的内容。

1. 更改幻灯片的次序或幻灯片中段落的次序

使用下列方法之一更改幻灯片的次序或幻灯片中段落的次序。

- 在大纲浏览窗格中，拖动幻灯片图标□或段落项目符号，移动到其他位置。
- 在大纲浏览窗格中，定位于需要调整次序的幻灯片标题或段落中并右击，从快捷菜单中单击"上移"或"下移"。

2. 更改当前段落的大纲级别

使用下列方法之一更改当前段落的大纲级别。

- 在大纲浏览窗格中，定位于需要更改大纲级别的段落，右击鼠标，从快捷菜单中单击"升级"或"降级"。
- 在浮动工具栏中单击"降低列表级别"按钮或"提高列表级别"按钮。
- 在"开始"选项卡的"段落"组中单击"降低列表级别"或"提高列表级别"按钮。

3. 折叠与展开大纲

在大纲浏览窗格中，右击要折叠与展开的幻灯片图标□，从快捷菜单中选择"折叠"或"展开"，如果选择"全部折叠"或"全部展开"，可以将所有幻灯片的正文全部折叠或展开。双击某一幻灯片的图标□，可以"折叠"或"展开"该幻灯片的正文。

5.2.5　插入幻灯片

可以一次添加一张幻灯片，也可以一次添加多张幻灯片。

1. 新建幻灯片

新建一个"空白演示文稿"时，演示文稿中只有一张幻灯片，其他幻灯片要由用户自己添加，操作步骤如下。

① 在大纲浏览窗格中，单击第1张幻灯片的图标□，选择该张幻灯片。

② 在"开始"选项卡的"幻灯片"组中，单击"新建幻灯片"按钮，则在第1张幻灯片之后插

入一张新的幻灯片，如图 5-22 所示。

图 5-22　新建的幻灯片

③ 在标题占位符"单击此处添加标题"中输入文字"目录"，设置其居中；在文本占位符"单击此处添加文本"中输入相应的文本，如图 5-23 所示。

图 5-23　在幻灯片中输入文字

注意：可以单击"新建幻灯片"后的箭头，从下拉列表中的"Office 主题"中选择幻灯片版式，新建其他幻灯片版式。

2. 插入其他演示文稿中的幻灯片

在当前演示文稿中，可以插入其他演示文稿中的幻灯片，操作步骤如下。

① 在状态栏单击"幻灯片浏览"按钮 品品，切换到幻灯片浏览视图。

② 在第 8 张与第 9 张幻灯片之间单击，插入点置于两张幻灯片之间，如图 5-24 所示。

③ 在"开始"选项卡的"幻灯片"组中单击"新建幻灯片"下拉按钮，在下拉列表中单击"重用幻灯片"。

④ 窗口右侧显示"重用幻灯片"任务窗格，如图 5-25 所示，单击"浏览"按钮。

⑤ 打开"浏览"对话框，选择"附录-调查问卷.pptx"，然后单击"打开"按钮。

⑥ "附录-调查问卷.pptx"中的所有幻灯片将显示在"重用幻灯片"任务窗格中，在"重用幻灯片"任务窗格中，单击第 2 张幻灯片，则该幻灯片插入到插入点位置，如图 5-26 所示。依次插入第 3、4、5 张幻灯片。

图 5-24　两张幻灯片之间的插入点

图 5-25　"重用幻灯片"任务窗格

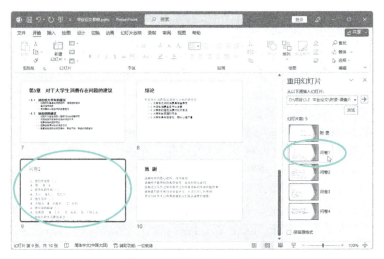

图 5-26　插入一张幻灯片

⑦ 关闭"重用幻灯片"任务窗格，保存演示文稿，如图 5-27 所示。

图 5-27　以文字为主的幻灯片

在当前演示文稿中使用其他演示文稿中的幻灯片，还可以采用复制、粘贴幻灯片的方法，也可以移动、删除幻灯片。

 注意：如果文字是从其他程序中粘贴过来，则在粘贴选项中选 "只保留文本"。

5.2.6　在幻灯片中分节

在 PowerPoint 中也可以像在 Word 中一样，使用节将整个演示文稿划分为相对独立的几个部分，对不同的节可以有不同的设置，例如设置不同的主题、动画效果等。将演示文稿分节，不仅有助于规划演示文稿的结构，同时为以后编辑、维护演示文稿提供了方便。

在 "毕业论文答辩.pptx" 演示文稿中，在第 1 章前插入节分隔符，把该演示文稿分成两个节，操作步骤如下。

① 在状态栏上单击 "普通"，或者在 "视图" 选项卡的 "演示文稿视图" 组中，单击 "普通"，切换为普通视图。在左侧的幻灯片浏览窗格中，单击第 1 章幻灯片，选中它。

② 在 "开始" 选项卡的 "幻灯片" 组中单击 "节" 按钮 📰 节 ⌄，从显示的下拉列表中单击 "新增节" 选项，如图 5-28 所示。

在幻灯片中分节

图 5-28　新增节

③ 在幻灯片浏览窗格中，第 1 章幻灯片的上方添加了一个名为 "无标题节" 的节分隔符标记，同时显示 "重命名节" 对话框，如图 5-29 所示，在文本框中输入 "正文"，单击 "重命名" 按钮。

图 5-29 "重命名节"对话框

④ 如果要重命名节、删除节、移动节，则在幻灯片浏览窗格中右击该标记，从快捷菜单中选择相应的选项。

⑤ 单击节标记左侧的三角形图标 ◢ 或 ▶ 或者双击节标记名，可以折叠或展开该节的所有幻灯片。当节折叠时，"正文"节标记右侧括号中显示该节包含的幻灯片张数。

⑥ 用上述方法在结论幻灯片后和致谢幻灯片前分节，并分别命名为问卷和致谢。

⑦ 切换到幻灯片浏览视图，可以更清晰、全面地查看节之间的关系，如图 5-9 所示，该演示文稿被分为"默认节"和"正文"节。至此，以文字为主的毕业论文答辩初稿创建完成。

5.3 向演示文稿中添加其他对象

在 PowerPoint 中，可以利用"插入"选项卡插入表格、图片、图表等多种对象。

5.3.1 任务要求

在毕业论文答辩演示文稿的幻灯片中插入图片、表格、图标、SmartArt 图形等对象，其显示效果如图 5-30 所示。

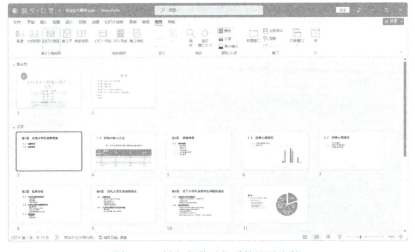

图 5-30 插入各种对象后的演示文稿

5.3.2　幻灯片版式

幻灯片版式是 PowerPoint 中内置的排版格式，启动 PowerPoint 时，第一张幻灯片的默认版式为"标题幻灯片"，随后在"开始"选项卡的"幻灯片"组中单击"新建幻灯片"按钮，添加的幻灯片默认版式为"标题和内容"。可以根据需要选择其他幻灯片版式，在"开始"或"插入"选项卡的"幻灯片"组中，单击"新建幻灯片"后的箭头，下拉列表的"Office 主题"中列出了 PowerPoint 提供的 12 种内置幻灯片版式，如图 5-31 所示。

如果要利用幻灯片版式插入各种对象，需要将幻灯片版式选择为含有内容的版式，例如"标题和内容""两栏内容"等版式，这样在幻灯片的内容占位符中就会出现各种对象的选择按钮，如图 5-32 所示。单击其中的一个按钮，可以在该占位符中添加相应的对象。

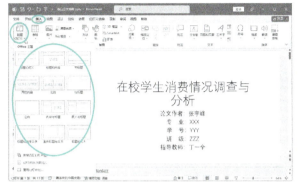

图 5-31　内置幻灯片版式

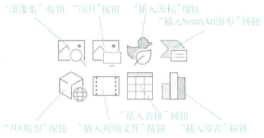

图 5-32　各种对象的选择按钮

5.3.3　插入图片

如果幻灯片版式中含有"图片"按钮，则可以单击该按钮插入图片；否则要使用选项卡插入图片。二者插入图片的效果完全相同。

1. 使用选项卡插入图片

在封面幻灯片中插入学校 LOGO 图片和大门图片，操作步骤如下。

① 打开"毕业论文答辩.pptx"文件，选择第 1 页的封面幻灯片。

② 在"插入"选项卡的"图像"组中，单击"图片"按钮，显示卜拉列表，单击"此设备"。显示"插入图片"对话框，选中图片"logo.jpg"，单击"插入"按钮，将该图片插入到幻灯片页面中。用同样方法插入"学校大门.png"图片，调整图片的大小和位置，如图 5-33 所示。

图 5-33　插入幻灯片中的图片

③ 选中学校大门图片，在"图片格式"选项卡的"调整"组中，单击"透明度"按钮，在下拉列表中单击"透明度：80%"，使其不影响文字的显示，如图5-34所示。

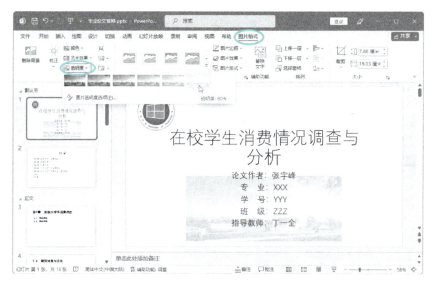

图5-34　设置图片的透明度

2. 使用版式插入图片

① 选定最后一张致谢幻灯片，在"开始"选项卡的"幻灯片"组中单击"版式"按钮，在显示的下拉列表中，从"Office 主题"下单击"内容与标题"或"图片与标题"。

② 应用"内容与标题"版式的幻灯片如图5-35所示，在内容占位符中单击"图片"按钮。显示"插入图片"对话框，选中图片"谢谢大家.gif"，单击"插入"按钮，将该图片插入到幻灯片页面中，调整图片的大小和位置，如图5-36所示。

图5-35　应用"内容与标题"版式的幻灯片

图 5-36　使用版式插入图片

5.3.4　插入表格

如果幻灯片版式中含有"插入表格"按钮，则可以单击该按钮插入表格；否则要使用"插入"选项卡插入表格。下面生成一张新的幻灯片，然后在该幻灯片中插入表格。

① 切换到大纲视图，在大纲浏览窗格中，在第 3 张"第 1 章"幻灯片中，右击"1.3"，从快捷菜单中单击"升级"，使其分出一张新的幻灯片。

② 在生成的幻灯片中，在"开始"选项卡的"幻灯片"组中单击"版式"，从下拉列表中单击"标题和内容"版式，该版式的幻灯片如图 5-37 所示。

图 5-37　生成新的幻灯片并设置版式

③ 在内容占位符中单击"插入表格"按钮，或者在"插入"选项卡的"表格"组中单击"表格"按钮，从下拉列表中单击"插入表格"。

④ 显示"插入表格"对话框，选择 4 列、5 行，如图 5-38 所示，单击"确定"按钮。

图 5-38　"插入表格"对话框

⑤ 显示插入的表格，如图 5-39 所示。在"表设计"选项卡中设置表格样式、单元格的斜线，插入文本框并输入表格的标题，设置字体、字号，如图 5-40 所示。

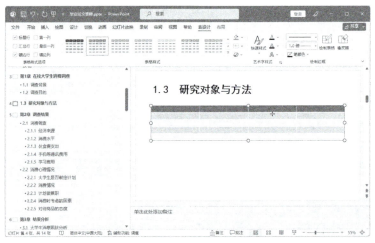

图 5-39　插入的表格

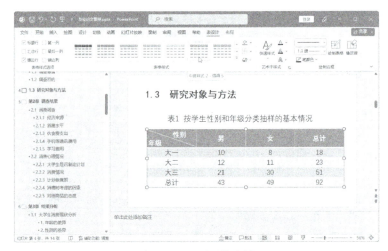

图 5-40　设置后的表格

在 PowerPoint 中，表格的编辑、修饰等操作类似 Word，在此不再赘述。

Word、Excel 等其他程序中的表格，可以插入到 PowerPoint 中，通常有两种方法，一是直接复制粘贴；二是将 Word、Excel 等文件作为对象插入幻灯片。

5.3.5　插入图表

首先把 "2.2" 节单独分为一个新的幻灯片，复制该幻灯片，粘贴该幻灯片并保留 2.2.1、2.2.2，粘贴该幻灯片并保留 2.2.3～2.2.5。下面在 "2.1.2　消费水平" 下插入 "表 2"。

① 在 "插入" 选项卡的 "插图" 组中单击 "图表"，如图 5-41 所示，显示 "插入图表" 对话框，选择 "柱形图" 中的 "簇状柱形图"，如图 5-42 所示，单击 "确定" 按钮。

图 5-41　"插入" 选项卡的 "插图" 组　　　　　　　　图 5-42　"插入图表" 对话框

② 显示一个样例图形，如图 5-43 所示，并打开 Excel，如图 5-44 所示。

打开素材 "表 2.xlsx" 文件，把表 2 中的数据复制到图表 Excel 文档中。按照 PowerPoint 中图表的提示，在 Excel 文档中调整数据区域的大小，将鼠标移动到蓝线区域的右下角，鼠标指针变成形状时，拖动使蓝线区域与数据区域相同，如图 5-45 所示。如果 Excel 文档中有多余的 "系列X" 列，则将其删除。关闭 Excel 数据库文件。

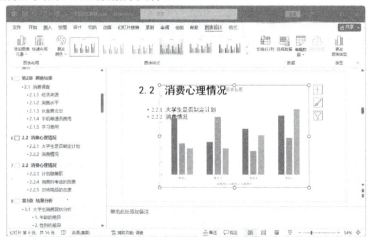

图 5-43　样例图形

在幻灯片中，调整图表的位置、大小，添加图表元素，如图 5-46 所示。

图 5-44　样例数据

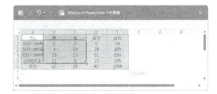

图 5-45　选中数据

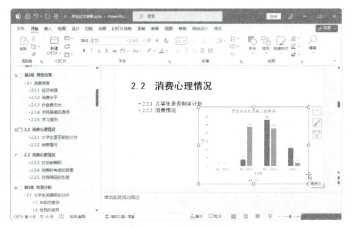

图 5-46　完成的图表

5.3.6　插入 SmartArt 图形

SmartArt 图形包含了一些模板，例如列表、流程图、组织结构图和关系图等，使用 SmartArt 图形可简化创建复杂形状的过程，操作步骤如下。

① 选择"结论"幻灯片，在"开始"选项卡的"幻灯片"组中单击"幻灯片版式"按钮，从下拉列表中单击"内容与标题"。

② 在内容占位符中单击"插入 SmartArt 图形"，如图 5-47 所示。显示"选择 SmartArt 图形"对话框，选择"循环"中的"基本饼图"，如图 5-48 所示，单击"确定"按钮。

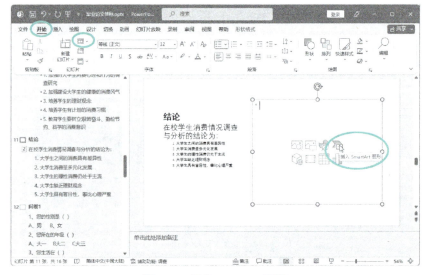

图 5-47　插入 SmartArt 图形

图 5-48　"选择 SmartArt 图形" 对话框

③ 显示图例模板，在文本窗格中依次输入文字，输入的文字显示在图形中，图形会自动更新，如图 5-49 所示。输入文本完成后，单击图形之外的区域，显示图形如图 5-50 所示。

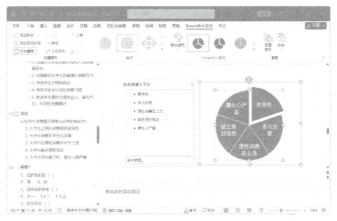

图 5-49　在文本窗格中输入文字

图 5-50　插入的图形

在 PowerPoint 中，插入 SmartArt 图形、插入形状，以及编辑图形的操作，与 Word 类似。

5.3.7　为幻灯片设置页眉和页脚

在"正文"节中的所有幻灯片上添加日期、编号、论文作者等内容，操作步骤如下。

① 切换到幻灯片浏览视图，单击"正文"节标记，选中"正文"节的所有幻灯片。

② 在"插入"选项卡的"文本"组中单击"页眉和页脚"按钮，如图 5-51 所示。

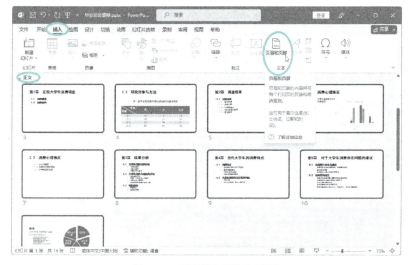

为幻灯片设置
页眉和页脚

图 5-51　"页眉和页脚"按钮

③ 显示"页眉和页脚"对话框，设置如图 5-52 所示，单击"应用"按钮。看到"正文"节的所有幻灯片都添加了日期、编号和论文作者。

说明："页眉和页脚"对话框中各选项的含义如下。

1）如果选中"自动更新"单选按钮，则幻灯片中的日期与系统时钟的日期一致；如果选择"固定"单选按钮，并输入日期，则幻灯片中显示的是用户输入的固定日期。

2）如果选中"幻灯片编号"复选框，可以对幻灯片进行编号，当删除或增加幻灯片时，编号会自动更新。

3）如果选中"标题幻灯片中不显示"复选框，则幻灯片版式为"标题幻灯片"的幻灯片中，不会添加页眉和页脚。

图 5-52　"页眉和页脚"对话框

5.3.8　插入音频和视频

1. 在幻灯片中使用音频

向幻灯片中插入音频的步骤如下。

① 在幻灯片窗格中选择希望插入音频对象的幻灯片，这里是第一张幻灯片。在"插入"选项卡的"媒体"组中单击"音频"，单击"PC 上的音频"，如图 5-53 所示。

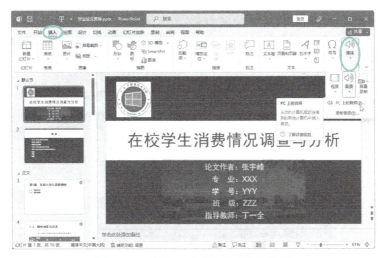

图 5-53　"插入"选项卡的"媒体"组

② 显示"插入音频"对话框,选择插入到幻灯片中的音频文件后,单击"插入"按钮。

说明:单击"插入"按钮后面的箭头,在下拉列表中可以选择"插入"(将音频文件嵌入到幻灯片中)或"链接到文件"两种方式。

③ 音频文件插入到幻灯片后,将显示为一个扬声器图标和相关联的播放工具条。可以用鼠标将其拖动到幻灯片的任何位置,如图 5-54 所示。

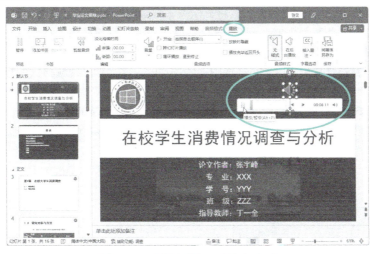

图 5-54　音频文件插入到幻灯片后

设置音频播放方式的操作见二维码内容。

2. 在幻灯片中使用视频

(1)向幻灯片中插入视频

① 在幻灯片窗格中选择希望插入视频对象的幻灯片,在"插入"

播放方式

选项卡"媒体"组中单击"视频"下拉列表中的"此设备""库存视频"或"联机视频",或在幻灯片对象占位符列表中单击"插入视频文件"图标。

② 如果选择"此设备",则显示"插入视频"对话框,在对话框中选择希望插入到幻灯片中的视频文件,单击"插入"按钮后的箭头,在下拉列表中选择"插入"或"链接到文件"。如果选择

"库存视频"，则显示"图像集"对话框中的"视频"，选择要插入的视频，然后单击"插入"按钮，如图 5-55 所示。如果选择"联机视频"，则显示输入联机视频地址对话框，输入视频的地址。例如，打开新浪视频网页播放视频，将鼠标靠近右侧边框，在弹出的选项栏中单击"分享"，将联机视频地址复制到 Windows 剪贴板。在 PowerPoint 中，在"输入联机视频的地址"框中右击，在快捷菜单中单击"粘贴"，将前面复制到剪贴板的视频地址粘贴到框中，单击"插入"按钮。

图 5-55　"图像集"对话框中的"视频"

③ 视频文件插入或链接到幻灯片后，将显示一张视频图片和播放工具条，可以将视频图片拖动到幻灯片的其他位置，也可通过拖动其四周 8 个控制点改变视频播放的大小。

（2）设置视频播放方式

视频对象插入到幻灯片后或用户再次选中视频图片时，将显示"视频格式"和"播放"选项卡。"视频格式"选项卡中提供了用于设置播放窗口外观的一些功能，"播放"选项卡中提供了播放方式的功能设置，如图 5-56 所示。视频播放工具与音频播放工具中的功能相似。

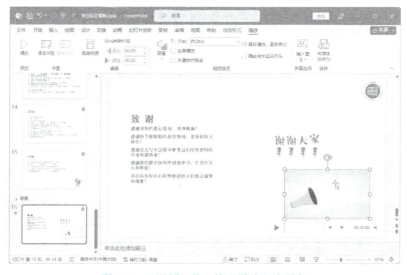

图 5-56　"视频工具"的"播放"选项卡

具有视频播放特点的有以下两个方面。

- 淡化持续时间：表示在视频的开始或结束的指定时间内使用淡入淡出效果。
- 音量：单击"音量"按钮，在下拉列表中可选择高、中、低和静音 4 种音量方式。

5.4　美化演示文稿的外观

统一幻灯片整体风格的方法有 3 种：母版、主题和主题颜色。另外，通过设置背景，也可以起到美化幻灯片的作用。本节将介绍美化演示文稿的方法，包括应用主题、设置主题颜色、设置背景和使用母版等内容。

5.4.1　任务要求

使用主题、主题颜色、背景、母版等方法，对前面完成的毕业论文答辩演示文稿进行美化，美化后的演示文稿如图 5-57 所示。

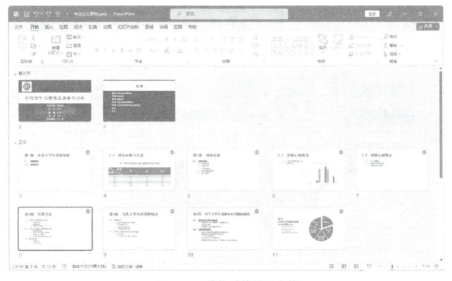

图 5-57　美化后的演示文稿

5.4.2　使用主题

主题是 PowerPoint 中提供的设计模板，包含幻灯片背景、图案、色彩搭配、字体样式、文本编排等，通过为演示文稿应用主题，可以设置演示文稿某个节中所有幻灯片的整体风格。应用主题是统一修饰演示文稿外观最快捷的方法，操作步骤如下。

① 在普通视图或幻灯片浏览视图中，单击"默认节"节标记，选中封面和目录幻灯片。

② 在"设计"选项卡的"主题"组中，单击更多按钮，显示所有主题样式，单击"带状"，如图 5-58 所示。

③ 可以修改主题中某些元素的颜色方案、字体样式、主题效果、背景样式。在"设计"选项卡的"变体"组中，单击更多按钮；从下拉列表中单击"颜色"，在其列表中显示所有内置颜色方案，如图 5-59 所示，单击"Office 2007-2010"颜色方案。

图 5-58　内置主题

图 5-59　内置颜色方案

④ 在"设计"选项卡的"变体"组中，单击更多按钮▽；从下拉列表中单击"字体"，显示内置字体方案列表，根据需要单击选定一种字体方案。

⑤ 在"设计"选项卡的"变体"组中，单击更多按钮▽；从下拉列表中单击"效果"，显示效果方案列表，单击选定一种效果方案。

⑥ 在"设计"选项卡的"变体"组中，单击更多按钮▽；从下拉列表中单击"背景样式"，显示背景样式方案列表，单击选定一种背景样式方案。

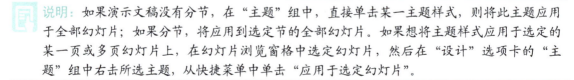

说明：如果演示文稿没有分节，在"主题"组中，直接单击某一主题样式，则将此主题应用于全部幻灯片；如果分节，将应用到选定节的全部幻灯片。如果想将主题样式应用于选定的某一页或多页幻灯片上，在幻灯片浏览窗格中选定幻灯片，然后在"设计"选项卡的"主题"组中右击所选主题，从快捷菜单中单击"应用于选定幻灯片"。

如果要取消添加的主题效果，在"设计"选项卡的"主题"组中，从主题样式列表中选择"Office 主题"。

5.4.3　使用母版

母版用于设置幻灯片或备注的基本样式，是存储演示文稿信息的主要幻灯片，包括背景、颜色、字体、效果、占位符大小和位置。

1. 母版的分类

母版分为幻灯片母版、讲义母版和备注母版。

（1）幻灯片母版

幻灯片母版是一张特殊的幻灯片，一个演示文稿中至少要包含一个幻灯片母版。利用幻灯片母版可以对演示文稿进行全局更改，并使更改应用到基于母版的所有幻灯片上。例如，希望在每张幻灯片的固定位置都显示出公司的 Logo，最简单的处理方法就是将其添加到幻灯片母版中，而不必逐页添加。母版包括的元素有标题、正文和页脚文本的字体、字号；文本和对象的占位符大小和位置；项目符号样式，背景和主题颜色等。

在"视图"选项卡的"母版视图"组中单击"幻灯片母版"，切换到幻灯片母版视图，如图 5-60 所示。图中左侧窗格最上方较大的一个为当前演示文稿中使用的幻灯片母版，其后若干个是与幻灯片母版相关联的幻灯片版式。当鼠标指向某个版式时，系统会在鼠标指针旁显示该版式具体应用到了哪些幻灯片中。

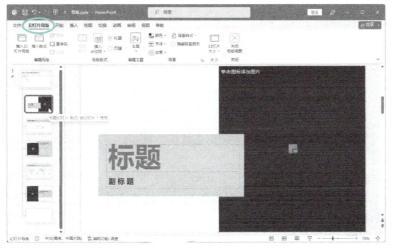

图 5-60　幻灯片母版视图

演示文稿中的幻灯片母版一般来自于用户在创建演示文稿时所选择的"主题"，也就是说用户在选择了某个主题时，自然也就加载并应用了与该主题相关的幻灯片母版。

需要对幻灯片母版进行修改时，首先在左侧窗格中单击选择希望修改的具体版式，将其显示到版式编辑区，而后即可像修改普通幻灯片一样修改其中的内容了（如字体、颜色、各元素的位置、背景色、修饰图片等）。

在修改幻灯片母版下的一个或多个版式时，实质上是在修改该幻灯片母版。每个幻灯片版式的设置方式都不同，然而，与给定幻灯片母版相关联的所有版式均包含相同主题（配色方案、字体和效果等）。

需要注意的是，最好在开始构建各张幻灯片之前创建幻灯片母版，而不是在构建了幻灯片之后再创建母版。如果先创建了幻灯片母版，则添加到演示文稿中的所有幻灯片都会基于该幻灯片母版和相关联的版式。开始更改时，请务必在幻灯片母版上进行。

单击在"幻灯片母版"选项卡功能区最右侧的"关闭母版视图"按钮，可返回原视图状态。

（2）讲义母版

讲义相当于教师的备课本，如果每一张幻灯片都打印在一张纸上面，就太浪费纸了，而使用讲义母版，可以设置将多张幻灯片进行排版，然后打印在一张纸上。讲义母版用于多张幻灯片打印在一张纸上时排版使用。把讲义母版设置好，做好幻灯片后，打印时，先在"打印预览"→"打印内容"的下拉菜单里设置一下。如果只要把幻灯片打印出来，选择讲义（每页 1、2、3、4、6 或 9 张幻灯片），选择 3、4、6、9，可大大节约纸张，这是打印演示文稿时经常用到的。

在"视图"选项卡的"母版视图"组中单击"讲义母版"，切换到幻灯片讲义母版视图，如图 5-61 所示。视图中表现了每页讲义中幻灯片的数量及排列方式，以及"页眉""页脚""页码"和"日期"的显示位置。在讲义母版视图中，可在"讲义母版"选项卡中设置打印页面、讲义的打印方向、幻灯片排列方向、每页包含的幻灯片数量，以及是否使用页眉、页脚、页码和日期。

图 5-61　讲义母版视图

在"讲义母版"选项卡最右侧单击"关闭母版视图"按钮，可返回原视图状态。

（3）备注母版

备注母版与前面介绍过的备注页视图十分相似。备注页视图是用于直接编辑具体备注内容的，而备注母版则用于为演示文稿中所有备注页设置统一的外观格式。在"视图"选项卡的"母版视图"组中单击"备注母版"，则切换到备注母版视图，如图 5-62 所示。在备注母版视图中，用户可完成页面设置、占位符设置等任务。

图 5-62　备注母版视图

在"备注母版"选项卡最右侧单击"关闭母版视图"按钮，可返回原视图状态。

2．用母版制作风格统一的演示文稿

如果希望统一改变整个演示文稿的外观风格，则需要使用母版。幻灯片母版是一张特殊的幻灯片，它存储了演示文稿的主题、幻灯片版式和格式等信息，更改幻灯片母版，就会影响基于该母版创建的所有幻灯片。在"正文"节中，利用母版为当前节所有幻灯片的右上角添加校徽，并设置统一的标题样式，操作步骤如下。

① 在幻灯片浏览窗格中，在"正文"节中任选一张幻灯片。在"视图"选项卡的"母版视图"组中单击"幻灯片母版"。

② 切换到幻灯片母版的编辑状态，在左侧窗格中单击名称为"Office 主题 幻灯片母板：由幻灯片 3-16 使用"的较大幻灯片缩略图，如图 5-63 所示。母版是一种特殊的幻灯片，母版幻灯片的操作方法与普通幻灯片一样。

图 5-63　单击较大幻灯片缩略图

③ 在"插入"选项卡的"图像"组中，单击"图片"，从下拉列表中单击"此设备"，显示"插入图片"对话框，插入校徽图片文件 logo.jpg。缩小图片的大小，把图片拖动到幻灯片母版的右上角。

④ 在右侧的幻灯片窗格中，单击选中"单击此处编辑母版标题样式"占位符边框；设置母版标题样式的字体为"黑体"，字号为"48"，字体颜色为"蓝色，个性色1，深色25%"，如图 5-64 所示。

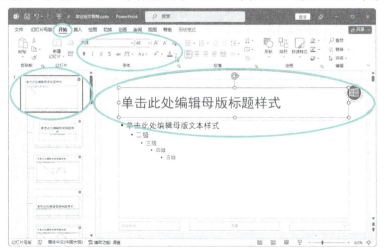

图 5-64　设置母版标题样式

⑤ 在右侧的幻灯片窗格中，单击选中"单击此处编辑母版文本样式"占位符边框，设置文本字体颜色为"蓝色，个性色 1，深色 25%"，加粗。在该占位符框内，选中"单击此处编辑母版文本样式"文本，在"开始"选项卡的"段落"组中单击"项目符号"按钮，取消该文本前的默认项目符号。选中"四级""五级"，取消其项目符号，如图 5-65 所示。

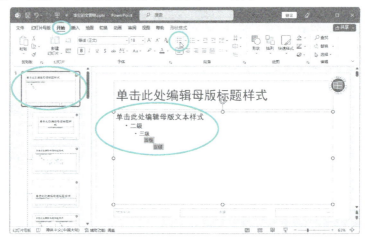

图 5-65　取消项目符号

⑥ 在"幻灯片母版"选项卡的"关闭"组中单击"关闭母版视图"按钮。切换到幻灯片浏览视图，可以看到"正文"节所有幻灯片中均出现了校徽图片，并且该节所有幻灯片的标题样式被统一修改了，如图 5-66 所示。

图 5-66　使用母版样式

 说明：如果在设置母版前已经修改了幻灯片的相关格式，则使用母版统一的风格对该格式无效。也就是说，利用母版设置格式的优先级低于对幻灯片直接修改格式。因此，如果个别幻灯片上的文本格式没有改变，可以选中文本所在的占位符，按〈Ctrl+Shift+Z〉组合键删除原有的格式设置。

5.4.4　交互式演示文稿

交互式演示文稿能使演讲者或读者以自己希望的节奏和次序灵活地放映幻灯片。创建交互式演示文稿的方法包括超链接和动作按钮的使用等。

1. 插入链接

PowerPoint 中的链接与网页中的超链接类似，都可以通过单击某个对象跳转到另一个位置或打开一个新的对象。在 PowerPoint 中可以为多数对象添加链接，其中最常用的就是为文字和图片。链接可以链接到指定幻灯片，还可以链接到指定的网站或者打开指定的文件。下面对目录幻灯片中的文字设置链接，操作步骤如下。

① 在目录幻灯片中，选中文字"第 1 章　在校大学生消费调查"。在"插入"选项卡的"链接"组中，单击"链接"，如图 5-67 所示。

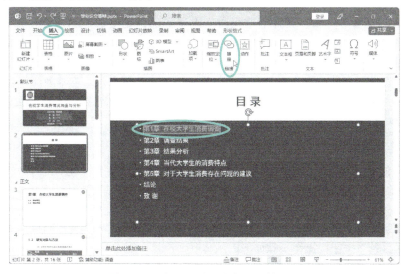

图 5-67　"插入"选项卡的"链接"组

② 显示"插入超链接"对话框，在左侧"链接到"框中单击选中"本文档中的位置"，在"请选择文档中的位置"列表中选择幻灯片"3. 第 1 章……"，此时，在"幻灯片预览"区域中显示选择的幻灯片缩略图，如图 5-68 所示，单击"确定"按钮。

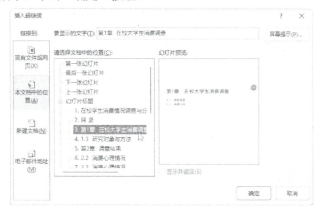

图 5-68　"插入超链接"对话框

幻灯片中该文字会变成蓝色并增加下画线，表明这个文本已具有超链接功能。

说明：具有超链接的文本按主题指定的颜色显示，如果要改变默认的超链接文本颜色，在"设计"选项卡的"主题"组中单击"颜色"按钮，打开"主题颜色"下拉菜单，选择"新建主题颜色"，重新设置超链接文本的颜色。请再次选中该行文字，将字体颜色设置为白色。

③ 在"幻灯片放映"选项卡的"开始放映幻灯片"组中，单击"从当前幻灯片开始"按钮，开始放映幻灯片。当鼠标在带下画线的文本上经过时，光标变成了小手的形状，单击该超链接文本，就跳转到了标题为"第1章……"的幻灯片。按〈Esc〉键结束放映。

④ 在普通视图中的编辑幻灯片区，选中要添加超链接的文本并右击，从快捷菜单中选择"超链接"。打开"插入超链接"对话框，为该段文本添加超链接。

⑤ 用上述方法为目录中的其他文字插入超链接。

说明：

1）插入链接后，在幻灯片普通视图下无法实现快速定位。在幻灯片放映过程中，单击链接文字，才可以快速定位到指定的幻灯片。如果要在编辑状态下测试跳转情况，可以在所选文本上右击，在快捷菜单中选择"打开超链接"。

2）为图片、形状、图表等对象添加超链接的方法类似于为文本添加超链接的方法。

3）要想删除某个超链接，可以先选定设置了超链接的对象，然后右击，在快捷菜单中选择"取消超链接"。

2．插入返回目录按钮

通过目录页的超链接可以快速定位到指定的幻灯片，为了在某个标题的幻灯片内容演讲完后，继续在"目录"幻灯片中选择其他内容，需在幻灯片中添加返回目录的功能。

如果在幻灯片中插入"返回目录"超链接，需要在所有页面插入一次，因此可以利用幻灯片母版的功能。在母版中插入的内容，会显示在所有幻灯片中。下面在"正文"节的所有幻灯片右下方添加一个"返回目录"按钮，操作步骤如下。

① 选择标题为"第1章……"的幻灯片。

② 在"视图"选项卡的"母版视图"组中，单击"幻灯片母版"。

③ 切换到幻灯片母版编辑视图，在左侧的幻灯片浏览窗格中，选择未应用主题的最后一个版式，版式名为"标题和文本 版式：由幻灯片3-10使用"，如图5-69所示。

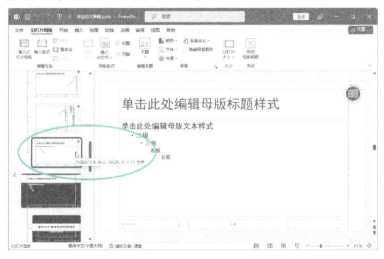

图5-69　"标题和文本"版式

④ 在"插入"选项卡的"插图"组中，单击"形状"，在其下拉列表中单击"矩形：圆角"，如图5-70所示。

⑤ 鼠标指针变成十字形状，在幻灯片页面右下方绘制一个"圆角矩形"。在矩形框内输入文字"返回目录"，如图5-71所示。

图 5-70　插入形状

图 5-71　"返回目录"按钮

⑥ 选中圆角矩形，在"插入"选项卡的"链接"组中，单击"链接"。显示"插入超链接"对话框，在左侧窗格的"链接到"下单击"本文档中的位置"，在右侧的"请选择文档中的位置"下单击"2. 目录"，如图 5-72 所示，单击"确定"按钮。

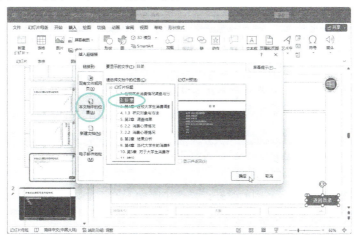

图 5-72　插入超链接

⑦ 在"幻灯片母版"选项卡的"关闭"组中，单击"关闭母版视图"，返回到普通视图。所有应用"标题和文本"版式的幻灯片都插入了"返回目录"按钮，如图 5-73 所示。

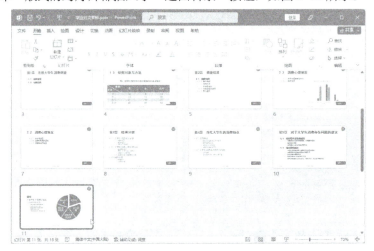

图 5-73　插入超链接后的效果

⑧ 在普通视图或幻灯片浏览视图中，在"正文"节标记后单击任意一张幻灯片。在"设计"选项卡的"主题"组中，单击"带状：所有幻灯片都使用"，则所有幻灯片都应用该主题，如图 5-74 所示。

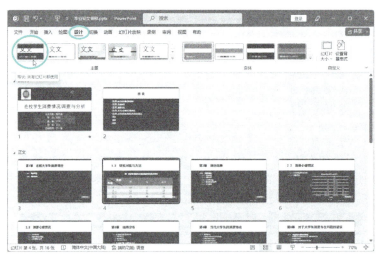

图 5-74　所有幻灯片应用主题后

说明：如果需要将添加的内容应用到所有版式的幻灯片中，在幻灯片母版视图下，可以在第一张母版版式上操作，添加的内容会应用到所有版式中。

在母版中插入的形状，在普通视图下无法删除或修改。如果需要修改，需要切换到幻灯片母版视图下，从母版中进行删除或修改。

3. 插入动作按钮

动作按钮更容易实现幻灯片之间的跳转，操作步骤如下。

① 选择"问卷 1"幻灯片，在"插入"选项卡的"插图"组中，单击"形状"，在下拉列表中选择"动作按钮：后退或前一项"，如图 5-75 所示。在页面左下角绘制动作按钮，会自动显示"操

作设置"对话框，在"超链接到"下拉列表中选择"上一张幻灯片"，如图 5-76 所示，单击"确定"按钮。

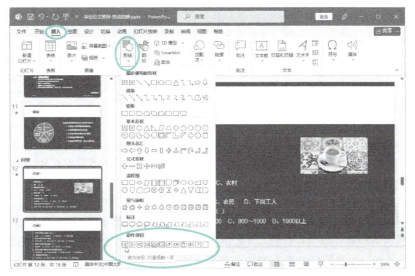

图 5-75　动作按钮

图 5-76　"动作设置"对话框

② 用上述方法，在幻灯片左下角插入"动作按钮：前进或下一项""动作按钮：转到开头"。

③ 按照上述方法，在"问卷 3"幻灯片相应的位置插入"返回到问卷 1"动作按钮。

④ 把"问卷 1"幻灯片上插入的 3 个按钮，复制到"问卷 2"幻灯片上。

5.5　设置动画和幻灯片切换效果

向幻灯片中添加文本、表格、图表、图形、图像等对象后，可以为这些对象添加动画效果，包括在幻灯片中为对象设置动画效果、在幻灯片之间设置切换效果及设置演示文稿的放映方式等。PowerPoint 中预设了大量的动画效果和幻灯片切换效果，对于一些特殊的需求，用户可自定义动画表现方式。本节要求在毕业论文答辩演示文稿的幻灯片中，设置动画效果和幻灯片切换效果。

5.5.1 放映幻灯片

通过放映幻灯片，将创建的演示文稿展示给观众。

1. 从头放映幻灯片

按〈F5〉键，或者在"幻灯片放映"选项卡的"开始放映幻灯片"组中，单击"从头放映"，从第1张幻灯片开始放映。

2. 从当前幻灯片开始放映

在窗口下边状态栏视图按钮区右侧，单击"幻灯片放映"按钮，或者按〈Shift+F5〉组合键，或者在"幻灯片放映"选项卡的"开始放映幻灯片"组中，单击"从当前幻灯片开始"，则从当前幻灯片开始放映。

3. 放映过程中定位到指定的幻灯片

在放映过程中，幻灯片左下角显示放映控制工具栏，如图5-77所示，其中，为上一页、为下一页、为指针选项、为查看所有幻灯片、为放大、为显示更多选项菜单，放映控制工具栏与放映幻灯片的右键快捷菜单（图5-77）相同。

在放映控制工具栏或快捷菜单中，单击或"查看所有幻灯片"，显示如图5-78所示，在左侧窗格"节"下单击节名称，在右侧窗格单击要定位的幻灯片，则从该定位的幻灯片开始放映。如果要返回正在放映的幻灯片，则单击左上角的返回按钮。

图 5-77 放映控制工具栏和快捷菜单   图 5-78 查看所有幻灯片

"指针选项"可以将鼠标指针变成各种笔，在放映的幻灯片上写画，用于突出关键点。写完后，选择"橡皮擦"或"擦除幻灯片上的所有墨迹"选项，可擦除所写内容。

4. 结束放映

结束放映过程，按〈Esc〉键，或者在播放的幻灯片上任意位置右击，在弹出的快捷菜单中单击"结束放映"，或者单击放映控制工具栏上的，从弹出的菜单中单击"结束放映"。

5.5.2 设置幻灯片放映效果

1. 为幻灯片中的对象设置动画效果

可以为文本、图片、SmartArt图形、图表等对象设置动画，还可以设置动画的开始方式、运行方式、播放速度、声音效果、放映顺序等细节。下面为标题为"第 1 章……"的幻灯片设置动画效果，操作步骤如下。

① 选择标题为"第 1 章　在校大学生消费调查"的幻灯片。

② 单击"第 1 章……"的标题占位符边框，在"动画"选项卡"动画"组的"动画样式"列表框中选择"飞入"选项，如图 5-79 所示，则该标题占位符边框附近显示一个动画次序标记 ①。然后在"动画"组中单击"效果选项"按钮，如图 5-80 所示，在下拉菜单的"方向"组中选择"自左上部"选项。最后在"计时"组的"开始"下拉列表框中选择"上一动画之后"选项。

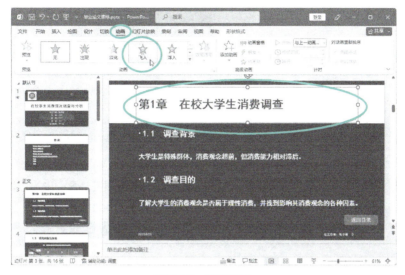

图 5-79　设置动画

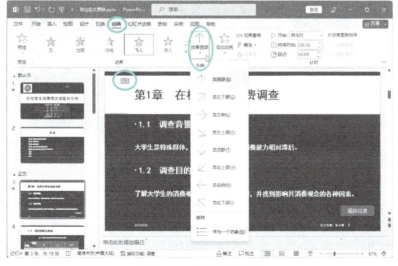

图 5-80　设置动画效果

③ 单击选中正文的"文本占位符"，在"动画"选项卡的"动画"组中单击"动画样式"列表框右下角的"其他"按钮 ，打开"动画样式"下拉列表，将正文文本的动画样式设置为"进入"下的"擦除"，如图 5-81 所示。在"效果选项"列表中的"方向"下选中"自左侧"，在"序列"下选中"按段落"；在"计时"组的"开始"下拉列表框中选择"单击时"。

图 5-81 "动画样式"下拉列表

说明：如图 5-81 所示，在"动画样式"下拉列表中包含 4 类预置动画：进入、强调、退出、动作路径。前 3 种类型的动画又分为基本、细微、温和、华丽，如图 5-82 所示。

图 5-82 "更改进入效果"对话框

"动作路径"动画分为 3 种：基本、直线和曲线、特殊。

- 如果要使文本或对象以某种效果进入幻灯片，可以选择"进入"动画效果。
- 如果要使幻灯片中的文本或对象在放映中起到强调作用，可以选择"强调"动画效果。
- 如果要使文本或对象在某一时刻从幻灯片中离开，可以选择"退出"动画效果。
- 如果要使文本或对象按照指定的路径移动，可以选择"动作路径"动画效果。

④ 在"插入"选项卡的"图像"组中，单击"图片"→"图像集"，在搜索框中输入"大学生"，插入一张有关大学生的图片。单击选中该图片，在"动画"选项卡的"动画"组中单击"动画样式"列表框右下角的"其他"按钮▽，在下拉菜单中选择"更多进入效果"。显示"更改进入效果"对话框，在"华丽"选项组中选择"玩具风车"选项，此时在幻灯片窗格中显示预览动画效果，如图 5-82 所示，单击"确定"按钮。

单击"动画"组右下角的"对话框启动器"按钮◳，打开"玩具风车"对话框，在"效果"选项卡的"声音"下拉列表框中选择"风铃"选项，如图 5-83 左图所示；在"计时"选项卡的"开始"下拉列表框中选择"与上一动画同时"选项，在"期间"下拉列表框中选择"快速（1 秒）"选项，如图 5-83 右图所示，单击"确定"按钮。

图 5-83 "玩具风车"对话框

 说明：动画的开始播放方式有 3 种：单击时、与上一动画同时和上一动画之后，其作用如下。

- 如果要手工控制动画的播放，选择"单击时"选项。
- 如果要让当前动画与上一个动画同时播放，选择与"上一动画同时"选项。
- 如果当前动画要在上一个动画播放完之后才开始自动播放，选择"上一动画之后"选项。

⑤ 调整幻灯片中对象的动画播放顺序为标题、图片、正文文本，设置方法为首先单击图片，然后在"动画"选项卡的"计时"组中单击"向前移动"按钮，将图片的播放顺序调到正文文本之前。这里的播放标记序号是 0，因为在"计时"组"开始"中选的是"与上一动画同时"，如图 5-84 所示。

图 5-84 改变播放顺序

⑥ 在"动画"选项卡的"预览"组中单击"预览"按钮☆上半部分，预览幻灯片中设置的动画效果。

 说明：在"动画"选项卡的"高级动画"组中单击"动画窗格"按钮，打开动画窗格，如图 5-85 所示。利用动画窗格可以方便地预览动画效果、调整动画顺序、设置动画的效果选项等。

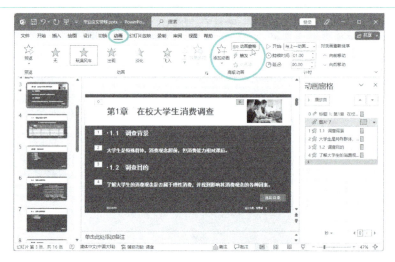

图 5-85　动画窗格

- 在动画窗格中单击"播放"按钮 ，可以预览当前幻灯片中的动画效果。
- 单击 或 按钮，可以将选中对象的动画播放顺序向上或向下移动。
- 单击对象右侧的下拉按钮 ，显示下拉菜单，如图 5-86 所示，用下拉菜单可以方便地设置动画效果选项、开始方式等。如果要删除选定对象的动画，可以在下拉菜单中选择"删除"选项。

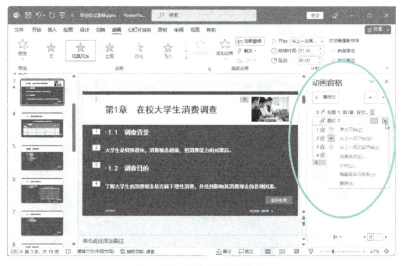

图 5-86　对象的下拉菜单

2. 使用动画刷复制动画效果

格式刷可以将源对象的格式复制到目标对象上，而不需要重复的设置。PowerPoint 也提供了一个类似格式刷的工具，叫作动画刷，它可以将 PowerPoint 中源对象的动画复制到目标对象上。

将"第 1 章……"幻灯片中各对象的动画分别复制到"2.2　消费心理情况"幻灯片中相应的对象上，操作步骤如下。

① 单击"第 1 章……"幻灯片中的标题占位符边框，在"动画"选项卡的"高级动画"组中单击"动画刷"按钮，此时鼠标指针变为 形状，如图 5-87 所示。

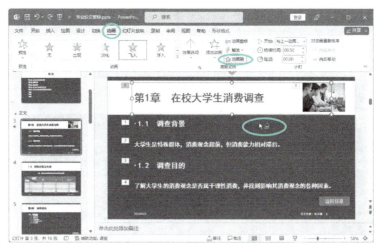

图 5-87　动画刷

② 在左侧的幻灯片浏览窗格中单击选中"2.2　消费心理情况"幻灯片缩略图，在右侧的幻灯片中用鼠标指针🐾👆单击"2.2　消费心理情况"标题占位符，则该对象附近显示动画次序标记 ⓪，如图 5-88 所示，表示动画已经被复制过来，使两个幻灯片中的对象具有相同的动画效果。

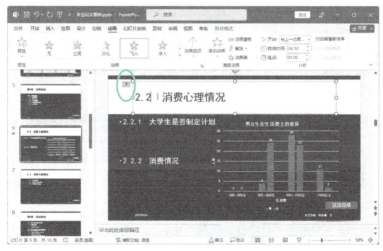

图 5-88　复制动画

③ 用相同的方法，将"第 1 章……"幻灯片中图片和正文文本的动画效果复制到"2.2　消费心理情况"幻灯片的图片和正文文本上。

④ 调整"2.2　消费心理情况"幻灯片中的动画播放顺序为：标题、图片、正文文本。

⑤ 预览幻灯片中设置的动画效果。

说明：动画刷不能复制动画顺序。如果要取消选择动画刷，按〈Esc〉键。

3. SmartArt 图形的动画效果

为"结论"标题的幻灯片中的 SmartArt 图形设置动画效果，操作步骤如下。

① 选择标题为"结论"的幻灯片。

② 单击选中 SmartArt 图形的占位符，在"动画"选项卡的"动画"组中单击"动画样式"下拉列表框右下角的"其他"按钮，打开动画样式下拉菜单，在"强调"下单击"对象颜色"，如图 5-89 所示。将该对象的动画样式设置为"强调"下的"对象颜色"，如图 5-90 所示。

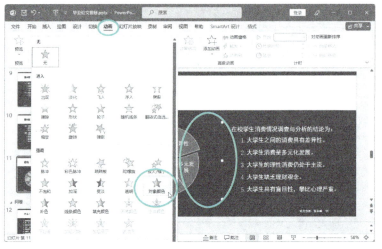

图 5-89　设置为"强调"下的"对象颜色"

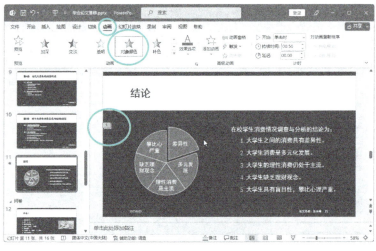

图 5-90　设置动画后

③ 单击"动画"组右下角的"对话框启动器"按钮 ☑，打开"对象颜色"对话框，在"效果"选项卡的"颜色"下拉列表框中选择"橙色"选项，如图 5-91 所示；在"SmartArt 动画"选项卡的"组合图形"下拉列表框中选择"逐个"选项，如图 5-92 所示；在"计时"选项卡中设置"期间"为"中速（2 秒）"，如图 5-93 所示，单击"确定"按钮。

图 5-91　"效果"选项卡　　　图 5-92　"SmartArt 动画"选项卡　　　图 5-93　"计时"选项卡

说明： 在"动画"选项卡"动画"组的"动画样式"下拉列表框中选择动画样式选项这种方式，只能为同一对象设置一个动画样式，再次选择"动画"组中的动画样式选项时，视为对该对象动画样式的修改。如果要在同一个对象上设置多个动画样式，则需要在"动画"选项卡的"高级动画"组中单击"添加动画"按钮。

4. 图片的多种动画效果

为标题为"问卷 1"的幻灯片中的图片添加多种动画效果，操作步骤如下。

① 在标题为"问卷 1"的幻灯片中，单击选中图片对象。

② 为图片添加第一个动画。在"动画"选项卡的"动画"组中单击"动画样式"下拉列表框右下角的"其他"按钮▽，打开动画样式下拉菜单，单击"更多进入效果"。显示"更改进入效果"对话框，在"华丽"下单击"曲线向上"。

单击"动画"组右下角的"对话框启动器"按钮▽，打开"曲线向上"对话框，在"效果"选项卡的"声音"下拉列表框中选择"鼓声"选项；在"计时"选项卡的"开始"下拉列表框中选择"与上一动画同时"选项，在"期间"下拉列表框中选择"快速（1 秒）"选项，单击"确定"按钮。在"预览"组中单击"预览"按钮☆上半部分，预览幻灯片中设置的动画效果。

③ 为图片添加第二个动画。单击选中该图片，在"动画"选项卡的"高级动画"组中单击"添加动画"按钮，显示"添加动画"下拉列表，在"动作路径"组中选择"自定义路径"选项，如图 5-94 所示。此时鼠标指针在幻灯片编辑区变成十字形，将十字形指针移到编辑区中的动画起点处，按住鼠标左键不放（指针成笔状）绘制出动画的移动路线，如图 5-95 所示。

图 5-94　"自定义路径"选项

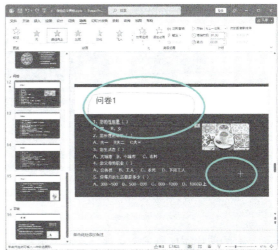

图 5-95　绘制动画的移动路线

在动画终点处双击结束，动画起始点为绿色箭头，结束点为红色箭头，如图 5-96 所示。单击选中该移动路线，然后在"动画"选项卡的"计时"组中将开始方式设置为"上一动画之后"，在"延迟"数值框中设置"02.00"，如图 5-97 所示。在"预览"组中单击"预览"按钮☆上半部分，预览幻灯片中设置的动画效果。

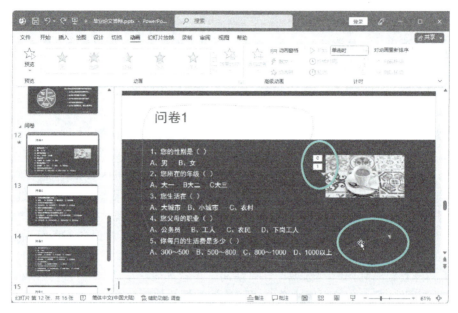

图 5-96　完成的动画移动线路

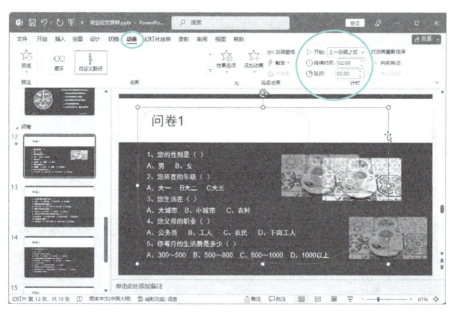

图 5-97　设置动画计时

④ 为图片添加第三个动画。单击该图片，在"动画"选项卡"高级动画"组中单击"添加动画"按钮，显示"添加动画"下拉列表，单击"更多退出效果"。显示"添加退出效果"对话框，在"细微"下单击"淡化"，此时在幻灯片中显示预览动画效果，如图 5-98 所示，单击"确定"按钮。

单击"动画"组右下角的"对话框启动器"按钮⬛，打开"淡化"对话框，在"效果"选项卡的"声音"下拉列表框中选择"推动"选项；在"计时"选项卡的"开始"下拉列表框中选择"上一动画之后"选项，如图 5-99 所示，单击"确定"按钮。

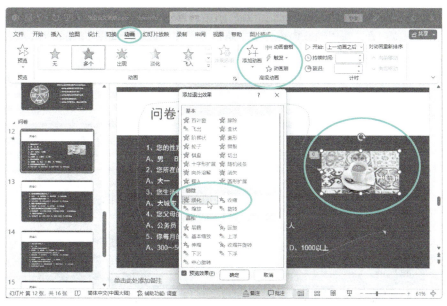

图 5-98　"添加退出效果"对话框

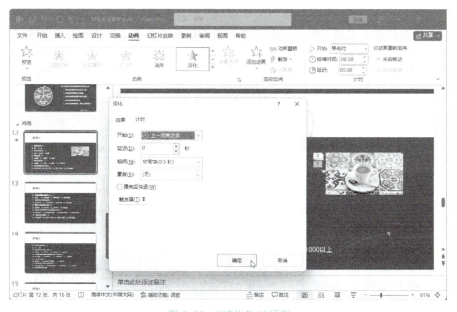

图 5-99　"淡化"对话框

⑤ 在"预览"组中单击"预览"按钮☆上半部分，预览幻灯片中设置的动画效果。如果不满意，需要重复上述过程，反复修改，直至满意。

5.5.3　为幻灯片设置切换效果

幻灯片的切换效果是指在幻灯片的放映过程中，播放完的幻灯片如何消失，下一张幻灯片如何显示。可以在幻灯片之间设置切换效果，从而使幻灯片的放映更加生动有趣。下面为"正文"节所有的幻灯片设置切换效果，操作步骤如下。

① 在幻灯片浏览窗格中单击"正文"节标记，选中"正文"节所有的幻灯片。

② 在"切换"选项卡的"切换到此幻灯片"组中，单击"切换效果"列表框右下角的"其他"
按钮▼，显示其下拉列表，在"动态内容"组中单击"平移"选项，如图 5-100 所示。

图 5-100　"切换效果"列表

提示：一旦为幻灯片设置了动画、幻灯片切换等效果，在普通视图或幻灯片浏览视图下，
幻灯片缩略图的左上侧或右下方会多出一个"播放动画"按钮★，单击该按钮可以观看当
前幻灯片中设置的所有动画效果。

③ 在"切换到此幻灯片"组中单击"效果选项"按钮，在下拉列表中单击"自右侧"选项，如
图 5-101 所示。

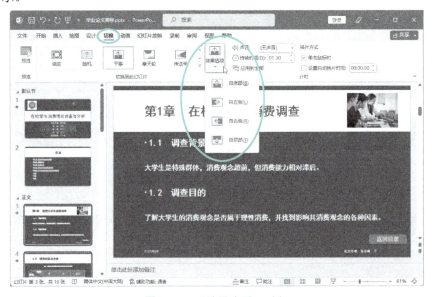

图 5-101　"效果选项"列表

④ 在"切换"选项卡的"计时"组"声音"下拉列表中选择"单击"选项，在"持续时间"数
值框中输入 2（或单击右侧微调按钮调整为 2 秒）。

⑤ 在"预览"组中单击"预览"按钮☆上半部分，预览幻灯片切换效果。

说明：

1）如果要为演示文稿中的所有幻灯片设置相同的切换效果，可以先设置任意一张幻灯片的切换动画，然后在"切换"选项卡的"计时"组中单击"应用到全部"按钮
🖿应用到全部。

2）换片方式分为手动换片和自动换片两种。如果在"切换"选项卡的"计时"组中选中"单击鼠标时"复选框，则在幻灯片放映过程中，不论这张幻灯片已放映了多长时间，只有单击时才换到下一页；如果选中"设置自动换片时间"复选框，并输入具体的秒数，如输入 3 秒，那么在幻灯片放映时，每隔 3 秒钟就会自动切换到下一页，同时，自定义动画中将开始方式设置为"单击时"的效果会自动失效。如果同时选中两个复选框，那么"单击鼠标时"的换片方式也会自动失效。

5.5.4　隐藏幻灯片

如果在演讲时，由于时间或其他原因，需要临时减少演讲内容，又不想删除幻灯片，可以将不需要播放的幻灯片隐藏起来，操作步骤如下。

① 在幻灯片浏览窗格中，在"问卷"节中，按下〈Ctrl〉键不松开，单击选中第 12、13、15 张幻灯片。

② 执行下列操作之一，可隐藏选定的幻灯片。

● 在"幻灯片放映"选项卡的"设置"组中，单击"隐藏幻灯片"，如图 5-102 所示。

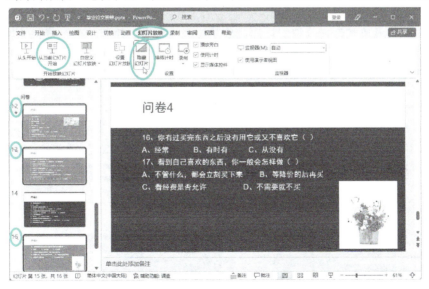

图 5-102　"设置"组中的"隐藏幻灯片"

● 在幻灯片浏览视图下，在幻灯片上右击，在快捷菜单中单击"隐藏幻灯片"，如图 5-103 所示。

对于已经隐藏的幻灯片，在普通视图或幻灯片浏览视图下，幻灯片缩略图左上侧或左下方的幻灯片序号上有划掉线。

如果需要取消隐藏，选中被隐藏的幻灯片，在"幻灯片放映"选项卡的"设置"组中，再次单击"隐藏幻灯片"，或者在幻灯片浏览视图下，在幻灯片上右击，在快捷菜单中单击"隐藏幻灯片"，可以取消隐藏设置。

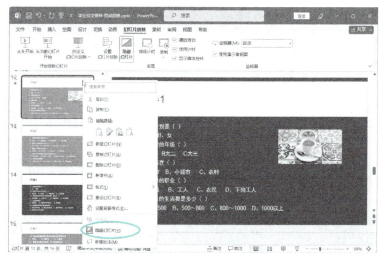

图 5-103　幻灯片的快捷菜单

> **说明：** 幻灯片放映过程中，被隐藏的幻灯片会被自动跳过，不会播放。但是，如果选定被隐藏的幻灯片，从当前幻灯片开始，将从选定的被隐藏的幻灯片开始播放，间隔的被隐藏的幻灯片不会播放。幻灯片放映过程中，通过超链接，可以跳转到隐藏的幻灯片并播放。

5.5.5　自动循环放映幻灯片

默认按照演讲者放映方式放映幻灯片，放映过程需要人工控制。在一些特殊场合下，如展览会上播放演示文稿无须人工干预，而是自动运行。实现自动循环放映幻灯片，需要分两步进行：先为演示文稿设置放映排练时间（或设置自动换片时间），再为演示文稿设置放映方式。

1. 设置放映排练时间

为演示文稿设置放映排练时间的操作步骤如下。

① 保存"毕业论文答辩.pptx"，然后将该文件另存为"毕业论文答辩-自动放映.pptx"。

② 在"幻灯片放映"选项卡的"设置"组中单击"排练计时"按钮，如图 5-104 所示。

图 5-104　"设置"组中的"排练计时"按钮

③ 自动从第 1 张幻灯片开始放映，此时在幻灯片左上角出现"录制"对话框，如图 5-105 所示。可以按〈Enter〉键或单击鼠标，控制每张幻灯片的放映速度。可以尝试边演讲边计时。

④ 当放映完最后一张幻灯片时，自动显示"Microsoft PowerPoint"对话框，显示放映演示文稿的总时间，并询问"是否保留新的幻灯片计时？"，单击"是"按钮。如果切换到幻灯片浏览视图，可以看到每张幻灯片的右下方均显示放映该幻灯片所需要的时间。

⑤ 按〈Ctrl+S〉快捷键保存演示文稿。至此已完成了排练计时操作，但还不能自动循环放映幻灯片，必须进一步设置放映方式。

图 5-105　"录制"对话框

2. 为演示文稿设置放映方式

为"毕业论文答辩-自动放映.pptx"演示文稿设置放映方式，操作步骤如下。

① 在"幻灯片放映"选项卡的"设置"组中单击"设置幻灯片放映"按钮。

② 显示"设置放映方式"对话框，在"放映类型"下选中"在展台浏览（全屏幕）"，"推进幻灯片"下为"如果出现计时，则使用它"，如图 5-106 所示，单击"确定"按钮。

③ 按〈F5〉键观看放映。整个放映过程不间断地按事先设定的时间连续放映，无须人工干预，直到按〈Esc〉键才会终止。

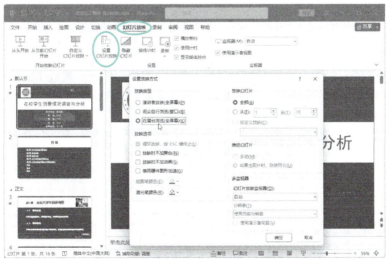

图 5-106　"设置放映方式"对话框

说明：幻灯片的放映类型有 3 种。
- 演讲者放映（全屏幕）：全屏幕播放演示文稿，通常由演讲者自己控制放映过程。
- 观众自行浏览（窗口）：在窗口中放映幻灯片，观者可以通过滚动条或 PageUp、PageDown 键自行浏览幻灯片。
- 在展台浏览（全屏幕）：自动运行演示文稿，多用于不需要专人播放的展览会场。

5.5.6　自定义放映幻灯片

自定义放映不仅可以选择需要放映的幻灯片，还可以重新排列幻灯片的放映顺序。操作步骤如下。

① 在"幻灯片放映"选项卡的"开始放映幻灯片"组中，单击"自定义幻灯片放映"按钮，在下拉列表中选择"自定义放映"。

② 显示"自定义放映"对话框，如图 5-107 所示，单击"新建"按钮。

图 5-107　"自定义放映"对话框

③ 显示"定义自定义放映"对话框，在"幻灯片放映名称"后修改名称，在左侧"在演示文稿中的幻灯片"窗格中选中自定义放映的幻灯片，单击"添加"按钮，被选中的幻灯片添加到右侧"在自定义放映中的幻灯片"窗格中，如图 5-108 所示。单击"向上""向下"按钮可以改变播放顺序，单击"删除"按钮则删除。

图 5-108　"定义自定义放映"对话框

④ 单击"确定"按钮，返回到"自定义放映"对话框，如图 5-109 所示，单击"放映"按钮，放映自定义的幻灯片，单击"关闭"按钮。

图 5-109　完成后的"自定义放映"对话框

⑤ 在"幻灯片放映"选项卡的"开始放映幻灯片"组中，单击"自定义幻灯片放映"按钮，可以看到下拉菜单中出现了新建的幻灯片放映方式的名称，如图 5-110 所示。以后只要打开该.pptx 文件，该下拉列表中就会显示该自定义幻灯片放映名称，单击该名称则按自定义的方式放映幻灯片。

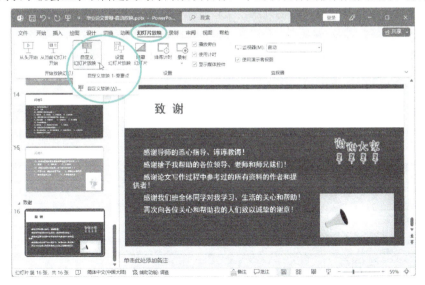

图 5-110　自定义放映方式名称

5.5.7　输出演示文稿

可以将演示文稿保存为放映类型，也可以打印演示文稿。

输出演示文稿

5.5.8 录制幻灯片演示

录制幻灯片演示功能可以记录幻灯片的放映时间。同时，允许用户使用鼠标、激光笔或麦克风（旁白）为幻灯片加上注释。也就是制作者对演示文稿的一切相关注释都可以使用录制幻灯片演示功能记录下来，从而使得幻灯片的互动性能大大提高。其最实用的地方在于录好的幻灯片可以脱离演讲者来放映。

5.6 练习题

一、选择题

1. 关于 PowerPoint 的下列说法中错误的是（　　　）。
   A. 可以动态显示文本和对象　　　　　　B. 可以更改动画对象的出现顺序
   C. 图表中的元素不可以设置动画效果　　D. 可以设置幻灯片切换效果
2. PowerPoint 中，下列有关"嵌入"的说法中错误的是（　　　）。
   A. 嵌入的对象不链接源文件
   B. 如果更新源文件，嵌入到幻灯片中的对象并不改变
   C. 用户可以双击一个嵌入对象来打开对象对应的应用程序，以便于编辑和更新对象
   D. 对嵌入编辑完毕后，要返回到演示文稿中时，需重新启动 PowerPoint
3. 在（　　　）视图中，可以精确设置幻灯片的格式。
   A. 备注页视图　　　B. 浏览视图　　　C. 幻灯片视图　　　D. 黑白视图
4. 为了使所有幻灯片具有一致的外观，可以使用母版。用户可进入的母版视图有"幻灯片母版"和（　　　）。
   A. 备注母版　　　B. 讲义母版　　　C. 普通母版　　　D. A 和 B 都对
5. 在（　　　）视图中，用户可以看到画面变成上下两半，上面是幻灯片，下面是文本框，可以记录演讲者讲演时所需的一些提示重点。
   A. 备注页　　　B. 浏览　　　C. 幻灯片　　　D. 黑白

二、操作题

制作"公司简介"演示文稿，制作完成后的效果如图 5-111 所示。

图 5-111　效果图

1）新建演示文稿。
2）幻灯片页面设置为"全屏 16∶9"。
3）从 Word 大纲"公司简介大纲.docx"新建幻灯片。
4）设计主题"精简书"样式。

5）在目录页插入超链接。

6）修改版式，在页面右下角插入"返回目录"按钮。

7）插入图片，在"企业文化"幻灯片右上方插入图片"服务.jpg"。

8）在"公司组织架构"幻灯片中插入 SmartArt 图形，选择层次结构中的"组织结构图"，制作公司组织架构图。

9）在"公司各部门功能介绍"幻灯片中插入 SmartArt 图形，样式任选。

10）插入艺术字，在文档最后新建幻灯片，插入"谢谢欣赏"艺术字，样式任选。

11）设置动画效果，为幻灯片中的内容添加动画效果，动画效果根据内容自行选择。

第6章 计算机网络与 Internet 基础

本章介绍网络基础知识，Internet 应用基础，浏览网页，信息资源检索基础，搜索引擎与搜索方式等内容。

学习目标：理解网络基础知识、Internet 应用基础、信息资源检索基础、搜索引擎与搜索方式；掌握浏览网页、使用搜索引擎的方法。

重点难点：重点掌握浏览网页的操作；难点是使用搜索引擎。

6.1 计算机网络基础

计算机网络是计算机技术和通信技术相结合的产物，它使人们可以不受时间、地域等限制，实现信息交换和资源共享。

6.1.1 计算机网络的定义

计算机网络的定义有多种，从资源共享的角度进行定义比较符合其目前的基本特征，定义为"以相互共享资源的方式，互联起来的自治计算机的集合"。即，分布在不同地点的具有独立功能的多个计算机系统，通过通信线路和通信设备互相连接起来，实现彼此之间数据通信和资源共享的系统。计算机网络的主要功能如下：

1. 数据通信

数据通信是计算机网络最基本的功能之一。在计算机网络中可以实现计算机与计算机或计算机与终端之间的数据传输。数据通信主要包括电子邮件、传真、数据交换、远程登录、文件传输、信息浏览、信息查询以及电子商务等。

2. 资源共享

资源共享是计算机网络的重要功能。计算机资源包括硬件资源、软件资源和数据资源。资源共享是指网络中各个计算机的资源可以通用，以提高计算机资源的利用率。

6.1.2 计算机网络的发展历史

计算机网络的发展过程可分为 4 个阶段。

1. 远程终端联机阶段

由一台中央主机通过通信线路连接大量的地理上分散的终端，构成面向终端的通信网络，终端分时访问中心计算机的资源，中心计算机将处理结果返回终端。

2. 计算机网络阶段

第二代计算机网络强调了网络的整体性，用户不仅可以共享与之直接相连的主机的资源，还可以通过通信子网共享其他主机或用户的软硬件资源。第二代计算机网络采用分组交换技术，它奠定了互联网的基础。

3. 计算机网络互联阶段

第三代计算机网络的特点是制定了统一的不同计算机之间互联的标准，从而实现了不同厂家广域网、局域网之间的互联，网络体系结构与网络协议实现标准化。

4. 国际互联网与信息高速公路阶段

它是随着数字通信的出现而产生的，其特点是综合化和高速化。综合化是指采用交换的数据传送方式将多种业务综合到一个网络中完成。例如，将语音、数据、图像等信息以二进制代码的数字形式综合到一个网络之中进行传送。

6.1.3　计算机网络的分类

计算机网络的分类方法有很多种，主要的分类方法有：根据网络所使用的传输技术分类、根据网络的拓扑结构分类、根据网络协议分类等。各种分类方法只能从某一方面反映网络的特征。根据网络覆盖的地理范围和规模分类是最普遍采用的分类方法，它能较好地反映出网络的本质特征。按照网络覆盖的地理范围，可分为以下 3 种。

1. 局域网

局域网（Local Area Network，LAN）一般用微型计算机通过高速通信线路相连（速度通常在 10Mbit/s 以上），但在地理上则局限于较小的范围（10km 以内）。

2. 城域网

城域网（Metropolitan Area Network，MAN）的作用范围在广域网和局域网之间，传输速度比局域网更高，规模局限在一座城市的范围内，是 5～50km 的区域。目前城域网使用最多的是基于光纤的千兆或万兆以太网技术。

3. 广域网

广域网（Wide Area Network，WAN）的作用范围通常为几十到几千千米，网络跨越国界、洲界，甚至全球范围。

6.1.4　计算机网络的拓扑结构

计算机网络的拓扑结构是引用拓扑学中的研究与大小、形状无关的点、线特性的方法，把网络单元定义为节点，两节点间的线路定义为链路，则网络节点和链路的几何位置就是网络的拓扑结构。网络的拓扑结构主要有星形、环形、总线型、树形和网状拓扑结构。

1. 星形拓扑结构

星形拓扑结构由一个中央节点和若干从节点组成，如图 6-1 所示。中央节点可以与从节点直接通信，而从节点之间的通信必须经过中央节点的转发。

2. 环形拓扑结构

环形拓扑结构中，所有设备被连接成环，信息沿着环进行广播式的传送，如图 6-2 所示。在环形拓扑结构中每一台设备只能和相邻节点直接通信。与其他节点通信时，信息必须依次经过二者间的每一个节点。

3. 总线型拓扑结构

总线型拓扑结构是将网络中的所有设备都通过一根公共总线连接，通信时信息沿总线进行广播式传送，如图 6-3 所示。

4. 树形拓扑结构

树形拓扑从总线型拓扑演变而来，形状像一棵倒置的树，顶端是树根，树根以下带分支，每个分支还可再带子分支，如图 6-4 所示。树根接收各站点发送的数据，然后再广播发送到全网。

图6-1 星形拓扑　　　　　图6-2 环形拓扑　　　　　图6-3 总线型拓扑

5. 网状拓扑结构

网状拓扑结构没有上述四种拓扑那么明显的规则，节点的连接是任意的，没有规律。网状拓扑的优点是系统的可靠性高，但是由于结构复杂，就必须采用路由协议、流量控制等方法。广域网中基本都采用网状拓扑结构，如图6-5所示。

图6-4 树形拓扑　　　　　　　　　图6-5 网状拓扑

6. 混合型结构

混合型结构可以是不规则的网络，也可以是点-点相连结构的网络。

7. 蜂窝结构

蜂窝结构是无线局域网中常用的结构。它以无线传输介质（微波、卫星、红外等）点到点和多点传输为特征，是一种无线网，适用于城市网、校园网、企业网。

6.1.5 计算机网络的组成

与计算机系统类似，计算机网络也由网络硬件和网络软件两部分组成，详细内容见二维码内容。

计算机网络的组成

6.1.6 数据通信基础知识

数据通信是通信技术和计算机技术相结合而产生的一种新的通信方式。数据通信是指两台或两台以上的计算机或终端之间，以二进制的形式进行信息传输与交换的过程，它的实质是相互传送数据。

1. 数据通信的基本概念

（1）信息

信息是对客观事物属性和特性的表征。它反映了客观事物的存在形式与运动状态，它可以是对物质的形态、大小、结构、性能等全部或部分特性的描述，也可以是物质与外部的联系。信息是字母、数字及符号的集合，其载体可以是数字、文字、语音、视频和图像等。

（2）数据

数据是指数字化的信息。在数据通信过程中，被传输的二进制代码（或者说数字化的信息）称为数据。数据是传递信息的载体，它涉及事物的表现形式。

- 数据与信息的区别：数据是装载信息的实体，信息则是数据的内在含义或解释。
- 数据有两种类型：数字数据和模拟数据，前者的值是离散的，如电话号码、邮政编码等；而后者的值则是连续变化的，如身高、体重等。

（3）信号

信号简单地说就是携带信息的传输介质。数据通信中信号是数据在传输过程中的电磁波的表示形式。根据信号参量取值不同，信号有两种表示形式：模拟信号与数字信号。

（4）信道

信道是信息从信息的发送地传输到信息接收地的一个通路，它一般由传输介质（线路）及相应的传输设备组成。同一传输介质上可以同时存在多条信号通路，即一条传输线路上可以有多条信道。

（5）数字信号与模拟信号

模拟信号是一种在时间和数值上都是连续变化的信号。模拟信号用连续变化的物理量表示信息，其信号的幅度、频率或相位随时间连续变化。

数字信号指幅度的取值是离散的，被限制在有限个数值之内。计算机产生的电信号用两种不同的电平表示 0 和 1。

（6）调制与解调

计算机内的信息是由"0"和"1"组成的数字信号，而在电话线上传递的却只能是模拟电信号。所以，要利用电话交换网实现计算机数字脉冲信号的传输，就必须首先将数字脉冲信号转换成模拟信号。将发送端数字脉冲信号转换成模拟信号的过程称为调制（Modulation），也称 D/A 转换；将接收端模拟信号还原成数字信号的过程称为解调（Demodulation），也称 A/D 转换。将调制和解调两种功能结合在一起的设备称为调制解调器（Modem）。正是通过这样一个"调制"与"解调"的数模转换过程，从而实现了计算机之间的数据通信。

2. 数据通信系统的组成

一个数据通信系统可分为三个组成部分：源系统、传输系统、目的系统，如图 6-6 所示。

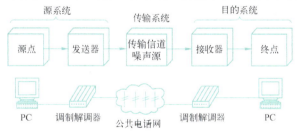

图 6-6 数据通信系统的组成

（1）源系统

源系统一般包括以下两个部分。

- 源点：源点产生所需传输的数据，如文本或图像等。
- 发送器：通常源点生成的数据要通过发送器编码后才能够在传输系统中进行传输。

（2）传输系统

传输系统包括以下两个部分。

- 传输信道：它一般表示向某一方向传输的介质，一条信道可以看成一条电路的逻辑部件。一条物理信道（传输介质）上可以有多条逻辑信道（采用多路复用技术）。
- 噪声源：包括影响通信系统的所有噪声，如脉冲噪声和随机噪声（信道噪声、发送设备噪声、接收设备噪声）。

（3）目的系统

目的系统一般包括以下两个部分。

- 接收器：接收传输系统传送过来的信号，并将其转换为能够被目的设备处理的信息。
- 终点：终点设备从接收器获取传送来的信息。终点也称为目的站。

3. 数据通信系统的主要技术指标

数据通信系统的技术指标主要从数据传输的质量和数量来体现。质量指信息传输的可靠性，一般用误码率来衡量。而数量指标包括两方面：一方面是信道的传输能力，用信道带宽和信道容量来衡量；另一方面指信道上传输信息的速度，相应的指标是数据传输速率。

（1）数据传输速率

数据传输速率有两种度量单位：波特率和比特率。

- 波特率：波特率指数据通信系统中，线路上每秒传送的波形个数，单位是波特。
- 比特率：比特率指一个数据通信系统每秒所传输的二进制位数，单位是每秒比特（位），以 bit/s 表示，单位有：bit/s、kbit/s、Mbit/s、Gbit/s、Tbit/s。换算关系如下：

$$1\text{kbit/s} = 1\times10^3\text{bit/s}$$
$$1\text{Mbit/s} = 1\times10^3\text{kbit/s} = 1\times10^6\text{bit/s}$$
$$1\text{Gbit/s} = 1\times10^3\text{Mbit/s} = 1\times10^6\text{kbit/s} = 1\times10^9\text{bit/s}$$
$$1\text{Tbit/s} = 1\times10^3\text{Gbit/s} = 1\times10^6\text{Mbit/s} = 1\times10^9\text{kbit/s} = 1\times10^{12}\text{bit/s}$$

（2）误码率

误码率是衡量通信系统线路质量的一个重要参数。它的定义为：二进制符号在传输系统中被传错的概率，近似等于被传错的二进制符号数与所传二进制符号总数的比值。计算机网络通信系统中，要求误码率低于 10^{-6}。

（3）信道带宽

信道带宽（Bandwidth）是指信道所能传送的信号的频率宽度，也就是可传送信号的最高频率与最低频率之差。它在一定程度上体现了信道的传输性能，是衡量传输系统的一个重要指标。通常，信道的带宽大，信道的容量也大，其传输速率相应也高。

（4）信道容量

信道容量是指信道能传输信息的最大能力，以信道每秒钟能传送的信息比特数为单位，以 bit/s 表示。

6.1.7　网络体系结构的基本概念

在计算机网络中，为了使通信双方能够正确地传送信息，必须有一套关于信息传输顺序、信息格式和信息内容等形式的约定，这一整套约定称为通信协议。为了降低协议设计的复杂程度，大多数网络按层的方式来组织。不同的网络，各层的数量、各层的内容和功能都不尽相同。

层和协议的集合称为网络体系结构。它是对构成计算机网络的各个组成部分以及计算机网络本身所必须实现的功能的一组定义、规定和说明。

如图 6-7 所示，国际标准化组织于 1978 年制定了"开放系统互连"（Open System Interconnection，OSI）参考模型，将整个网络的通信功能分成 7 个层次，包括低三层（物理层、数据链路层和网络层）、高四层（传输层、会话层、表示层和应用层）。通常将计算机网络分成通信子网和资源子网两大部分。OSI 的低三层属于通信子网范畴，高三层属于资源子网范畴，传输层起着衔接上三层和下三层的作用。

OSI 参考模型定义了一种网络互联的标准框架结构，并且得到了全世界的公认。OSI 中的"系统"是指计算机、外部设备、终端、传输设备、操作人员以及相应软件。"开放"是指按照参考模型建立的，任意两系统之间的连接操作。当一个系统能按 OSI 模式与另一个系统进行通信时，就称该系统是"开放系统"。

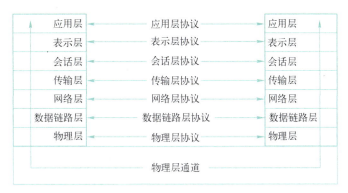

图 6-7　OSI 参考模型

6.1.8　网络通信协议的概念

通信协议是一组规则的集合，是进行交互的双方必须遵守的约定。在网络系统中，为了保证数据通信双方能够正确而自动地进行通信，针对通信过程中的各种问题，制定了一整套约定，这就是网络系统的通信协议。通信协议是一套语义和语法规则，用来规定有关功能部件在通信过程中的操作。

1.　通信协议的特点

通信协议具有层次性：这是由于网络系统体系结构是有层次的。通信协议分为多个层次，在每个层次内又可以被分为若干子层次，协议各层次有高低之分。

通信协议具有可靠性和有效性：如果通信协议不可靠，就会造成通信混乱和中断，只有通信协议有效，才能实现系统内各种资源的共享。

2.　通信协议的组成

网络通信协议主要由以下 3 个要素组成。

- 语法：语法是数据与控制信息的结构或格式，如数据格式、编码、信号电平等。
- 语义：语义是用于协调和进行差错处理的控制信息，如需要产生何种控制信息，完成何种动作，做出何种应答等。
- 同步：也称为定时或时序。同步是对事件实现顺序的详细说明，如速度匹配、排序等。

需要说明的是，协议只能确定各种规定的外部特点，不对内部的具体实现做任何规定。计算机网络软硬件厂商在生产网络产品时，必须遵守协议规定的规则，使产品符合协议规定的标准，但生产商选择何种电子元件，使用何种语言是不受约束的。

6.1.9　无线局域网

无线局域网（Wireless Local Area Network，简称 WLAN）是一种无线网络技术，用于在局域网范围内进行无线数据传输。无线局域网使用无线电波作为数据传送的媒介，传送距离一般只有几十米。无线局域网的主干网络通常使用有线电缆，无线局域网用户通过一个或多个无线接入点接入无线局域网。

1.　无线局域网的标准

无线局域网标准是指定义了无线局域网协议、技术和规范的国际标准。以下是常见的无线局域网标准。

IEEE 802.11b 是 1999 年发布的无线局域网标准，速率为 11Mbps，在 2.4GHz 频段运行。

IEEE 802.11a 是 1999 年发布的无线局域网标准，速率为 54Mbps，在 5GHz 频段运行。

IEEE 802.11g 是 2003 年发布的无线局域网标准，速率为 54Mbps，在 2.4GHz 频段运行。

IEEE 802.11n 是 2009 年发布的无线局域网标准，速率可达 600Mbps，在 2.4GHz 和 5GHz 频段运行。

IEEE 802.11ac 是 2013 年发布的无线局域网标准，速率可达 1.3Gbps，在 5GHz 频段运行。

IEEE 802.11ax 是 2019 年发布的无线局域网标准，速率可达 10Gbps，采用多用户、多输入多输出技术，在 2.4GHz 和 5GHz 频段运行。

这些标准由 IEEE 组织制定和管理，应用于无线局域网设备，如无线路由器、无线网卡等。

2. 无线局域网的硬件

无线网络的硬件设备主要包括：无线网卡、无线 AP、无线路由器、PC 和手机等无线终端等。当然，并不是所有的无线网络都需要这 4 种设备。当需要扩大网络规模时，或者需要将无线网络与传统的局域网连接在一起时，才需要使用无线 AP。当接入 Internet 时，才需要无线路由。而无线天线主要用于放大信号，以接收更远距离的无线信号，从而扩大无线网络的覆盖范围。

（1）无线网卡

无线网卡的作用类似于局域网中的网卡，作为无线网络的接口，实现与无线网络的连接。无线网卡根据接口类型的不同，有 PCMCIA 无线网卡、PCI 无线网卡和 USB 无线网卡。

（2）无线接入点

无线接入点也称无线 AP（Access Point），其作用类似于局域网中的交换机。当网络中增加一个无线 AP 后，即可成倍地扩展网络覆盖直径。另外，也可使网络中容纳更多的网络设备。无线 AP 通常拥有一个或多个以太网接口，用于无线与有线网络的连接，从而实现无线与有线的无缝融合。安装于室外的无线 AP 通常称为无线网桥。

（3）无线路由器

无线路由器是应用于用户上网、带有无线覆盖功能的路由器。无线路由器可以看作一个转发器，将家中墙上接出的宽带网络信号通过天线转发给附近的无线网络设备（笔记本电脑、支持 WiFi 的手机等）。无线路由器就是一个带路由功能的无线 AP，接入 ADSL 宽带线路，通过路由器功能实现自动拨号接入网络，并通过无线功能，建立一个独立的无线家庭网。

3. 无线局域网的网络结构

WLAN 使用的端口访问技术 IEEE 802.11b 标准支持两种网络结构。

（1）基于 AP 的网络结构

所有工作站都直接与 AP 无线连接，由 AP 承担无线通信的管理及与有线网络连接的工作，是理想的低功耗工作方式。可以通过放置多个 AP 来扩展无线覆盖范围，并允许便携设备在不同 AP 之间漫游。目前实际应用的 WLAN 建网方案中，一般采用这种结构。

（2）基于 P2P（Peer to Peer）的网络结构

用于连接 PC、手机等终端，允许各台计算机在无线网络所覆盖的范围内移动并自动建立点到点的连接。P2P 是一种对等网络技术，主要依赖网络中参与者的计算能力和带宽，不需要服务器。

6.2　Internet 基础

Internet 翻译成中文为"因特网"或"国际互联网"，是由遍布全球的各种网络系统、主机系统，通过统一的 TCP/IP 协议集连接在一起所组成的世界性的计算机网络系统。

6.2.1　Internet 的起源和发展

Internet 是世界上最大的互联网络，但它本身不是一种具体的物理网络，把它称为"网络"是为了让大家更容易理解而加上的一个"虚拟"概念，它不属于任何国家或个人。实际上它是把全球各地已有的各种网络（局域网、数据通信网、公共电话交换网等）互联起来，组成一个跨国界的庞大互联网，因此，也将其称为"网络中的网络"。

1．Internet 的起源

Internet 起源于 1968 年美国国防部高级研究计划署（ARPA）提出并资助的 ARPANET 网络计划，其目的是将各地不同的主机以一种对等的通信方式连接起来。1969 年 12 月美国的分组交换网 ARPANET 投入使用，从此计算机网络的发展进入了一个崭新的纪元。美国国家科学基金会（NSF）认识到计算机网络对科学研究的重要性，于 1986 年建立了国家科学基金网 NSFNET，后来 NSFNET 接管了 ARPANET，并将其改名为 Internet。

2．Internet 协会

1992 年，由于 Internet 不再归美国政府管理，因此成立了一个国际性组织"Internet 协会"。Internet 协会的主要职责是根据 Internet 的发展，制定 Internet 的技术标准；制定并通过网络发布 Internet 的工作文件；代表 Internet 就技术问题进行国际协调；规划 Internet 的发展；检查下设机构的工作。Internet 协会是关于 Internet 最具权威的组织。

3．中国的 Internet 管理

我国于 1994 年 4 月正式接入 Internet，先后建成了中国科学技术网（CSTNET）、中国公用计算机互联网（CHINANET）、中国金桥信息网（CHINAGBN）、中国教育和科研计算机网（CERNET）四大具有国际出口的互联网。1997 年，中国互联网络信息中心（China Internet Network Information Center，CNNIC）成立于北京，行使国家互联网络信息中心的职责，负责管理维护中国互联网地址系统（http://www.cnnic.net.cn）。

4．全球海底光缆简介

世界各国的网络可以看成一个大型局域网，光缆是一种目前比较理想的通信介质。海底和陆上光缆把国家和地区连接成为互联网。虽然美国在全球互联网中起到重要角色，但现在并非所有的光缆都直接连接到美国。海底光缆是指敷设在海底的通信光缆。截至 2022 年底，全球正在运营的海底光缆已达 469 条，总长度超过 139 万千米。法兰克福、伦敦、阿姆斯特丹、巴黎、新加坡、马赛、斯德哥尔摩、迈阿密和东京都是海底光缆的重要枢纽。中国大陆的海底光缆包括青岛（2 条）、上海（8 条）、福州（1 条）和汕头（4 条）。

6.2.2　TCP/IP

TCP/IP 是 Internet 中使用的主要通信协议，它是目前最完整、应用最普遍的通信协议标准，可以使不同的硬件结构、使用不同操作系统的计算机之间相互通信。TCP/IP 是用于计算机通信的一组协议，TCP 和 IP 是这众多协议中最重要的两个核心协议。TCP/IP 是一个公开标准，完全独立于硬件或软件厂商，可以运行在不同体系的计算机上。

1．TCP/IP 的体系结构

TCP/IP 由网络接口层、网络层、传输层、应用层 4 个层次组成。TCP 是指传输控制协议，IP 是指互联网协议。如图 6-8 所示。

2．TCP（Transmission Control Protocol）

传输控制协议（TCP）向应用层提供面向连接的服务，以确保网上所发送的数据报的可靠性。一旦数据报丢失或破坏，TCP 将负责重新传输。

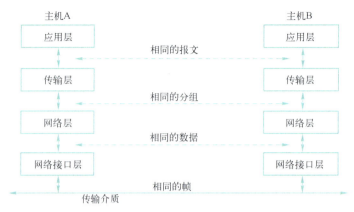

图 6-8 TCP/IP 的体系结构

3．IP（Internet Protocol）

网际协议（IP）的功能是将不同格式的物理地址转换为统一的 IP 地址，将不同格式的数据帧转换为"IP 数据报"。在 Internet 上发送 IP 数据和接收 IP 数据的主机均需要按 IP 协议处理数据与地址。

6.2.3 IP 地址与子网掩码

1．IP 地址

接入 Internet 的计算机均有一个由授权机构分配的号码，称为 IP 地址（Internet Protocol Address）。一个 IP 地址由网络号和主机号两部分组成。网络号用于识别一个逻辑网，主机号则用于识别该逻辑网中的一台主机。Internet 中的每台主机至少有一个 IP 地址。

网络协议版本 4（Internet Protocal version 4，IPv4），其 IP 地址由 4 个字节共 32 位二进制数表示。为方便用户，用圆点"."将 IP 地址分隔为 4 个部分，每个部分用十进制数字表示，每个十进制数的范围是 0～255，占 1 个字节。

例如，IP 地址 202.93.120.21，其前 3 个字节为网络号，即 202.93.120，最后 1 个字节为主机号，即 21。

ICANN（the Internet Corporation for Assigned Names and Numbers，因特网名称与数字地址分配机构）成立于 1998 年 10 月，是一个集合了全球网络界商业、技术及学术各领域专家的非营利性国际组织，负责网际协议（IP）地址的空间分配，协议标识符的指派，通用顶级域名（GTLD）、国家和地区顶级域名（CCTLD）系统的管理，以及根服务器系统的管理。

为充分利用 IP 地址资源，考虑到不同规模网络的需要，IP 地址被划分为不同的地址级别，并定义了 5 类地址：A～E 类。其中，A、B、C 三类由 ICANN 在全球范围内统一分配，D、E 类为特殊地址，其地址编码方法见表 6-1。为了确保 Internet 中 IP 地址的唯一性，IP 地址由 Internet IP 地址管理组织统一管理，如果需要建立网站，要向管理本地区的网络机构申请 IP 地址。

表 6-1 IP 地址类型和应用

类　　型	第一字节数字范围	应　　用
A	1～127	大型网络
B	128～191	中等规模网络
C	192～223	校园网
D	224～239	备用
E	240～254	试验用

随着 Internet 的不断发展，地址空间的不足已经成为妨碍 Internet 进一步发展的障碍。为了扩大地址空间，拟通过 IPv6 重新定义地址空间。IPv6 采用 128 位地址长度。在 IPv6 的设计过程中，除了解决地址短缺问题外，还考虑了在 IPv4 中未彻底解决的其他问题。

2. 子网掩码

子网掩码（Subnet Mask）又称地址掩码，用于划分子网，与 IP 地址相似。掩码包含网络域和主机域，默认情况下，网络域地址全部为 1，主机域地址全部为 0。表 6-2 列出的是各类网络与子网掩码的对应关系。

表 6-2　网络和子网掩码的对应关系

网络类别	默认子网掩码
A	255.0.0.0
B	255.255.0.0
C	255.255.255.0

6.2.4　域名、默认网关与 DNS 服务器

1. 域名（Domain Name）

IP 地址有效地标识了网络的主机，但也存在不便记忆的问题。为了方便用户使用，同时也为了方便维护和管理，Internet 中使用了域名系统（Domain Name System，DNS），该系统采用分层命名的方法，为 Internet 上的每一台主机赋予一个直观且唯一的名称。

域名与 IP 地址一一对应，用户使用域名时需要通过 DNS 服务器进行转换，将域名转换成对应的 IP 地址。也就是说，计算机是不能直接识别域名的。

Internet 的域名结构由 TCP/IP 协议集中的域名系统（DNS）定义，其命名格式为：

主机名.单位名.单位性质类型名.国家或地区代码

其中，"单位名""单位性质类型名"和"国家或地区代码"称为"域名"。"单位名"由该单位自行命名，并在网上注册以避免重名，其余部分由网络管理机构确定。

例如：www.pku.edu.cn 表示中国（cn）教育与科研网（edu），单位北京大学（pku），名为 www 的主机。

2. 默认网关

在网络通信过程中，当收发的数据无法找到指定的网关时，则会尝试从"默认网关"中收发数据，所以"默认网关"是需要设置的。默认网关的 IP 地址通常是具有路由功能的设备的 IP 地址，如路由器、代理服务器等。

3. DNS 服务器

DNS 服务器的主要作用是将域名地址翻译成 IP 地址。TCP/IP 中有两个 DNS 服务器的 IP 地址，分别是首选 DNS 服务器和备用 DNS 服务器，当 TCP/IP 需要对一个域名进行 IP 地址翻译时，首先使用首选 DNS 服务器翻译，而当首选 DNS 服务器失效时，为保证用户正常访问网站，则会启用备用 DNS 服务器翻译。

6.2.5　Internet 服务

1. WWW 服务

WWW 是 World Wide Web（环球信息网）的缩写，也可以简称为 Web，中文名为"万维网"。WWW 服务是 Internet 上应用最广泛的一种网络服务，也称为 Web 服务、万维网服务，是目前 Internet 上应用最广的一种基本互联网应用，可以在世界范围内任意查找、检索、浏览及添

加信息。由于 WWW 服务使用的是超文本链接，因此可以很方便地从一个信息页转换到另一个信息页。

用户可以使用基于图形界面的浏览器访问 WWW 服务，WWW 还可集成电子邮件、文件传输、多媒体服务和数据库服务，成为一种多样化的网络服务形式。

除了传统的信息浏览之外，通过 WWW 还可实现广播、电影、游戏、电子邮件、聊天、购物等服务。由于 WWW 的流行，许多上网的新用户最初接触的都是 WWW 服务，因而把 WWW 服务与 Internet 混为一谈，甚至产生 WWW 就是 Internet 的误解。

WWW 服务的核心部分由三个标准构成。

- 统一资源标识符（URL）：负责给万维网资源定位的系统。
- 超文本传输协议（HTTP）：负责规定浏览器和服务器的交流。
- 超文本标记语言（HTML）：定义超文本文档的结构和格式。

万维网联盟（W3C）创建于 1994 年，其职能是使计算机能够在万维网不同形式的信息之间更有效地存储和通信。WWW 服务的原理如图 6-9 所示。

图 6-9 WWW 服务的原理

2. 电子邮件（E-mail）服务

E-mail 是目前 Internet 上使用最频繁的服务之一，也是 Internet 最重要、最基本的应用。E-mail 可以发送和接收文字、图像、声音等多媒体信息，并可以同时发送给多个接收者。通过网络的电子邮件系统，用户能够以非常低廉的价格（不管发送到哪里，都只需负担网费）、非常快速的方式（几秒钟之内可以发送到世界上任何指定的目的地），与世界上任何一个角落的网络用户联系。

Internet 上的电子邮件是一种极为方便的通信工具，已经成为多媒体信息传输的重要手段之一。Internet 上有大量的邮件服务器，用户需要使用 E-mail 时，必须在该邮件服务器上注册，在服务器中建立自己的邮箱。在 Internet 中，每个用户的邮箱具有一个全球唯一的通信地址，这个通信地址由两部分组成，前一部分是用户在邮件服务器中的账号，后一部分是邮件服务器的主机域名，中间由"@"分隔。邮箱地址的格式为：

用户名@主机名.域名

例如：liuk@sohu.com 是一个邮箱地址，其中 liuk 为用户在邮件服务器上的账号，sohu.com 为邮件服务器的主机名与域名。

FTP 与 Telnet 服务

6.2.6 接入 Internet 的方式

要接入因特网，首先找一个合适的因特网服务提供商（Internet Service Provider，ISP），一般 ISP 提供的功能主要有分配 IP 地址、网关及 DNS 和其他接入服务，通常还会上门安装、调试。各地小区都有 ISP 提供因特网的接入服务，如联通、移动、电信和其他网络服务公司。现在常用的接入因特网的方式是局域网（LAN）和无线网（WLAN）。

1. 接入局域网

许多学校、企业、住宅小区（小区宽带）等均采用局域网方式接入因特网。局域网接入传输容量较大，可提供高速、高效、安全、稳定的网络连接。局域网采用双绞线连接，速率一般为 100～1000Mbit/s。一般不用手工设置，插入双绞线的 RJ45 口就可接入局域网，宽带程序会自动设置。

① 在"设置"窗口中单击"网络和 Internet"，显示如图 6-10 所示，单击"以太网"。

② 显示"以太网"选项卡，如图 6-11 所示，IP 地址和 DNS 服务器分配默认为自动，如果不是自动，则单击"编辑"按钮，选择"手动"。

图 6-10　"网络和 Internet"选项卡

图 6-11　"以太网"选项卡

现在许多单位或家中的路由器会自动分配 IP 地址，所以不用填写 IP 地址等，默认使用"自动获得 IP 地址"。也就是说，插入网线就可以用，不用设置。

2. 接入无线局域网

无线局域网现在已经应用在商务区、大学、机场、家庭等场所，无线网络通过有线网络接入因特网。设置连接无线网络的方法如下。

① 在任务栏右端的通知区中，单击连接网络图标⊕。打开无线网络面板，如图 6-12 所示，单击➤按钮。

② 显示查找到的无线网络名称，如图 6-13 所示，单击一个网络名称。

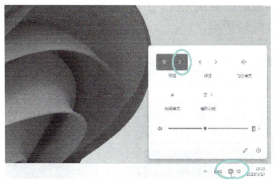

图 6-12　无线网络面板

图 6-13　无线网络名称列表

③ 展开该网络名称的选项，选中"自动连接"，如图 6-14 所示，单击"连接"按钮。

④ 显示"输入网络安全密钥"文本框，如图 6-15 所示，在文本框中输入密码，单击"下一步"按钮。稍后将连接到网络，任务栏右端的通知区中显示无线网络图标🛜。鼠标指针指向无线网

络图标 📶，可看到 "Internet 访问" 提示。

图 6-14　展开该网络名称的选项　　　　　图 6-15　输入网络安全密钥

"飞行模式" 可以快速关闭计算机上的所有无线通信，包括 WLAN、网络、蓝牙、GPS 和近场通信（NFC）。若要启用飞行模式，单击任务栏上的 "网络" 图标 📶 或 🌐，在打开的网络面板中单击 "飞行模式"。

6.3　浏览网页

浏览信息是因特网最常用的应用之一，浏览器是指安装在用户端计算机上，用于显示网页服务器或文件系统中的 HTML 文件内容，并让用户与这些文件交互的一种应用程序。浏览器可以把用 HTML 描述的网页按设计者的要求直观地显示出来，供浏览者阅读。浏览器程序有许多种，常用浏览器有 Microsoft 公司的 Edge、Google 公司的 Chrome、FireFox（火狐）等。

6.3.1　Microsoft Edge 窗口的组成

Microsoft Edge 浏览器是 Windows 11 操作系统内置的浏览器，Edge 采用 Chrome 内核，支持内置语音、阅读器、笔记和分享功能，下面以 Edge 为例介绍浏览器的常用功能和操作方法。单击任务栏中或桌面上的 Microsoft Edge 图标 🌐，则启动 Microsoft Edge 浏览器。启动 Microsoft Edge 后，该窗口内将显示一个标签页，其中显示默认网页，如图 6-16 所示。

图 6-16　Microsoft Edge 浏览器

1．Microsoft Edge 浏览器窗口的组成

Microsoft Edge 浏览器窗口的组成如下。

- 标签页：一个 Edge 窗口中可以显示多个标签页，标签页名称上显示网页的标题，标签页右端有一个"关闭标签页"按钮✕。单击其他标签页，可以切换标签页，使其成为当前标签页，单击其关闭按钮✕可关闭该标签页。
- 新建标签页：在标签页后单击"新建标签页"按钮＋，可以新建一个空白标签页。
- 窗口按钮：Edge 窗口右上角是一组窗口按钮，包括"最小化"按钮一、"最大化"按钮☐和"关闭窗口"按钮✕。
- 地址栏：每个标签页都有自己的地址栏，地址栏中显示当前标签页的 URL。
- 导航按钮：第 2 行地址栏左侧有一组导航按钮，包括"返回"按钮←、"前进"按钮→、"刷新"按钮↺或"停止加载此页"按钮✕、"主页"按钮⌂。
- 功能区：Edge 浏览器的主要特色功能都在功能区，功能区位于地址栏右侧。
- 边栏：边栏位于 Edge 窗口右侧边框上，可以自定义。
- 网页：当前标签页中打开的网页主体。
- 鼠标指针处的链接地址：显示鼠标指针🖑处的链接 URL 地址。

2．功能区

Microsoft Edge 浏览器的功能区，如图 6-17 所示。

图 6-17　Microsoft Edge 的功能区

功能区中的按钮如下。

- "大声朗读此页面"按钮ᴀ⟩：单击本按钮，地址栏下显示播放栏，单击"暂停"按钮�ⅠⅠ暂停朗读，该按钮变为"播放"按钮▷。单击"关闭"按钮✕关闭大声朗读。
- "增强图像"按钮⟨ᴴᴰ⟩：单击⟨ᴴᴰ⟩按钮，显示选项框，打开"增强图像"开关，⟨ᴴᴰ⟩变为⟨ᴴᴰ⟩，应用超分辨率以提高图像的清晰度、锐度和亮度。
- "收藏夹"按钮☆：单击☆按钮，显示"已添加到收藏夹"对话框，可以在"名称"框中编辑名称，在"文件夹"框中选择保存到的文件夹，单击"完成"按钮将此页面添加到收藏夹，☆按钮变为★，单击★取消该页面的收藏，★按钮变为☆。
- "扩展"按钮⟨⟩：单击⟨⟩按钮，显示"扩展"列表，可以管理扩展。
- "分屏窗口"按钮▯▯：单击⟨⟩按钮，当前选项卡显示为左右两个分屏，⟨⟩变为▮▮，单击▮▮关闭分屏窗口。
- "IE 模式"按钮⟨ᴇ：在 Internet Explorer 模式下的重新加载选项卡。⟨ᴇ变为⟨ᴇ，单击⟨ᴇ退出 IE 模式。
- "管理个人资料"按钮👤：单击👤按钮，显示"个人"对话框，可以设置个人资料。
- "设置及其他"按钮…：单击…按钮，打开菜单，显示出更多的功能。

3．边栏

垂直侧边栏允许用户在不打开新标签的情况下访问一些功能，如必应搜索、购物、MSN 游戏等。可以把网站添加到侧边栏，也可以启用或禁用侧边栏。Edge 浏览器默认的边栏如图 6-18 所示，当前可以使用的按钮如下：

- "搜索"按钮🔍：单击🔍按钮将在右侧边框内侧显示必应搜索窗格，在文

图 6-18　边栏

本框中输入关键字，可以搜索 Web。🔍按钮变为选中状态🔍，再次单击该按钮，关闭搜索窗格。

- "工具"按钮🖩：单击🖩按钮，显示"计算器"窗格、"单位换算器"窗格、"翻译工具"窗格。
- "游戏"按钮🎮：单击🎮按钮，显示 MSN 游戏窗格，选择需要玩的游戏。
- "Microsoft 365"按钮⊙：单击⊙按钮，显示 Microsoft 365 窗格，选择需要的 Office 应用。
- "Outlook"按钮📧：单击📧按钮，显示 Outlook 窗格，在 Outlook 上阅读电子邮件。
- "自定义边栏"按钮＋：单击＋按钮，显示"自定义边栏"窗格，可以管理边栏上的应用。
- "自动隐藏边栏"按钮▢：单击▢按钮边栏将被隐藏，把鼠标指针放置在 ⓑ 按钮上，边栏将显示。如果希望边栏一直显示，单击◼按钮，该按钮变为▢。
- "设置"按钮⚙：单击⚙按钮将显示"设置"中的"自定义边栏"窗格，可以设置边栏和其他。

6.3.2　浏览网页

1．在地址栏输入网址

地址栏是输入和显示网页地址的地方。打开指定网页最简单的方法是在"地址"栏中输入 URL 地址，输入完成后，按〈Enter〉键。

在输入地址时，不必输入 http://协议前缀，浏览器会自动补上。如果以前输入过某个网站，浏览器会记忆这个网站，再次输入这个网址时，只需输入开始的几个字符，"自动完成"功能将检查保存过的网址，把其开始的几个字符与用户输入的字符相匹配的网址列出来，自动打开"地址"栏下拉列表框，给出匹配网址的建议，用鼠标单击该地址，或按〈↓〉〈↑〉键找到所需地址后按〈Enter〉键。浏览器将在当前选项卡中，按照地址栏中的地址转到相应的网页。因为浏览器从互联网上的 Web 服务器下载网页需要时间，在正常的情况下稍等片刻就能显示出来。

2．浏览网页

输入网址后，进入网站首先看到的一页称首页或主页，通常由主页上的超级链接引导用户跳转到其他位置。超级链接可以是图片、三维图像或者彩色文字，超级链接文本通常带下画线。将鼠标箭头移到某一项可以查看它是否为链接。如果箭头改为手形🖑，表明这一项是超级链接。同时，窗口左下角将显示该链接地址。单击一个超级链接可以从一个网页跳转到链接网页，"地址"栏中总是显示当前打开的地址。注意，有时单击链接后新网页在本选项卡中显示，有时新网页在新建的选项卡中显示，也可以在新的窗口中显示新网页，方法是在超级链接上右击，在打开的快捷菜单中单击"在新窗口中打开链接""在新标签页中打开链接"或"在分屏窗口中打开链接"。为了方便浏览曾经浏览过的网页，可以通过导航按钮，导航按钮会随着浏览网页而改变，导航按钮如下。

- 单击"返回"按钮←，返回到在此之前显示的网页，通常是最近的那一页，可多次后退。
- 单击"前进"按钮→，则转到下一页。如果在此之前没有使用"返回"按钮←，则"前进"按钮显示为灰色→，不能使用。
- 单击"停止加载此页"按钮×，在加载某网页时，将中止加载该页，取消打开这一页。
- 单击"刷新"按钮↻，将重新连接和显示本网页的内容。

如果网页中显示的文字比例大小不合适，单击"更多"按钮…，如图 6-19 所示，指向"缩放"，单击＋、－选择合适的比例，使得查看网页中的文字、图片时感觉舒适。单击↗按钮进入全屏显示，在全屏显示状态中把鼠标指针移到屏幕顶部，则显示窗口标题栏和控制按钮，单击↙按钮退出全屏。

图 6-19　"更多"按钮···的菜单

3．新建标签页

打开浏览器后，浏览器自动新建一个标签页，浏览器中可以显示多个网页，如果希望在新标签页中显示网页，单击标签右端的"新建标签页"按钮＋，显示"新建标签页"，然后在地址栏中输入地址，打开的网页将显示在这个标签页中。

如果要关闭某个标签，单击该标签页右端的"关闭标签页"按钮×。

4．关闭浏览器

可以像关闭其他窗口一样关闭浏览器，单击 Microsoft Edge 窗口的关闭按钮×，或者按组合键〈Alt+F4〉。Microsoft Edge 是一个标签式的浏览器，在一个窗口中可以打开多个标签页，关闭Microsoft Edge 窗口将关闭所有的标签页。

6.3.3　收藏网页

当用户在网上发现了自己喜欢的内容，为了下次快速访问该网页，可以将其添加到"收藏夹"中。把当前网页保存到收藏夹中的操作为：打开要收藏的网页，在网址栏后单击"收藏"按钮☆，该按钮变为★，显示"编辑收藏夹"窗格，"名称"框中默认显示标签标题名，如图 6-20 所示，是保存到收藏列表中网页的名称，可以更改。在"文件夹"框中单击下拉按钮∨，从列表可以选择把网页添加到收藏夹中的位置。默认保存到收藏夹的根位置。单击"完成"按钮完成添加并关闭"编辑收藏夹"窗格，单击"删除"按钮则取消当前网页的收藏。

图 6-20　"编辑收藏夹"窗格

6.3.4　设置及其他操作

在 Microsoft Edge 的功能区中单击"设置及其他"按钮···，显示菜单如图 6-21 所示，可以对浏览器做一些操作和设置。

图 6-21　"设置及其他"菜单

- 新建窗口：新打开一个 Microsoft Edge，同时打开设置的网址。
- 新建 InPrivate 窗口：新建一个空白的 InPrivate 窗口，InPrivate 浏览可使用户在浏览时不会留下任何隐私信息痕迹（即无痕浏览），在关闭 InPrivate 窗口后，将删除所有用户数据。这有助于防止其他使用计算机的人看到用户访问了哪些网站，以及在 Web 上查看了哪些内容。
- 在页面上查找：在浏览器功能区下显示搜索栏，每输入一个字，就开始在当前网页中查找（不用按〈Enter〉键），对符合条件的文字加上背景色，数字分式2/6表示共有多少符合条件的，以及当前所在的位置。单击 ∧ 显示前一个符合条件的内容，单击 ∨ 向后显示。单击"显示查找选项"按钮▽，从中选用"区分大小写""全字匹配"和"匹配音调符号"，再次单击▽按钮关闭选项。单击✕关闭搜索栏。
- 打印：将显示"打印"对话框，打印当前网页。可以输出到打印机或文件。
- 设置：设置 Microsoft Edge，可以设置个人资料、外观、边栏、默认浏览器、下载、重置设置等。
- 历史记录：浏览器自动把浏览过的网页地址按日期顺序保存在历史记录中，历史记录保存的天数可以设置，也可以随时删除历史记录。
- 下载：显示最近下载的文件，可以打开该文件、打开文件所在的文件夹或删除该文件。

6.3.5　网页的保存和打开

可以把网页、网页中的图片等内容保存到本地文件夹中，以后在不上网时也能阅读。

1. 保存网页
如果要保存当前网页，在要保存的网页上右击，显示快捷菜单，如图 6-22 所示，单击"另存为"（或者按〈Ctrl+S〉键）。

图 6-22　网页内容的快捷菜单

　　显示"另存为"对话框，选择保存网页文件的文件夹。在"文件名"框中输入网页文件名（一般不需要更改）。单击"保存类型"下拉列表框右侧的 ∨ 按钮，在列表中可以选择"网页，单个文件（*.mhtml）""网页，仅 HTML（*.html;*.htm）"或"网页，完成（*.htm;*.html）"。使用较多的是单个文件和完成，二者主要区别是保存文件时是否将页面中其他信息（如图片等）分开存放。若保存为完成类型，则会自动创建一个 XXX.files 命名的文件夹，并将页面中的图片等对象保存其中。

2．打开保存的网页

　　保存在磁盘上的网页文件，可以用 Microsoft Edge 在不连接互联网的情况下显示出来。在文件资源管理器中，从文件夹中选中要打开的网页，然后双击保存的网页文件，用默认的浏览器打开网页。

网页内

6.4　练习题

一、单选题

1．计算机网络从资源共享的角度定义比较符合目前计算机网络的基本特征，主要表现在（　　）。

Ⅰ．计算机网络建网的目的就是实现计算机网络资源的共享

Ⅱ．联网计算机是分布在不同地理位置的多台计算机系统，它们之间没有明确的主从关系

Ⅲ．联网计算机必须遵循全网统一的网络协议

　　A．Ⅰ和Ⅱ　　　　B．Ⅰ和Ⅲ　　　　C．Ⅱ和Ⅲ　　　　D．全部

2．将发送端数字脉冲信号转换成模拟信号的过程称为（　　）。

　　A．链路传输　　　B．调制　　　　　C．解调　　　　　D．数字信道传输

3．下列指标中，（　　）是数据通信系统的主要技术指标之一。

　　A．误码率　　　　B．重码率　　　　C．分辨率　　　　D．频率

4．在计算机网络中，英文缩写 WAN 的中文名是（　　　）。

    A．局域网　　　　　B．无线网　　　　　　　C．广域网　　　　　　　D．城域网

5．Internet 实现了分布在世界各地的各类网络的互联，其最基础和核心的协议是（　　　）。

    A．HTTP　　　　　B．TCP/IP　　　　　　　C．HTML　　　　　　　D．FTP

二、操作题

1．打开搜狐新闻中的任意一条新闻，把网页保存到 C 盘根文件夹下。用文件资源管理器查看保存在 C 盘根文件夹下的网页文件，包括子文件夹中的图片文件。然后用文件资源管理器打开该网页文件。

2．打开一个网页，把网页中的图片保存到 C 盘根文件夹下。

3．打开一个网页，把网页内容粘贴到 Word 文档中。分别采用〈Ctrl+V〉组合键法和只保留文字法，看看二者的区别。

第 7 章 新一代信息技术概述

本章介绍新一代信息技术，包括云计算、大数据、物联网、人工智能、现代通信技术、区块链、数字媒体和虚拟现实。

学习目标：理解新一代信息技术的基本概念、特点和应用。

重点难点：重点是基本概念；难点是特点和应用。

7.1 云计算

7.1.1 云计算的概念

云计算是一种计算模式，是互联网技术发展的重要阶段。其最初的概念于 2006 年在亚马逊的 Elastic Compute Cloud 服务中提出。云计算本质上是一种新型的信息处理方式，它将数据和应用程序放在远程的数据中心服务器上，而用户则可以通过互联网进行访问和处理。云计算的核心思想是将计算作为一种服务，用户无须关心后台的硬件和软件细节，只按需使用和付费。

云计算的概念之所以能够迅速得到人们的广泛接受和应用，主要是因为它将计算的复杂性隐藏在互联网的"云"之后，用户只需关心自己的业务需求，而无须考虑计算的具体实现。这也是云计算名称的由来。

7.1.2 云计算的特点

云计算作为一种新型的计算模式，具有以下几个显著特点。

1）按需使用：云计算服务的一个重要特点就是可以按需提供服务。用户可以根据自己的需要，随时获取所需的计算资源，无须提前购买和准备。

2）弹性伸缩：云计算服务具有很好的弹性，用户可以根据自己的业务需求，随时增加或减少计算资源的使用，避免了资源的浪费和短缺。

3）资源共享：云计算采用一种称为多租户的模式，通过虚拟化技术将硬件资源进行抽象，使得多个用户可以共享同一台服务器的资源，提高了资源的利用率。

4）低成本：由于云计算采用了资源共享和弹性伸缩的模式，用户可以根据需要使用资源，而不是购买整个硬件设备，这大大降低了用户的 IT 投资和运营成本。

5）全球访问：云计算服务通常是通过互联网提供的，这意味着用户可以从全球任何地方访问云服务，只要他们连接了互联网。

7.1.3 云计算的应用

在未来，随着 5G、物联网等技术的进一步发展，云计算将会有更广泛的应用。例如，车联网、智慧城市、远程医疗等领域都将是云计算的重要应用场景。云计算不仅能够为这些应用提供大量的

计算资源，还能够提供丰富的服务，如数据分析、人工智能等，帮助用户更好地实现其业务目标。

7.2　大数据

7.2.1　大数据的概念

大数据是指传统数据处理应用软件难以处理的数据集。这些数据集通常来自多种信息源，包括社交媒体、网络日志、视频、传感器数据等，其规模可以从几个 TB 到几个 PB 甚至更大。大数据的目标是从这些大规模、复杂、快速变化的数据中发现价值，为决策提供支持。

7.2.2　大数据的特点

大数据通常具有以下四个特点，也被称为"4V"。

1）Volume（大量）：大数据的一个显著特点就是数据量大。这些数据有各种来源，如社交媒体、传感器、机器日志等。

2）Velocity（快速）：大数据的产生速度非常快。例如，社交媒体每分钟产生的数据量就非常惊人。

3）Variety（多样）：大数据的类型多样，包括结构化数据、半结构化数据和非结构化数据。

4）Value（价值）：大数据的价值密度可能较低，需要通过复杂的方法从大量数据中提炼出有价值的信息。

7.2.3　大数据的应用

大数据的应用非常广泛，主要包括以下几个方面。

1）商业智能：企业可以通过分析大数据，了解客户的需求和行为，以提供更符合客户需求的产品和服务。

2）医疗健康：通过对大量的医疗数据进行分析，可以发现疾病的规律，帮助医生进行诊断。

3）公共服务：政府可以通过分析大数据，提高公共服务的效率和质量。例如，通过对交通数据的分析，可以优化交通流量，减少堵车。

4）科学研究：在许多科学领域，如生物学、物理学、天文学等，都需要处理和分析大量的数据。大数据技术可以帮助科学家从这些数据中发现新的知识。

5）金融行业：金融行业产生的数据量巨大，通过大数据分析，可以对市场趋势进行预测，帮助企业和投资者做出决策。

7.3　物联网

7.3.1　物联网的概念

物联网（Internet of Things，IoT）是指通过信息传感设备，如射频识别设备、红外感应器、全球定位系统、激光扫描器等，按照约定的协议，对任何物品进行连接、交换和通信，以达到智能化识别、定位、跟踪、监控和管理的网络。

7.3.2　物联网的特点

物联网的主要特点如下。

1）普适性：物联网可以连接任何物品，使其成为信息的发送和接收节点。

2）互联性：物联网连接的设备可以通过互联网进行信息交换。

3）智能性：通过对收集到的数据进行处理和分析，物联网可以实现对物品的智能管理和控制。

7.3.3　物联网的应用

物联网的应用非常广泛，主要应用如下。

1）智慧城市：通过物联网，可以实现对城市的智能化管理，如智能交通、智能照明、智能停车等。

2）智能家居：物联网可以使家庭中的各种设备联网，实现智能控制，提供更加便捷的生活体验。

3）工业互联网：物联网在工业生产中的应用，可以实现设备的远程监控和维护，提高生产效率。

4）医疗健康：物联网可以帮助医生远程监控患者的健康状况，提供更好的医疗服务。

5）农业：在农业中，物联网可以用于监控农作物的生长情况，预测疾病和虫害，从而提高农业生产效率。

7.4　人工智能

7.4.1　人工智能的概念

人工智能（Artificial Intelligence，AI）是指由人制造出来的系统能够理解、学习、适应和实施人类的认知行为的科学。其目标是创造出能够模拟人类思维和行为的智能机器，使其能够执行诸如语言理解、决策制定、问题解决等复杂任务。

7.4.2　人工智能的特点

人工智能的主要特点如下。

1）自主性：AI 系统能够在给定的任务中，自我决定最佳行动方案，而无须人工专门编程。

2）学习能力：AI 系统能够从历史数据中学习，通过学习改善其性能。

3）适应性：AI 系统能够适应新的、未知的和动态的环境。

4）理解能力：AI 系统能够理解复杂的模式和结构。

7.4.3　人工智能的应用

人工智能的应用广泛，主要包括以下领域。

1）自动驾驶：AI 能够识别交通标志、预测其他车辆和行人的行为，使自动驾驶成为可能。

2）医疗诊断：AI 能够根据病历、影像等数据，帮助医生做出诊断。

3）语音和图像识别：AI 能够理解和识别人类的语音和图像，为人机交互提供了新的方式。

4）金融服务：AI 能够预测市场趋势，帮助进行风险评估和投资决策，从而在金融服务中发挥重要作用。

5）智能制造：AI 能够优化生产流程，提高生产效率，从而在工业制造中发挥重要作用。

7.5　现代通信技术

7.5.1　现代通信技术的概念

现代通信技术是指使用先进的技术手段和设备，进行信息传递、交换、处理和管理的技术。现代通信技术以数字化、网络化和智能化为主要特征，包括无线通信、光纤通信、卫星通信、移动通信、互联网通信等。

7.5.2　现代通信技术的特点

现代通信技术的主要特点如下。

1）高速传输：现代通信技术可以实现高速的信息传输，比如光纤通信可以实现吉比特的传输速率。

2）大容量：现代通信技术可以传输大量的信息，比如 4G、5G 移动通信技术可以支持大量用户同时在线。

3）多媒体：现代通信技术支持多种格式的信息，包括文字、声音、图像、视频等。

4）智能化：现代通信技术可以实现智能化的服务，比如语音识别、自动转接等。

7.5.3　现代通信技术的应用

现代通信技术在各个领域都有广泛的应用，以下是一些主要的应用领域。

1）电信行业：电信行业是通信技术的主要应用领域，包括固定电话、移动通信（如 4G、5G）、卫星通信、互联网接入服务等。

2）计算机网络：现代计算机网络如互联网、企业内网、校园网等，都离不开通信技术。它们依赖于各种通信协议（如 TCP/IP）、网络设备（如路由器、交换机）和传输介质（如光纤、无线电波）。

3）在线娱乐：在媒体和娱乐行业，通信技术被用于广播电视、网络直播、在线视频等。特别是随着互联网的发展，数字媒体已经成为主流。

4）电子商务：电子商务依赖于互联网进行商品的展示、交易和配送等，包括在线购物、网络支付、物流跟踪等。

5）远程教育：通信技术使得远程教育成为可能。通过网络，教师和学生可以进行实时的或者异步的学习和交流。

6）远程医疗：在医疗健康领域，通信技术被用于远程医疗、健康咨询、病历共享等。

7）智能家居：通过互联网，家庭设备可以互相连接，实现家庭自动化。

8）智慧城市：利用互联网、大数据、人工智能等技术，实现城市的智能化管理。

9）星链网络：星链网络通过部署大量的低轨道卫星，可以实现全球范围内的高速互联网接入。

现代通信技术正改变着我们的生活方式，推动着社会的进步，其重要性不言而喻。

7.6 区块链

7.6.1 区块链的概念

区块链是一种分布式数据库，用于记录所有经过验证的交易或数字事件。这些交易或事件可以是任何信息的交换，包括货币、商品、产权、工作或投票等。区块链技术的核心在于，一旦数据被记录在某个区块中，就无法修改或删除，从而保证了数据的不可篡改性和透明性。

7.6.2 区块链的特点

区块链技术是一种分布式数据库，其主要特点如下。

1）去中心化：传统的数据库系统通常由一个中心节点管理和控制，而区块链则完全去中心化，没有中央权威机构。每个参与者（节点）都有整个数据库的完整副本。

2）不可篡改性：一旦数据被写入区块链，就无法被修改或删除。这是因为每个区块都包含了前一个区块的哈希值，如果试图改变某个区块的信息，就会导致后续所有区块的哈希值都发生变化，从而被网络中其他节点发现。

3）透明性和可追溯性：所有的交易记录都是公开的，任何人可以查看。同时，每笔交易都可以追溯到其起源，这为审计和监管提供了便利。

4）智能合约：在区块链中，可以编写智能合约自动执行商业逻辑。这降低了交易成本，提高了效率。

5）安全性：区块链使用了复杂的加密技术来保证数据安全。例如，比特币网络使用的工作量证明（Proof of Work）机制，使得攻击者想要篡改信息，需要拥有全网算力的 50%以上，这在现实中几乎不可能实现。

6）匿名性：在某些区块链应用中，如比特币，交易的双方可以选择匿名。交易记录中并不直接记录用户的真实身份信息，而是通过数字签名和公钥进行身份验证。

7）共识机制：区块链通过各种共识机制（如工作量证明、权益证明等）来保证所有节点中数据的一致性。这解决了在没有中心节点的情况下如何达成一致的问题。

8）开源性：大部分的区块链项目都是开源的，这意味着任何人都可以查看其源代码，甚至参与到开发中来。这既有助于保证区块链的公开透明，也促进了区块链技术的发展和创新。

9）高效率：由于其去中心化的特性，区块链可以在全球范围内进行即时交易，无须通过中介机构，这大大提高了交易效率。

10）持久性：由于每个节点都保存了整个区块链的副本，即使部分节点停止运行，也不会影响到区块链的正常运行。这保证了区块链数据的持久性。

这些特点使得区块链在金融、供应链、版权保护、身份验证等领域有着广泛的应用前景，但这并不意味着区块链是万能的，它也有一些缺点和挑战，例如，如何解决其扩展性、隐私保护、能耗、合规性等问题，这些都是当前的研究热点。

7.6.3　区块链的应用

区块链技术已经被广泛应用在各个领域，以下是其中的一些重要应用。

1）数字货币：比特币和以太坊等数字货币是区块链最初和最广泛的应用。

2）金融服务：区块链可以帮助货币转账、证券交易等金融服务提高效率，降低成本。

3）版权保护：区块链可以确保创作内容的原创性，防止未经许可的复制和分发。

4）供应链管理：区块链可以提供一个透明且不可篡改的供应链记录，使得产品的每一个环节都能被准确追踪。

5）医疗健康：区块链可以用于存储患者的医疗记录，保证数据的安全和隐私，同时方便医生和病人查阅。

6）房地产：区块链可以用于处理房地产交易，简化流程，提高效率。

7）投票系统：区块链可以创建一个公开透明，且不可篡改的投票系统，防止欺骗。

8）能源交易：通过区块链，消费者可以直接购买可再生能源，无须通过中间商。

9）保险：区块链的智能合约可以用于自动处理保险理赔，减少了欺诈和延误。

10）身份验证：区块链可以创建一个安全、不可篡改的身份验证系统，用于防止身份盗窃和欺诈。

以上只是区块链技术的一部分应用，随着技术的发展，其应用领域还将进一步扩大。

7.7　数字媒体

7.7.1　数字媒体的概念

数字媒体是指使用数字技术编码的信息或数据，包括文本、图像、音频和视频等。这种类型的媒体可以在多种电子设备上创建、查看、修改和分发。

7.7.2　数字媒体的特点

数字媒体的主要特点如下。

1）互动性：用户可以通过互联网与内容进行交互，比如在社交媒体上评论，或在游戏中控制角色。

2）可搜索性：用户可以通过搜索引擎快速找到所需的信息或资源。

3）即时性：数字媒体可以实现实时的信息传播，比如新闻直播或在线聊天。

4）非线性：用户可以按照自己的需求，随意选择和浏览内容，不受固定的顺序限制。

5）易于复制和分发：数字信息可以无损复制，并通过互联网快速分发到全世界。

7.7.3　数字媒体的应用

数字媒体的应用非常广泛，主要如下。

1）新闻报道：新闻机构通过网站、应用等发布新闻，用户可以实时获取最新的信息。

2）社交媒体：如微信、Facebook、Twitter 等允许用户分享信息、交流思想、建立社交网络。

3）在线教育：如慕课、Coursera、EdX 等提供在线课程，用户可以随时随地学习。

4）数字营销：企业通过电子邮件、搜索引擎优化、社交媒体营销等方式，进行产品的推广和销售。

5）娱乐：包括在线视频（如腾讯视频、YouTube）、音乐（如网易云音乐、Spotify）和游戏等。

6）电子商务：如京东、淘宝等平台，用户可以在线购买各种商品和服务。

7）艺术创作：艺术家可以使用数字工具创作音乐、绘画、电影等，并通过互联网分享给观众。

8）数据可视化：通过图形和动画等方式，将复杂的数据信息转化为易于理解的视觉图像。

9）虚拟和增强现实：用于游戏、训练、设计等各种应用，提供沉浸式的体验。

以上仅为数字媒体的一部分应用，随着技术的发展，我们期待看到更多的创新应用。

7.8　虚拟现实

7.8.1　虚拟现实的概念

虚拟现实（Virtual Reality，VR）是一种使用计算机技术生成的，能够模拟复杂感知环境的技术。用户在虚拟现实环境中可以看到、听到，甚至感觉到虚拟世界，从而产生身临其境的体验。

7.8.2　虚拟现实的特点

虚拟现实的主要特点如下。

1）交互性：用户可以与虚拟环境进行实时交互。

2）沉浸性：通过视觉、听觉等感官刺激，用户会感觉自己真的置身于虚拟环境中。

3）想象性：虚拟现实可以创造出现实世界无法实现的环境，为用户提供无限的想象空间。

7.8.3　虚拟现实的应用

虚拟现实的应用非常广泛，主要领域如下。

1）游戏娱乐：这是最早也是最流行的应用，用户可以在虚拟世界中进行各种冒险、竞技等。

2）教育培训：比如飞行模拟器用于飞行员训练，医学模拟器用于手术训练等。

3）设计和制造：工程师可以在虚拟环境中设计和测试新的产品。

4）医疗健康：用于康复治疗、疼痛管理、心理疗法等。

5）房地产和建筑：通过虚拟现实，用户可以提前参观尚未建成的房产或设计方案。

6）旅游：虚拟现实可以为用户提供远程旅游的体验，如参观博物馆、名胜古迹等。

7）军事训练：模拟战场环境进行战术训练和战略规划。

8）体育训练：通过模拟各种体育活动，帮助运动员提高技能。

以上只是虚拟现实的一部分应用，随着技术的发展，我们期待看到更多的创新应用。

7.9　练习题

一、单选题

1. 下列哪个选项不是云计算的主要特点？（　　　）

A．弹性伸缩 　　　　　　　　B．按需使用

C．高能耗 　　　　　　　　D．广泛的网络访问

2．以下哪个不是云计算的应用实例？（　　　）

A．Google Docs 　　　　　　B．Amazon Web Services

C．Netflix 　　　　　　D．Microsoft Word　安装在 PC 上

3．以下哪个选项不是大数据的主要特征？（　　　）

A．速度（Velocity） 　　　　B．多样性（Variety）

C．容量（Volume） 　　　　D．验证（Verification）

4．以下哪个领域未被大数据的应用深度影响？（　　　）

A．健康医疗 　　　　　　B．教育

C．零售业 　　　　　　D．手机制造

5．下列哪个选项不是物联网的主要特点？（　　　）

A．连通性 　　　　　　B．互操作性

C．自动驾驶 　　　　　　D．智能识别

二、简答题

1．请简述云计算的基本概念。

2．请简述大数据的基本概念。

3．请简述物联网的基本概念。

4．请简述人工智能的基本概念。

5．请简述现代通信技术的基本概念。

6．请简述区块链的基本概念。

7．请简述数字媒体的基本概念。

8．请简述虚拟现实的基本概念。

第 8 章　信息素养与社会责任

本章介绍信息素养和社会责任，包括其基本概念和要素。
学习目标：理解信息素养和社会责任的基本概念和主要应用。
重点难点：重点是基本概念；难点是要素。

8.1　信息素养

信息素养是一个人在信息社会中解决问题并实现自身发展的能力，它涉及信息的认识、获取、使用和发展等方面。

8.1.1　信息素养的概念

信息素养是指一个人在面对信息社会时，能够有效获取、评估、使用信息以解决问题和做出决策的能力。信息素养是一种对信息社会适应的综合能力，涉及各方面的知识，它包含人文的、技术的、经济的、法律的诸多因素，和许多学科有着紧密的联系，包括信息识别、信息处理、信息道德等多个方面，并且是个体适应信息社会不断发展变化的重要能力。

8.1.2　信息素养的要素

信息素养主要包括以下 4 个要素。

1.　信息识别与获取

信息识别与获取要求个体能够识别自己的信息需求，并知道在哪里、如何获取所需的信息。这包括使用各种信息资源，如图书、期刊、网络等，并具备使用各种搜索工具和策略的能力。

2.　信息处理与利用

信息处理与利用是指个体能够对获取的信息进行解析、评估、整合，并将其转化为有用的知识。这需要个体具有批判性思维能力，能够对信息进行深入理解，并据此做出决策。

3.　信息组织与创新

信息组织与创新要求个体能够有效地管理和组织所获取的信息，并能够基于已有信息创新思考，产生新的知识或观点。这包括对信息进行分类、存储、检索等，以及创新性地使用信息。

4.　信息技术的应用

信息技术的应用是指个体能够熟练使用各种信息技术工具，包括使用计算机、移动设备、软件应用、网络搜索等。此外，随着信息技术的不断发展和创新，个体还需要持续学习新的技术工具和应用，以适应信息社会的需求。

总的来说，信息素养是一个全面的概念，涵盖了个体在信息社会中获取、处理、创新和应用信息的各种能力。它对于个体的学习、工作和生活都具有重要的意义，是现代社会中的一项基本素养。

8.2　社会责任

8.2.1　社会责任的概念

社会责任是指个人或组织在其决策和行为中，不仅要考虑自身的利益，也要考虑到对社会、环境等的影响。这种责任感体现在对个人、社会、环境和法律的各种责任上。

8.2.2　社会责任的要素

社会责任包括以下 4 个要素。

1．对个人的责任

这是指个人在追求自身利益的同时，也要考虑到自己的行为对他人的影响，做出负责任的行为。

2．对社会的责任

这是指个人或组织在追求自身利益的同时，也要考虑到自己的行为对社会的影响，做出有益于社会的决策和行为。

3．对环境的责任

这是指个人或组织在追求自身利益的同时，也要考虑到自己的行为对环境的影响，做出有益于环境的决策和行为。

4．对法律的责任

这是指个人或组织在追求自身利益的同时，也要遵守法律，做出合法的决策和行为。

每个个体或组织在行使其权利或履行其责任时，都必须在法律许可的范围内进行。即便是追求经济利益，也不能违反法律规定，否则可能会面临法律制裁。因此，遵守法律是每个人和组织社会责任的重要组成部分。

总的来说，社会责任是一个全面的概念，涵盖了个体和组织在经济、社会、环境和法律各个方面的责任。理解和履行社会责任，对于构建和谐社会、保护环境、维护社会正义具有重要的意义。

8.3　练习题

一、单选题

1．在信息素养的 4 个构成要素中，（　　　）是核心要素。
　　A．信息识别与获取　　　　　　　　B．信息处理与利用
　　C．信息组织与创新　　　　　　　　D．信息技术的应用

2．在社会责任的 4 个要素中，（　　　）是重要组成部分。
　　A．对个人的责任　　　　　　　　　B．对社会的责任
　　C．对环境的责任　　　　　　　　　D．对法律的责任

二、简答题

1．信息素养的基本概念是什么？

2．社会责任的基本概念是什么？